人
哲学
生

A Study of
Life Philosophy in
Modern China

中国近现代
人生哲学研究

程林辉 / 著

人民出版社

目　录

上编　中国近代人生哲学

下编　中国现代人生哲学

上　编

中国近代人生哲学

第一章　中国近代人生哲学概述

中国近代人生哲学(1840—1919 年)在中国人生哲学史中具有重要的地位,它是联结传统人生哲学与现代人生哲学的枢纽。社会性质的急剧变化、中西文化的冲突碰撞、不同流派的学术争鸣、多元选择的人生模式,使近代人生哲学形成自己的时代特征和内容风格。

鸦片战争爆发,西方列强侵略中国,中国从独立的封建国家变为半殖民地半封建社会,这是近代人生哲学产生的历史背景。西学东渐,中西文化相互碰撞交流,先进的知识分子有选择地接受西方文化,这是近代人生哲学产生的文化背景。上述历史文化背景,使启蒙维新、救亡图存成为近代人生哲学的主旋律。

近代人生哲学经历从鸦片战争到甲午战争的萌芽期、戊戌变法到辛亥革命的形成期、辛亥革命到"五四"运动的转型期三个阶段。主要流派有龚自珍为代表的经世派人生哲学、曾国藩为代表的洋务派人生哲学、康有为和梁启超为代表的启蒙派人生哲学、孙中山为代表的革命派人生哲学、王国维为代表的学理派人生哲学。

近代人生哲学在引进西方人生哲学、批判改造传统人生哲学、推动近代思想启蒙、加速社会变革方面作出了重大贡献,具有强烈的政治色彩和功利倾向。然而急剧变化的社会环境,迫在眉睫的民族危机,使近代人生哲学无暇进行自身的学术构建,缺乏深入的理论思考和学术积淀。特别是转型过于仓促,导致人们在纷至沓来的社会思潮和多元选择的人生模式面前感到困惑迷惘、无所适从。

第一节　中国近代人生哲学的历史文化背景

一、中国近代人生哲学的历史背景

18世纪末,西方主要国家先后完成资产阶级革命和工业革命,国力迅速强大。为了获取更大利益,西方资本主义开始把侵略的魔爪伸向中国。1840年,英国殖民者用炮舰轰开中国的大门,强迫清政府签订《南京条约》。鸦片战争使中国社会性质发生了巨大变化,由独立的封建国家变成半殖民地、半封建社会。

鸦片战争后,西方殖民者对中国进行疯狂侵略掠夺。1856年,英法联军发动第二次鸦片战争,攻占北京,火烧圆明园,强迫清政府签订《天津条约》和《北京条约》。从1858年到1864年,俄国逼迫清政府签订《瑷珲条约》、《北京条约》、《勘分西北界约记》三个不平等条约,霸占中国领土150万平方公里。1894年,中国在甲午战争中失败,日本强迫清政府签订《马关条约》,割让台湾,支付战争赔款2亿3千万两白银。1900年,八国联军侵略中国,强迫清政府签订《辛丑条约》。通过上述战争和不平等条约,西方列强不仅侵占中国的大量土地,而且取得了一系列政治经济特权,如设立租界、开发矿山、修筑铁路、驻扎军队、领事裁判权等等。中国的国家主权、领土完整遭到严重破坏,面临空前严重的民族危机。

西方列强的侵略给中国社会带来了两大变化:一是西方商品和资本的大量输入,破坏了自给自足的中国经济,推动了商品经济和民族工业的发展,为资本主义发展创造了条件,从而动摇了封建制度的经济基础,促进了封建社会的解体,把一个封建的中国逐渐变成了一个半封建的中国;二是西方列强的侵略,并不是要把中国变成独立的资本主义国家,而是要把中国变成他们的商品倾销市场和原料产地,也就是把一个独立的中国变成一个半殖民地的中国。

在近代中国,帝国主义和中国封建势力相互勾结,成为压在中国人民头上的两座大山。封建主义是帝国主义统治中国的社会基础,帝国主义则是封建主义的政治靠山,从而形成中国近代社会的两大主要矛盾:帝国主义与中华民族的矛盾,封建主义和人民大众的矛盾。推翻帝国主义和封建主义的统治,实现国家独立和民族解放,成为近代中国人民面临的两大历史任务。为了实现这两大历史任务,中国人民掀起了不屈不挠的反帝反封建斗争。从林则徐的虎门销烟、三元里人民的抗英斗争,到声势浩大的太平天国农民起义;从戊戌变法、义和团运动到辛亥革命,中国人民以血肉之躯捍卫民族独立,粉碎了帝国主义瓜分中国的美梦,迎来了现代曙光。

中国近代人生哲学就是在这种历史背景下登上历史舞台的。社会性质的巨大变化,亡国灭种的民族危机,使近代人生哲学与民族同呼吸、与时代共命运。积极参与社会政治活动,为救亡图存营造舆论氛围,致力于思想启蒙、政治维新、社会改造,是近代人生哲学的时代特征和主要任务。这一切,使近代人生哲学具有强烈的政治色彩。

二、中国近代人生哲学的文化背景

西学东渐,西方殖民者对中国进行文化侵略和文化渗透,先进的中国知识分子对西方文化从拒斥到碰撞、再到有选择地接受,这是中国近代人生哲学产生的文化背景。在近代中西文化碰撞、交流、融合过程中,形成了经世思潮、洋务思潮、维新思潮和新文化运动四大文化思潮。

(一)经世思潮

鸦片战争的隆隆炮声惊醒了国人的"天朝"美梦,一批先进的知识分子开始"睁开眼睛看世界",面对西方殖民者的野蛮侵略,满清贵族的腐败无能,社会矛盾的尖锐复杂,萌生了浓厚的忧患意识,形成一股经世思潮。经世思潮的开风气者是龚自珍、魏源。龚自珍把批判的矛头指向封建专制主义和腐朽的社会现实。当绝大多数人还沉浸在河清海晏、歌舞升平中,龚自珍却指出清王朝已处于"衰世"状态,"日之将夕,悲风骤至,人思灯烛,惨惨目光,吸引暮气,与梦为邻"[1];他控诉罪恶的"文字狱","避席畏闻文字狱,著书都为稻粱谋"[2];他揭露科举制度陈陈相因,模仿抄袭,扼杀人们的创造性;他呼吁整顿吏治,打破论资排辈制度,实行能者上、庸者下,让年轻人才脱颖而出,"我劝

---

[1]　王佩诤校:《龚自珍全集》,上海古籍出版社 1999 年版,第 87 页。
[2]　王佩诤校:《龚自珍全集》,上海古籍出版社 1999 年版,第 471 页。

天公重抖擞,不拘一格降人材"①。

魏源是中国近代对鸦片战争进行反思的第一人。他认为中国在鸦片战争中失败的原因是"技不如人",中国的大刀长矛抵抗不了西方的坚船利炮。要抵抗外国侵略,必须"师夷之长技以制夷"。"师夷之长技"首先是"悉夷情",了解和熟悉西方的历史沿革、民情风俗、社会制度、科技发展等等。具体途径是成立译馆,培养西语人才,翻译西方书籍。"欲制外夷者必先悉夷情,欲悉夷情者必先立译馆,翻夷书。"②其次是了解"夷之长技",即西方有哪些长处。只有了解西方的长处,才知道向西方学习什么。魏源认为"夷之长技"有三:战舰,火器,养兵练兵之法。再次"师夷之长技"的目的是"制夷",即抵抗西方侵略,维护民族独立。

(二)洋务思潮

从19世纪60年代到甲午战争爆发,近代中国掀起了一股洋务思潮,代表人物有曾国藩、李鸿章、冯桂芬、郑观应等。洋务思潮主张学习西方科学技术,创办军事民用工业,训练新式海军,目的是应对"千年未有之变局",实现富国强兵。

洋务思潮中一个引人注目的文化现象是"中体西用"。最早阐述"中体西用"的是冯桂芬,他在《采西学议》中指出:"以中国之伦常名教为原本,辅以诸国富强之术。"③郑观应则认为中学与西学的关系是一种本末关系:"中学其本也,西学其末也。"④正式提出"中学为体,西学为用"的是孙家鼐,他在筹办京师大学堂的奏折中说:"以中学为主,西学为辅;中学为体,西学为用;中学有未备者,以西学补之,中学以失传者,以西学还之;以中学包罗西学,不能以西学凌驾中学。"⑤所谓"中学",就是中国固有的封建制度、纲常名教、传统文化;所谓"西学",就是西方的科学技术、工艺文化。"中学为体,西学为用",就是在突出中学主导地位的前提下,承认西学的辅助作用,它体现了洋务派对中

---

① 王佩诤校:《龚自珍全集》,上海古籍出版社1999年版,第521页。

② 陈华校注:《海国图志》,岳麓书社1898年版,第3页。

③ 张岱年主编:《中国启蒙思想文库·采西学议》,辽宁人民出版社1994年版,第84页。

④ 张岱年主编:《中国启蒙思想文库·盛世危言》,辽宁人民出版社1994年版,第30页。

⑤ 孙家鼐:《议复开办京师大学堂折》,见《皇朝经世文新编》卷六,光绪辛丑上海书局石印本。

西文化的一种选择态度：中西兼容，以中为主。

（三）维新思潮

中国在甲午战争中失败后，西方列强掀起了一股瓜分中国的狂潮，中国进一步沦为西方的殖民地。民族危机的加深，促进了民族意识的觉醒。一批具有爱国情操并接受西方思想的知识分子，慨然以天下为己任，投入到救亡图存的洪流中，形成了一股汹涌澎湃的维新思潮。

以康有为、梁启超为代表的维新派，冲破洋务派"中体西用"的樊篱，开始学习研究西方的思想学说和政治制度，并将其引进国内，以寻求挽救民族危机的良方。维新派的工作重心放在鼓动变法、开启民智、铸造"民魂"等方面。康有为多次向光绪皇帝上书，请求变法。他说："法既积久，弊必丛生，故无百年不变之法。"①他劝告光绪皇帝弃旧图新，推行新政，"观大地诸国，皆以变法而强，守旧而亡，然则守旧开新之效，已断可睹矣。观万国之势，能变则全，不变则亡；全变则强，小变仍亡。"②梁启超认为：救国的前提是"新民"，启发国人的思想觉悟，提高国民素质。"苟有新民，何患无新制度？无新政府？无新国家？"③此外必须铸造"中国魂"，培养国民的民族意识和民族精神。"今日所最要者，则制造中国魂是也……使人民以国家为己之国家，使国家成为人民之国家。"④在严复看来，要维新必须学外国，了解西方学术文化。为此，他翻译赫胥黎的《天演论》等一系列西方学术著作。在《天演论》中，严复以"物竞天择"、"适者生存"的进化论阐述救亡图存思想，主张"鼓民力"、"开民智"、"新民德"，呼吁国人自强自立，追赶世界潮流。

（四）新文化运动

辛亥革命推翻了封建帝制，建立了中华民国，为中西文化交流融合创造了条件。但辛亥革命并没有摧毁封建文化的根基，封建的思想文化不仅大行其道，而且严重束缚人们的思想，阻碍社会前进。严酷的现实告诉人们：如果没有一场深刻的思想启蒙，唤醒国人的文化自觉，要从根本上改造中国是不可能的。

---

① 舒芜选注：《康有为选集》，人民文学出版社 2004 年版，第 52 页。
② 舒芜选注：《康有为选集》，人民文学出版社 2004 年版，第 52 页。
③ 张品兴主编：《梁启超全集》第 2 册，北京出版社 1999 年版，第 957 页。
④ 张品兴主编：《梁启超全集》第 1 册，北京出版社 1999 年版，第 357 页。

新文化运动的先驱者是陈独秀、李大钊、胡适,这是一批具有新思想、提倡新文化的知识分子。他们以《新青年》为阵地,高举民主和科学两面大旗,以进化论和个性解放为武器,对封建的思想、文化、道德展开激烈批判,形成了一场声势浩大的新文化运动。陈独秀指出,中国要摆脱愚昧落后状态,必须提倡科学和民主。"国人而欲脱蒙昧时代,羞为浅化之民也,则急起直追,当以科学与人权并重。"①因为只有民主与科学,才能"救治中国政治上、道德上、学术上、思想上一切的黑暗"②。但封建礼教文化扼杀民主与科学,因此"要拥护那德先生,便不得不反对孔教、礼法、贞节、旧伦理、旧政治;要拥护那赛先生,便不得不反对旧艺术、旧宗教;要拥护德先生又要拥护赛先生,便不得不反对国粹和旧文学"③。胡适对新文化运动的重要贡献是发起文学革命,主张用白话文取代文言文。新文化运动对封建思想、道德、文化的勇猛冲击,是一场深刻的思想启蒙和个性解放运动,国人受到一次民主科学思想的洗礼,极大地推动了中国近代人生哲学的现代转型。

第二节　中国近代人生哲学的发展历程

一、中国近代人生哲学的萌芽期

从鸦片战争到甲午战争爆发是中国近代人生哲学的萌芽期,主要流派有经世派人生哲学和洋务派人生哲学。

(一)经世派人生哲学

经世派人生哲学产生于19世纪上半叶,代表人物有龚自珍、魏源。面对严重的内忧外患,以龚自珍、魏源为代表的先进知识分子,敏锐地察觉时代变化,揭露社会黑暗,呼吁变法图强,提倡经济功利,主张学习西方的船坚炮利,强调发挥人的主观能动性,冲破封建束缚,形成了以经世致用为核心的人生哲学。

---

① 任建树选编:《陈独秀著作选》第1卷,上海人民出版社1993年版,第134页。
② 任建树选编:《陈独秀著作选》第1卷,上海人民出版社1993年版,第443页。
③ 任建树选编:《陈独秀著作选》第1卷,上海人民出版社1993年版,第442页。

首先,经世派人生哲学具有强烈的社会批判意识和改革精神。龚自珍大胆揭露黑暗的社会现实:"自京师始,大抵富户变贫户,贫户变饿者。四民之首,奔走下贱,各省大局,岌岌乎皆不可以支日月,奚暇问年岁?"①他警告封建统治者,如果让这种情况发展下去,势必官逼民反,危及清王朝的统治。"贫者日愈倾,富者日愈壅……小不相齐,渐至大不相齐,大不相齐,即至丧天下。"②要改变被灭亡的命运,只有改革,"一祖之法无不敝,千夫之议无不靡,与其赠来者以劲改革,孰若自改革?"③与龚自珍呼吁改革相配合,魏源则积极参与改革实践。在贺长龄、陶澍府中任幕僚时,魏源积极协助他们参与盐务、漕运和水利工程的改革,并取得一定成效。

其次,经世派人生哲学提倡经世致用的价值观。龚自珍信奉今文经学,讽刺汉学家们整天钻故纸堆、对各种名物进行烦琐的训诂考证,"纵使文章惊海内",也不过"纸上苍生而已"④。魏源追求功利实用,认为义利统一,即使圣人也不讳谈利,"足民、治赋皆圣门之事,农桑、树畜即孟子之言"⑤。在编写《皇朝经世文编》时,魏源将"实用"和"时务"作为选编标准,所选文章偏重经济之策,涉及理财、赋税、盐务、漕运、河工、农桑等国计民生内容。更可贵的是,在面对西方殖民侵略、民族危机显露的情况下,魏源开始探寻中华民族的御侮自强之路,提出"师夷之长技以制夷"的方略。

再次,经世派人生哲学强调"尊心"、"尊我",具有冲破封建束缚的思想解放作用。龚自珍十分重视"自我"和"心力"的作用。他说:"众人之宰,非道非极,自名曰我。"⑥认为"我"在宇宙万物中处于"主宰"的地位。"我"之所以能主宰宇宙万物,根本原因在于天地万物、日月山川、人类自己都是"我"创造的。而"我"有如此巨大的力量,是因为"心力"的支撑。"心无力者,谓之庸人。报大仇,医大病,解大难,谋大事,学大道,皆以心之力。"⑦龚自珍重视"自我"和"心力"作用,实际上是强调人的自我意识、主观意志的作用,充分发挥

---

① 王佩诤校:《龚自珍全集》,上海古籍出版社 1999 年版,第 106 页。
② 王佩诤校:《龚自珍全集》,上海古籍出版社 1999 年版,第 78 页。
③ 王佩诤校:《龚自珍全集》,上海古籍出版社 1999 年版,第 6 页。
④ 王佩诤校:《龚自珍全集》,上海古籍出版社 1999 年版,第 565 页。
⑤ 《魏源集》,中华书局 1983 年版,第 36 页。
⑥ 王佩诤校:《龚自珍全集》,上海古籍出版社 1999 年版,第 12 页。
⑦ 王佩诤校:《龚自珍全集》,上海古籍出版社 1999 年版,第 15 页。

人的主观能动性,同时在客观上具有冲破封建思想束缚、鼓吹个性解放的作用。在这个意义上,经世派人生哲学具有近代人生哲学的因素。

(二)洋务派人生哲学

洋务派人生哲学活跃于 19 世纪的 60—80 年代,代表人物有曾国藩、张之洞。洋务派骨子里流动的是中国传统文化血液,信奉的是儒家人生哲学,因此对中西方文化采取"中学为体,西学为用"的态度。但毕竟处于中西文化碰撞交融的时代,经常与西方文化打交道,不可避免地受到西方人生哲学的影响。

第一,洋务派人生哲学在本质上属于儒家人生哲学。洋务派代表人物皆自幼饱读儒家诗书,具有扎实的儒学基础,他们都把内圣外王、成圣成贤作为自己的人生理想,把维护封建制度、纲常名教作为自己义不容辞的责任,信奉的是儒家人生哲学。曾国藩从小就立志成圣成贤、为国尽忠。在他看来:一个人如果"不为圣贤,便为禽兽"①。他继承了孟子"人皆可以为尧舜"的观点,认为圣贤不是高不可攀的。"凡将相无种,圣贤豪杰亦无种。只要人肯立志,都可以做得到的。"②一个人如果"只问耕耘,不问收获",做到"慎独、主敬、求仁、习劳",是可以成为圣贤的。在成圣成贤的道路上,曾国藩坚持"内圣"与"外王"并重,既性命双修,精研儒家义理,注重道德修养,成为一代理学名家;又经邦济世,建功立业,特别是在太平天国起义后,他临危受命,组织湘军,与太平军血战数年,最终剿灭太平军,成为"中兴第一功臣"。

第二,洋务派人生哲学崇尚务实精神、坚韧意志和刚毅品格。洋务派之所以能脱颖而出,与他们的务实精神是分不开的。曾国藩一生为人低调,不说大话,不好虚名,不行架空之事,不谈过高之理,少说多做,躬行实践。曾国藩认为:一个男子汉要立身处世,成就一番事业,必须有倔强刚毅之气,"男儿自立,必须有倔强之气"③,只有倔强刚毅,才能不断进步。在与太平军作战中,曾国藩之所以能屡仆屡起,转败为胜,一个重要原因就是倔强刚毅,打脱牙齿和血吞,能够坚持到底。

第三,洋务派人生哲学坚守"中体西用"的价值观。从表面上看,"中体西用"是人们对中西文化的不同态度,实际上却体现了洋务派对中国封建制度

---

①　《曾国藩全集·诗文》,岳麓书社 1994 年版,第 112 页。

②　《曾国藩全集·家书》,岳麓书社 1994 年版,第 1067 页。

③　《曾国藩全集·家书》,岳麓书社 1994 年版,第 1139 页。

和纲常名教价值的肯定。与顽固派全面拒斥西方文化不同,洋务派赞成有限度地引进西方文化,即西方的科学技术和制造工艺可以引进,但对动摇封建统治根基的西方议会制度、民权思想则坚决拒斥。在张之洞看来,封建制度、纲常名教属于"本",关乎世道人心,任何时候都不能动摇;工商贸易、学校教育属于"通",能够变化社会风气,可以灵活变通。在处理中学与西学的关系时,张之洞提出"中学为内学,西学为外学;中学治身心,西学应世事"①。张之洞虽主张会通中西、权衡新旧、兼顾中学与西学,但他强调中学的主体地位,维护清王朝的封建统治。

综上所述,经世派与洋务派人生哲学深深打上儒家人生哲学的烙印,是儒家人生哲学在近代的延续,无论是人生观、价值观、行为方式、处世态度都具有浓厚的封建士大夫痕迹。造成这种状况的原因是:几千年形成的封建社会、封建制度、传统文化具有较强的抗击外来文化能力,甚至能在一定程度上消解同化外来文化。但毕竟社会性质发生了变化,伴随着西方列强的军事、政治、经济侵略,西方文化逐渐渗透到国人中,对人们的思维方式、生活方式、行为习惯产生一定的影响。经世派对黑暗现实的批判、社会改革的呼唤、经世致用的提倡、情感个性的尊崇;洋务派对西方生产方式、工业文明、科学技术的引进,客观上具有近代资产阶级的性质。上述因素势必影响到人生哲学,使经世派与洋务派人生哲学染上某些近代色彩,它标志着中国近代人生哲学进入了萌芽期。

二、中国近代人生哲学的形成期

从戊戌变法到辛亥革命是中国近代人生哲学的形成期,以康有为、梁启超、严复为代表的启蒙派人生哲学为标志。启蒙派人生哲学大胆冲决封建专制和纲常名教的束缚,广泛宣传西方思想文化,对国民进行思想启蒙;深刻揭露民族危机,积极鼓动并参与维新变法;用西方人生理论改造中国传统人生哲学,提出了很多带有资产阶级色彩的人生哲学思想。

首先,启蒙派人生哲学积极传播西方思想文化,对国民进行思想启蒙,把人们从封建思想文化的束缚下解放出来,为近代人生哲学的形成奠定了思想

---

① 张之洞:《劝学篇·会通》,中州古籍出版社1998年版,第96页。

基础。梁启超东渡日本后,利用各种新闻媒介向国内广泛介绍西方的政治理论、议会制度、民权思想,以"激发国民之正气,增长国人之学识"①。他认为"新民为今日中国第一急务"②,原因是要改造中国,前提是改造国民的劣根性,提高国民素质,锻造一代新国民。严复则大量翻译西方学术著作,他用达尔文的生物进化论来唤醒国民的竞争意识和进取精神。在严复看来,不仅自然界遵循"物竞天择,适者生存"的法则,人类社会也同样是弱肉强食。中华民族要自立于世界民族之林,就必须自强不息,与西方列强同台竞争,否则就可能亡国灭种。谭嗣同则把批判的矛头指向纲常名教,希望把人们从纲常名教的束缚下解放出来。他说:"俗学陋行,动言名教,……上以制其下,而不能不奉之,则数千年来,三纲五伦之惨祸烈毒,由是酷焉矣。"③三纲五常犹如重重枷锁,禁锢压迫中国人。要实现人的觉醒和个性解放,必须彻底砸烂纲常名教的枷锁。

其次,启蒙派人生哲学主张人们义无反顾地投身到维新变法、救亡图存中,将自己的人生理论付诸实践。面对空前严重的民族危机,启蒙派毅然投身到维新变法、救亡图存的洪流中。康有为不顾顽固派的阻挠反对,连续7次向皇帝上书,分析西方列强瓜分中国的图谋,指出中国面临亡国灭种的境地,告诫统治者只有奋发图强、维新变法,才能挽救民族危机。"夫今日在列大竞争之中,图保自存之策,舍变法外别无他图。"④不仅如此,康有为、梁启超、谭嗣同等人,不顾人微言轻,不怕流血牺牲,以大无畏的精神承担领导变法的重任,他们组织强国会等爱国团体,创办报刊杂志,为变法大造舆论,为光绪皇帝起草诏书,制定变法方案。由于顽固派的血腥镇压,"百日维新"失败,康有为、梁启超亡命日本,谭嗣同等"戊戌六君子"血溅菜市口。谭嗣同以生命践行自己的诺言:"各国变法,无不从流血而成。今中国未闻有因变法而流血者,此国之所以不昌也。有之,请自嗣同始。"⑤他将人生理论与人生实践相结合,并

①　张品兴主编:《梁启超全集》第1册,北京出版社1999年版,第168页。
②　张品兴主编:《梁启超全集》第1册,北京出版社1999年版,第411页。
③　谭嗣同著,印永清评注:《仁学》,中州古籍出版社1898年版,第93页。
④　舒芜选注:《康有为选集》,人民文学出版社2004年版,第33页。
⑤　梁启超:《谭嗣同传》,张品兴主编:《梁启超全集》第1册,北京出版社1999年版,第233页。

用自己的鲜血和生命践行自己的人生理论,这是启蒙派人生哲学的一个闪光点。

再次,启蒙派人生哲学倡导用西方人生理论改造中国传统人生哲学,提出了一系列独创性的学术观点。康有为用西方"天赋人权"论改造中国传统的人性理论,得出人人独立平等的结论。在康有为看来,人性就是人的自然本性,"人性之自然,食色也,是无待于学也。人情之自然,喜怒哀乐无节也,是不待学也"①。由于人性是自然天成的,因而人与人也是相互平等的,"人人既是天生,则直录于天,人人皆独立而平等"②。从自然人性论出发,康有为认为"求乐免苦"是人生追求和社会进步的动力,"其乐之益进无量,其苦之益觉亦无量,二者交觉而日益思为求乐免苦之计,是为进化"③。康有为还指出"仁爱"是人的本质,"人之所以为人者,仁也"④;"仁者,在天为生生之理,在人为博爱之德"⑤。把"仁"理解为"博爱",体现了康有为包容万物的宏大胸襟。

梁启超则提出了趣味主义的人生观。在梁启超看来,趣味是人生的本质,也是人生的价值,"我是个主张趣味主义的人。我以为凡人必常常生活于趣味之中,生活才有价值。若哭丧着脸挨过几十年,那么生命便成沙漠,要来何用?"⑥人要生活于趣味之中,必须摒弃功利主义,多想开心快乐的事,经常变换生活环境。梁启超还认为,情感是人生的动力,"人类生活,固然离不了理智;但不能说理智包括尽人类生活的全部内容。此外还有极重要的一部分——或者说是生活的原动力,就是情感"⑦。由于情感是生活的原动力,因此梁启超认为:精神生活高于物质生活;情感、心理、审美、自由、意志等精神领域具有自己的独立性。

启蒙派人生哲学在学习西方人生哲学的基础上,或主张对中国传统人生哲学进行批判改造,赋予传统人生哲学新的时代内涵;或提倡以西方人生哲学为参照,创立自己的人生哲学。启蒙派人生哲学促进了西方人生哲学在中国

---

① 汤志钧编:《康有为政论集》上册,中华书局 1981 年版,第 12 页。
② 康有为:《孟子微》,中华书局 1987 年版,第 13 页。
③ 康有为:《大同书》,上海古籍出版社 2005 年版,第 207 页。
④ 汤志钧编:《康有为政论集》上册,中华书局 1981 年版,第 89 页。
⑤ 谢遐龄编选:《康有为文选》,上海远东出版社 1997 年版,第 214 页。
⑥ 张品兴主编:《梁启超全集》第 7 册,北京出版社 1999 年版,第 4013 页。
⑦ 张品兴主编:《梁启超全集》第 7 册,北京出版社 1999 年版,第 4170 页。

的初步传播,开启了中国传统人生哲学的现代之门,标志着中国近代人生哲学的正式形成。

三、中国近代人生哲学的转型期

从辛亥革命到"五四"运动是中国近代人生哲学的转型期。主要流派有孙中山为代表的革命派人生哲学和王国维为代表的学理派人生哲学。

(一)革命派人生哲学

革命派人生哲学的代表人物是孙中山。孙中山人生哲学具有强烈的革命性、战斗性、实践性,是鼓舞革命党人进行武装斗争、推翻封建帝制的强大思想武器,而中华民国的建立,又为近代人生哲学的现代转型奠定了制度基础。

第一,孙中山强调树立"天下为公,服务大众"的人生理想。孙中山把天下为公、服务大众作为自己的人生理想。他说:"现在文明进化的人类,觉悟起来,发生一种新道德。这种新道德就是有聪明能力的人,应该要替众人来服务。这种替众人来服务的新道德,就是世界上道德的新潮流。"[1]要做到天下为公、服务大众,必须把国家利益置于个人利益之上,"为中华民国求幸福,非为一人求幸福,必须存牺牲自己个人之幸福,以求国家之幸福的心志"[2]。在孙中山看来,人们如果能把个人利益与国家利益紧密联系在一起,将个人幸福纳入大众幸福之中,那么在为国家利益和他人幸福而奋斗时,自己也可以实现个人幸福。"大家享幸福,大家得利益,则我一人之幸福之利益,自然包括其中。"[3]为了实现国家富强、人民幸福,孙中山号召革命党人树立革命奋进的人生观。"人生不过百年,百年之后,尚能生存否耶? 无论如何,莫不有一死。死既终不可避,则尚乘此时机,建设革命事业。……吾人生今日之世界,为革命之世界,可谓生得其时。……故今日之我,其生也,为革命而生我;其死也,为革命而死我,死得其所,未有甚于此者。"[4]生为革命生,死为革命死,这是何等高尚的人生理想。

第二,孙中山主张"民生为本"的价值观。孙中山认为:物质资料是人生

[1]　《孙中山全集》第 10 卷,中华书局 1984 年版,第 156 页。
[2]　《孙中山全集》第 3 卷,中华书局 1984 年版,第 24 页。
[3]　《孙中山全集》第 3 卷,中华书局 1984 年版,第 25 页。
[4]　《孙中山全集》第 6 卷,中华书局 1984 年版,第 34 页。

存发展的前提,不是精神生活决定物质生活,而是物质生活决定精神生活。"人类之在社会,有疾苦幸福之不同,生计实为其主动力。人类之生活,亦莫不为生计所限制。是故生计完备,始可以存,生计断绝终归于淘汰。"①因此在社会生活中,必须以民生为本。"社会的文明发达、经济组织的改良和道德进步,都是以什么为重心呢? 就是以民生为重心。民生就是社会一切活动中的原动力。"②解决民生问题,重点是解决老百姓的吃饭穿衣问题。主张民生为社会之本,把解决老百姓的吃饭穿衣问题作为第一要务,说明孙中山人生哲学与唯物史观有诸多相通之处。

第三,孙中山提倡自强不息、乐观向上的人生精神。孙中山曾自述其人生经历:"精诚无间、百折不回,满清之威力所不能屈,穷途之困苦所不能挠,吾志所向,一往无前,愈挫愈奋,再接再厉。"③孙中山之所以能推翻封建帝制,建立中华民国,成为20世纪中国的历史伟人,是因为他具有自强不息的人生精神和百折不挠的坚韧意志,愈挫愈奋、愈斗愈勇,不达目的,决不罢休。孙中山一生始终保持乐观向上的精神,认为"乐观者,成功之源;悲观者,失败之因"④。保持乐观精神,才能获得事业的成功和人生的幸福。人生之所以应保持乐观精神,是因为人是万物之灵,具有巨大的潜力和创造力。

革命派人生哲学在中国近代人生哲学中具有重要地位,它是近代最进步的人生哲学。那种"天下为公,服务大众"的人生理想、"民生为本"的价值观、自强不息的人生精神,激励着中国人民挣脱传统人生哲学的束缚,为追求国家独立、民族解放而斗争,从而直接推动了中国近代人生哲学的现代转型。

(二)学理派人生哲学

学理派人生哲学的代表人物是王国维。王国维人生哲学具有浓郁的学理性,他在近代人生哲学史上首次引进西方人生哲学的研究方法探讨人生问题,系统地研究人生的本质、人生痛苦的根源、人生解脱的途径。与康有为、梁启超、孙中山的人生哲学强烈的政治色彩不同,王国维对人生哲学的研究出于纯粹的学术兴趣,他视学术为生命,注重学术体系建设,并且以死殉道。在中国

---

① 《孙中山全集》第2卷,中华书局1984年版,第510页。
② 《孙中山选集》,人民出版社1981年版,第835页。
③ 《孙中山选集》,人民出版社1981年版,第115页。
④ 《孙中山全集》第3卷,中华书局1984年版,第63页。

近代人生哲学中,王国维的哲学功底最深厚、学术气息最浓郁。

首先,王国维从哲学角度对人生本质进行思考。什么是人生本质?王国维认为是欲望。人不仅有生理物质欲望,而且有情感精神欲望。"生活之本质何?'欲'而已矣。"①人们为满足自己的欲望,不断挣扎奋斗,然而由于人的欲望无休无止,一个欲望满足了,另一个欲望又接踵而至,因此人的欲望是无法满足的。欲望不能满足,便产生痛苦。"然则人生之所欲,既无以逾于生活,而生活之性质,又不外乎苦痛,故欲与生活、与苦痛,三者一而已矣。"②在王国维看来,欲望既是人生的本质,又是人生痛苦的根源,欲望、痛苦、生活三位一体。

其次,王国维探讨了人生解脱的途径,并选取自杀来获得人生解脱。王国维认为,人要摆脱欲望的纠缠,减轻人生痛苦,获得人生的解脱,不外乎三条途径:一是"美术";二是"出世";三是自杀。所谓"美术"即从事文艺和审美活动。从事文艺和审美活动可以使人超然于利害得失之外,降低人的物质欲望,净化人的心灵,从而减轻人生痛苦。所谓"出世"则是从事宗教活动,"求入于无生之域"。"出世"者虽肉体生命依然存在,但在心理层面上已"形如槁木,心如死灰","拒绝一切生活之欲"③。然而,并不是任何人都能看破红尘,只有那些"洞观宇宙人生之本质"的大智者,才能飘然出世。因此对芸芸众生来说,人生解脱的唯一途径就是自杀,结束自己的肉体生命,做到"一了百了"。在王国维看来,自杀虽有意志薄弱之嫌,但在某种无奈的情况下,自杀亦不失人们获得解脱的途径之一。"苟无此欲,则自杀亦未始非解脱之一者也。"④王国维认为自己欲念太深,牵挂太多,无法做到大彻大悟,因此只能选择自杀。

再次,王国维深受叔本华思想的影响,形成了悲观主义人生哲学。王国维对叔本华哲学情有独钟,尤推崇他的"生命意志"学说。在叔本华看来,世界上最重要的不是上帝,而是人的生命意志。由于人的生命意志是一种盲目的、不可遏止的冲动,不受理性思维支配,因此必然产生诸种痛苦。所以叔本华得

---

① 姚淦铭、王燕编:《王国维文集》第1卷,中国文史出版社1997年版,第2页。
② 姚淦铭、王燕编:《王国维文集》第1卷,中国文史出版社1997年版,第2页。
③ 姚淦铭、王燕编:《王国维文集》第1卷,中国文史出版社1997年版,第8页。
④ 姚淦铭、王燕编:《王国维文集》第1卷,中国文史出版社1997年版,第8页。

出结论:"生存就其本质而言是毫无价值的"①,"我们的生活是如此悲惨,唯有死亡才是我们苦难的终结"②。由此叔本华形成了悲观主义人生哲学。这种悲观主义的人生哲学深深影响着王国维。王国维在东文学社读书期间,开始接触叔本华哲学,他认为叔本华的"生存意志"学说观察精锐,议论犀利,读后令人"心怡神释",因而欣然接受。在叔本华影响下,王国维开始对人生问题产生兴趣。"体素羸弱,性复忧郁,人生之问题日往复于吾前,自是始决从事于哲学。"③在中国近代,王国维是第一个对人生进行自觉研究的哲学家。由于对现实绝望,再加上身体、性格、家庭变故等原因,王国维越来越对人生感到茫然,他觉得天地之大,竟没有自己的容身之地,"厚地高天,侧身颇觉平生左"④;他甚至认为人间与地狱没有区别,"人间地狱真无间,死后泥洹枉自豪"⑤。为此他悲观厌世,并最终选择自杀,从而在中国近现代留下了一个千古之谜。

第三节 中国近代人生哲学的基本特征

一、启蒙维新,救亡图存:中国近代人生哲学的主旋律

帝国主义的侵略,民族危机的加深,使救亡图存成为近代中国人的头等大事,这个头等大事决定了中国近代人生哲学的主要任务,就是唤醒民众,挽救民族危亡。中国近代人生哲学毅然承担起这一任务,始终把启蒙维新、救亡图存作为自己的历史使命,做到与时代同呼吸、与民族共命运。

从中国近代人生哲学的发展历程来看,虽然不同流派的人生哲学有着不同的政治立场、利益诉求、价值取向,但有一点是共同的,就是具有强烈的爱国精神,致力于挽救民族危亡。在鸦片战争前,经世派人生哲学就隐隐察觉到世

---

① [德]叔本华:《叔本华论说文集》,范进译,商务印书馆2004年版,第434页。
② [德]叔本华:《叔本华论说文集》,范进译,商务印书馆2004年版,第425页。
③ 姚淦铭、王燕编:《王国维文集》第3卷,中国文史出版社1997年版,第471页。
④ 萧艾:《王国维诗词笺校》,湖南人民出版社1984年版,第126页。
⑤ 萧艾:《王国维诗词笺校》,湖南人民出版社1984年版,第27页。

界大势的变化,并思考其对中国的影响。当人们还沐浴在康乾盛世的落日余晖中歌舞升平时,龚自珍就敏锐地意识到清王朝潜藏着巨大的社会危机;当人们还沉浸在天朝大国、唯我独尊的梦幻中自我陶醉时,魏源却告诉人们:世界除中华民族、华夏文明之外,还有其他民族和文明,如欧罗巴民族和西方文明,而且在某些方面(如坚船利炮)西方已超越了中国。他们认为不能再继续实行闭关锁国政策,必须睁开眼睛看世界;只有加强与其他国家交往,吸取其他文明成果,中国才能跟上世界发展潮流,自立于世界民族之林。经世派人生哲学的上述观点是中国近代最早的思想启蒙。虽然这次思想启蒙局限于少数先知先觉的知识分子,影响不够广泛,但意义仍不可低估,它催生了国人的危机意识、忧患意识、开放意识。洋务派人生哲学在思想启蒙和挽救民族危亡方面具有双重性:一方面弘扬传统文化,复兴儒家人生哲学,希望用此抵御西方思想文化的入侵,削弱西方思想文化的影响;另一方面他们也看到西方文化的某些长处,希望引进西方的科学技术,发展近代工业来增强国家实力,实现富国强兵。洋务派人生哲学的宗旨是维护封建专制和纲常名教,但其愿望是促进国家自强和民族振兴。在启蒙维新、救亡图存方面,启蒙派人生哲学贡献最大。他们大胆引进西方近代人生理论,对中国传统人生哲学进行革命性改造,提出了一系列带有近代色彩的人生哲学理论;他们广泛宣传西方思想文化,大张旗鼓地对民众进行思想文化启蒙,对人们冲破封建思想束缚起到了巨大促进作用。不仅如此,他们还用振聋发聩的语言文字,揭露中华民族面临亡国灭种的民族危机,并义无反顾地投身到维新变法中。以孙中山为代表的革命派人生哲学,他们对中国近代民族救亡的主要贡献不是思想启蒙,而是武器批判。他们前赴后继、英勇奋斗,推翻了腐朽反动的清王朝,结束了长达2000多年的封建帝制,建立了资产阶级民主共和国,在一定程度上缓解了民族危机。

二、贴近现实,服务政治:中国近代人生哲学的实用性

急剧变化的社会环境、迫在眉睫的民族危机、救亡图存的历史使命,使近代人生哲学不可能像传统人生哲学那样坐而论道,与现实政治若即若离,保持自己的相对独立性;相反,近代人生哲学都强调功利,注重实用,因此它们贴近现实,主动为政治服务,具有强烈的入世色彩。经世派人生哲学主张经世致用,反对坐而论道,对迂腐空疏的文风学风深恶痛绝。龚自珍十分关注国家安

全和边疆稳定,为了遏制英国的鸦片贸易,他建议在东南沿海"禁烟",积极支持林则徐虎门销烟;为了巩固西北边疆,粉碎沙俄制造民族分裂、攫取中国领土的阴谋,他研究边疆地理、考察西北民族源流和历史沿革,撰写《蒙古图志》、《青海志序》等边疆史地著作,建议在新疆设置行省,实行屯垦戍边。魏源则十分关注国计民生,他在担任地方官和幕僚期间,大力发展农桑、水利事业,改革盐务、税收、漕运,以减轻百姓负担,提高他们的生活水平。在讲求实用方面,洋务派人生哲学与经世派人生哲学可谓薪火相传。其代表人物曾国藩一生低调务实,不说大话,不好虚名。洋务派讲求实用的最典型表现是引进西方工艺技术、创办近代军事民用工业、创建近代海军。洋务派清醒地认识到,现在的世界处于弱肉强食的时代,只有建设自己的工业体系和强大国防,提高国家的综合实力,才能与西方列强平起平坐,否则落后就要挨打。启蒙派人生哲学具有强烈的实用色彩。康有为之所以撰写《新学伪经考》、《孔子改制考》、《春秋董氏学》等著作,并不是纯粹的学术研究,更不是发思古之幽情,而是托古改制,为自己维新变法寻找理论根据。梁启超在日本期间,连篇累牍地向国内介绍西方的思想文化和政治制度,目的是唤醒民众,开发民智,提高国民的政治参与意识,以实现君主立宪,推动中国向资本主义社会转型。严复翻译赫胥黎的《天演论》,目的是用达尔文的"物竞天择,适者生存"进化论警醒国人,只有树立强烈的竞争意识和进取精神,才能实现中华民族的自立自强。强烈的革命性、实践性、功利性是孙中山人生哲学的显著特征。无论是"驱除鞑虏,恢复中华,创立民国,平均地权"的同盟会纲领,还是"民族、民权、民生"的三民主义,都具有鲜明的政治功利色彩。孙中山把推翻满清王朝、建立资产阶级民主共和国作为自己的人生理想,他以"天下为公"的博大胸怀、"服务民众"的价值追求、"互助合作"的人生准则,特别是以愈挫愈奋的奋斗精神,"精诚无间,百折不回,满清之威力所不能屈,穷途之困苦所不能挠,吾志所向,一往无前,愈挫愈奋,再接再厉"①,终于推翻封建帝制,建立中华民国。

三、西学东渐,中西合璧:中国近代人生哲学的融合性

与传统人生哲学相比,近代人生哲学的外部环境发生了巨大变化。欧风

---

① 《孙中山选集》,人民出版社1981年版,第115页。

美雨、西学东渐,伴随着西方的殖民侵略,西方人生哲学开始在中国传播。西方人生哲学的传播,既对传统人生哲学构成了严峻挑战,也为传统人生哲学的现代转型提供了契机。中国近代人生哲学的发展过程是一个中西人生哲学从相互碰撞、激烈交锋到求同存异、渗透融合的过程。从鸦片战争到洋务运动是中西方人生哲学的碰撞交锋时期。这一时期,传统人生哲学凭借几千年来形成的思想体系、价值观念、操作系统,特别是利用统治阶级的大力扶持和本土文化的优势地位,采取种种手段(如复兴儒家人生哲学、提倡"中体西用"),极力防范西方人生哲学的传播,尽量控制西方人生哲学的影响范围。西方人生哲学则伴随着殖民侵略的隆隆炮声,强势在中国登陆。由于进入中国不久,对中国人的性格、风俗习惯、文化传统了解不多,尚未被中国知识分子所接受等原因,因此在与中国传统人生哲学的交锋过程中,西方人生哲学暂时处于下风。从戊戌变法到"五四"运动是中西方人生哲学的渗透融合时期。这一时期,西方人生哲学以其思想理念的先进性、学术体系的完整性、逻辑结构的严密性,逐渐为中国先进的知识分子所接受。他们援引西方人生哲学,对中国传统人生哲学进行批判改造,西方人生哲学广泛渗透于人们的日常生活,影响到人们的政治态度、道德追求、行为方式、价值取向。特别在新文化运动中,西方人生哲学更是跃升为主导学术思潮,传统人生哲学再也无法与之抗衡,除了与西方人生哲学融合,向现代人生哲学转型,别无他途。

　　新旧文化的交替、中西方人生哲学的渗透融合,使近代人生哲学呈现出中西合璧的性质。不再是传统人生哲学的一统天下,而是中西方人生哲学的互补互用。因此在康有为、梁启超、孙中山、王国维等人身上,既有传统人生哲学的印记,又有西方人生哲学的影响。康有为用人道主义解释孔子的仁爱学说,认为仁爱就是博爱,也是人的本质。他用西方人权理论解释中国传统的人性论,"人人既是天生,则直录于天,人人皆独立平等"①。康有为从人性是天生的,引申出人权平等,明显受到卢梭"天赋人权论"的影响,为中国人的个性解放提供了理论依据。孙中山主张"团结互助"的人生准则,一方面受到墨子的"有力者疾以救人,有财者勉以分人,有道者劝以教人"②的影响,另一方面也

---

① 康有为:《孟子微》,中华书局1987年版,第13页。
② 《墨子·尚贤下》,王焕镳:《墨子校译》,浙江文艺出版社1984年版,第70页。

受到克鲁泡特金"互助论"的影响。王国维关于欲望是人生本质和人生痛苦
根源的理论,既继承老子"罪莫大于可欲,祸莫大于不知足,咎莫大于欲得"①
的思想,又吸收了叔本华痛苦"源于与生命本身不可分离的需要和欲念"②的
观点。可见中国近代人生哲学具有亦中亦西、中西合璧的性质。

---

① 《老子·第四十六章》,任继愈:《老子新译》,上海古籍出版社 1985 年版,第 159 页。
② ［德］叔本华:《叔本华论说文集》,范进译,商务印书馆 2004 年版,第 415 页。

第二章　龚自珍的人生哲学

龚自珍(1792—1841年),字璱人,号定庵,浙江仁和(今杭州)人,中国近代杰出的思想家和诗人。在中国近代,龚自珍是最早睁开眼睛看世界的先进知识分子。目睹世界潮流的发展变化、西方列强的殖民侵略、日益严重的民族危机,龚自珍发出了批判社会、变革现实的强烈呐喊,掀开了中国近代思想启蒙的序幕。在人生哲学方面,龚自珍与魏源一道,继承清初实学家经世致用的优秀传统,结合所处的时代特征,形成了经世派人生哲学。龚自珍人生哲学既打上儒家人生哲学的烙印,又开启近代人生哲学的先声,在传统人生哲学与近代人生哲学之间起到了承上启下的桥梁作用。在龚自珍一生中,时而如倚天的长剑,气冲斗牛;时而如幽怨的箫心,缠绵悱恻。在春风得意时,他"狂来说剑",用堂堂的"剑气"抒发自己的豪情壮志;在人生失意时,他"怨去吹箫",用哀怨的"箫声"抚慰自己的苦闷心灵。"怨去吹箫,狂来说剑,两样消魂味"①,一剑一箫,确实是龚自珍人生的形象写照。

第一节　"堂堂剑气冲斗牛"

龚自珍出生在一个"书香门第"的官宦之家。祖父龚禔身,曾任内阁中书军机处行走。父亲龚丽正,官至徽州知府和苏松太兵备道。外祖父段玉裁是著名的古文字学家,母亲段驯是一位女诗人。深厚的家学渊源和聪颖的天资,使龚自珍在青年时期就具有渊博的知识和扎实的汉学功底,他对古代文物、金石文字、西北边疆地理、经学、佛学都有广泛的涉猎,诗词和古文创作更是誉满

---

① 王佩诤校:《龚自珍全集》,上海古籍出版社1999年版,第565页。

东南。

　　但龚自珍没有像外祖父段玉裁那样,专攻"乾嘉汉学",成为古文字学家。在龚自珍看来,汉学家们整天钻故纸堆、对各种名物进行烦琐的考据论证,"纵使文章惊海内",也不过"纸上苍生而已"。① 为什么龚自珍把"乾嘉汉学"视为"纸上苍生"? 这是因为乾嘉汉学家是为考据而考据,对国计民生没有多少益处。他认为,无论是研究经史,还是训诂考据,前提是要通晓"当世之务",了解现实是否需要。他说:"不研乎经,不知经术之为本源也;不讨乎史,不知史事之为鉴也。不通乎当世之务,不知经史施于今日之孰缓、孰亟、孰可行、孰不行也。"②对那些符合现实需要、有利国计民生的学问,应努力研究;对那些远离社会现实、对国计民生没有任何好处的学问,可以不必研究。在当前国势日衰、边患日急、民生凋敝的情形下,最重要、最直接的"当世之务"就是发展农桑、治理黄河、培育人才、稳定西域。③ 发展农桑,可以解决老百姓的吃饭穿衣问题;治理黄河,可以解决黄河两岸老百姓的安居乐业问题;培育人才,可以解决朝廷人才匮乏的问题;稳定西域,可以巩固西北边疆,遏制沙俄的侵略。龚自珍认为,研究这些现实问题,并找出解决办法,才是真正的经世之学;反之,不顾社会需要,躲进故纸堆中,无异于逃避现实,放弃人生的社会责任感。

　　龚自珍自幼饱读儒家诗书,深受儒家思想熏陶,因而形成了忧国忧民、积极进取的儒家人生哲学。他从小就胸怀大志,"少年揽辔澄清意"④,大有澄清天下、舍我其谁之慨。在给朋友吴虹生的信中,龚自珍指出:"男子初生,以桑弧蓬矢,射天地四方,何必一生局促软红尘土中,以为得计乎?"⑤在龚自珍看来,一个真正的男子汉应该志在四方,为国家建功立业,而不能沉迷于富贵温柔乡中。龚自珍最崇拜王安石,"少好读王介甫上宋仁宗皇帝书,手录凡九通,慨然有经世之志"⑥。他决心效法王安石,以"天变不足畏,祖宗不足法,人

---

　　① 王佩诤校:《龚自珍全集》,上海古籍出版社 1999 年版,第 565 页。
　　② 王佩诤校:《龚自珍全集》,上海古籍出版社 1999 年版,第 114 页。
　　③ 参见王佩诤校:《龚自珍全集》,上海古籍出版社 1999 年版,第 115—117 页。
　　④ 王佩诤校:《龚自珍全集》,上海古籍出版社 1999 年版,第 519 页。
　　⑤ 王佩诤校:《龚自珍全集》,上海古籍出版社 1999 年版,第 348 页
　　⑥ 张祖廉:《定庵先生年谱外记》,见王佩诤校:《龚自珍全集》,上海古籍出版社 1999 年版,第 633 页。

言不足恤"的精神,推动社会变革。为了实现经邦济世的宏伟抱负,他毅然放弃了颇有根底的古文经学,转攻今文经学,并在 28 岁时拜著名的今文经学大师刘逢禄为师。"昨日相逢刘礼部,高言大句快无加。从君烧尽虫鱼学,甘作东京卖饼家。"①龚自珍之所以放弃古文经学,是因为古文经学主要侧重于分析文义,研究章句,考据名物,没有任何实际用处,而且为解经而解经,严重束缚人的思想。今文经学则可以用"微言大义"阐述自己的思想,并能够在谈经论史中"讥切时政",宣传自己的"变法"主张,也就是今文经学比古文经学更有实际价值。

与一般沉疴在身的病人不同,一般病人在患病后,希望了解自己病情并配合医生治疗,而清王朝病入膏肓却浑然不知、讳疾忌医。龚自珍生活的时代,清王朝从表面上看,仍然沐浴于"康乾盛世"的落日余晖中,似乎河清海晏、天下承平,而实际上却是外强中干,危机四伏。道光时期,随着鸦片的大量输入,导致白银外流,国穷民困,广大的农村地区更是民生凋敝。正如林则徐指出的:"数十年后,中原几无可以御敌之兵,且无可以充饷之银。"②更令人忧虑的是,东南沿海游弋着西方列强的炮舰,西北有沙皇俄国的虎视眈眈,中华民族面临着严重的民族危机。就在这种社会矛盾、阶级矛盾、民族矛盾空前尖锐的情况下,统治阶级却仍然做着"天朝大国"的美梦,醉生梦死,"秋气不惊堂内燕,夕阳还恋路旁鸦"③,不能感知时代风气的变化,对即将到来的巨大灾难一无所知。

在封建统治者还浑浑噩噩,对即将到来的社会大动乱没有丝毫察觉的情况下;在绝大多数士大夫还沉浸在歌舞升平的享乐中,对清王朝进行阿谀奉承、歌功颂德的时候,年轻的龚自珍却独具慧眼,他以得时代风气之先的敏锐目光,深刻洞察到清王朝表面繁荣的后面蕴藏着严重的社会危机和民族危机,振聋发聩地指出清王朝"痹瘵之疾,殆于痈疽",正处于"将萎之花,惨于槁木"④和"日之将夕,悲风骤至"⑤的"衰世"之中。如果清朝统治者再不自救,

---

① 王佩诤校:《龚自珍全集》,上海古籍出版社 1999 年版,第 441 页。
② 杨国桢选注:《林则徐选集》,人民文学出版社 2004 年版,第 88 页。
③ 王佩诤校:《龚自珍全集》,上海古籍出版社 1999 年版,第 449 页。
④ 王佩诤校:《龚自珍全集》,上海古籍出版社 1999 年版,第 7 页。
⑤ 王佩诤校:《龚自珍全集》,上海古籍出版社 1999 年版,第 87 页。

那么灭亡的日子为期不远。

为什么龚自珍用"痹瘵之疾,殆于痏疽"、"将萎之花,惨于槁木"、"日之将夕,悲风骤至"这些触目惊心的文字来形容清王朝的"衰世"？目的就是唤起那些还酣睡在"天朝大国"的美梦中、自我感觉良好的封建统治者,使他们震惊、猛醒,在山雨欲来风满楼的社会大动乱来临之前,振作精神,进行社会改革,化解社会和民族矛盾,维持清王朝的统治,它体现了龚自珍忠君爱国、忧国忧民的良苦用心。这个从小就接受儒家教育,念念不忘"百年皇恩",具有浓厚忠君思想的龚自珍,心灵深处对清王朝还是有所依恋的。"终是落花心绪好,平生默感玉皇恩。"①他不愿意也不忍心眼睁睁地看着清王朝走向灭亡。为了挽狂澜于既倒,扶大厦于将倾,龚自珍不顾自己人微言轻,也不顾那些昏庸腐朽、反对变革的官僚集团的不满,要扬眉剑出鞘。"匣中龙剑光,一鸣四壁静;夜夜辄一鸣,负汝汝难忍。"②由于当时龚自珍尚未接触到西方文化,特别是西方政治制度,找不到批判社会、变革现实的武器,所以他颇有自知之明,说自己不敢自夸为医国的能手,最多只能从古代的改革家那里寻觅"药方","何敢自矜医国手,药方只贩古时丹"③。龚自珍深知,自己一介书生、一个小小的六品京官,位卑言轻,宣扬变法谈何容易。然而他认为,自己虽然没有权力直接推行各种改革措施,但开一代风气,制造变法舆论还是可以的。为此,他首先指出"变法"的必然性和紧迫性,以期唤醒统治者的麻木心灵。在《乙丙之际著议第七》中,龚自珍指出:"一祖之法无不敝,千夫之议无不靡,与其赠来者以劲改革,孰若自改革"。祖宗的法度再好,也要根据时代的变化不断进行调整,否则也会滋生各种弊端。与其等待别人和外界的压力进行被动的改革,还不如自己主动改革。不改革死路一条,被动改革事倍功半,只有自己主动改革,才能"穷则变,变则通,通则久"。

在龚自珍看来,清王朝的改革应当把重点放在整顿"吏治"上。因为"吏治"的腐败是最大的腐败,不仅导致官场贪污成风、贿赂公行,老百姓处于水深火热之中,而且导致效率低下、官僚机构运转不灵。更重要的是,"吏治"的腐败致使各级官吏昏庸无比,丧失了起码的廉耻之心:"士无耻,则名之曰辱

---

① 王佩诤校:《龚自珍全集》,上海古籍出版社 1999 年版,第 509 页。
② 王佩诤校:《龚自珍全集》,上海古籍出版社 1999 年版,第 486 页。
③ 王佩诤校:《龚自珍全集》,上海古籍出版社 1999 年版,第 513 页。

国;卿大夫无耻,名之曰辱社稷"①,官吏没有是非廉耻观念,国家就要受到凌辱,江山社稷也就岌岌可危了。令人气愤的是,这些昏聩的官僚们,为了维护自己的既得利益,竟不择手段地摧残压制人才,尤其是压制青年人才,"当彼其世也,而才士与才民出,则百不才督之缚之,以至于戮之"②,导致"一瞑人才海内空"③。国家没有可用之才,岂能不走向衰败? 龚自珍认为,整顿改革"吏治"的根本就是打破论资排辈的官僚升迁体制。因为论资排辈,不仅使官僚队伍老化,而且使那些身居高位的官僚,尸位素餐,碌碌无为。更重要的是,它阻塞了年轻人的晋身之路,扼杀了他们的生机和创造,使整个官僚队伍死气沉沉。为此,龚自珍大声疾呼:"我劝天公重抖擞,不拘一格降人才。"④他希望清政府打破论资排辈的旧习,不拘一格地选拔和使用人才,形成一个能者上、庸者下、赏罚分明、任人唯贤的局面,以激活官僚体制,为变法提供强有力的人才支持和高效的行政运转机制。

不仅如此,龚自珍还以极大的政治勇气,直言不讳地揭露清朝统治者实行罪恶的"文字狱"。"文字狱"是封建统治者以牵强附会的手段和文字罪人的形式制造冤案,用来打击知识分子,扼杀自由思想,是一种典型的文化专制主义。康、雍、乾三代是清"文字狱"最为惨烈的时期,先后发生过庄廷鑨、戴名世、胡中藻等"文字狱"大案。由于株连九族,因而动辄使成百上千的无辜者受到株连。"文字狱"的实行,使得文人士大夫不寒而栗、战战兢兢,"避席畏闻文字狱,著书都为稻粱谋"⑤,不敢越雷池半步。有些人为了避祸,干脆远离政治,不谈国事,躲进故纸堆中。实行"文字狱"的直接后果,就是堵塞言路,禁锢思想,导致思想文化界的万马齐喑。在龚自珍看来,这种堵住人家嘴巴,不让人家说话,防民之口甚于防川的行为,既是非常可悲的,也是非常可怕的。因为一旦爆发,将会汇成冲决一切的滔滔巨浪。因此他要呼唤"九州风雷",来打破"万马齐喑"、死气沉沉的局面,给神州大地带来新的"生气"⑥。龚自

---

① 王佩诤校:《龚自珍全集》,上海古籍出版社1999年版,第32页。
② 王佩诤校:《龚自珍全集》,上海古籍出版社1999年版,第6页。
③ 王佩诤校:《龚自珍全集》,上海古籍出版社1999年版,第467页。
④ 王佩诤校:《龚自珍全集》,上海古籍出版社1999年版,第521页。
⑤ 王佩诤校:《龚自珍全集》,上海古籍出版社1999年版,第471页。
⑥ 王佩诤校:《龚自珍全集》,上海古籍出版社1999年版,第521页。

珍还尖锐地批评清朝统治者不关心国计民生,不仅对老百姓的死活不闻不问,而且巧立名目,增加各种苛捐杂税。在《己亥杂诗》第一百二十三首中,龚自珍写道:"不论盐铁不筹河,独倚东南涕泪多。国赋三升民一斗,屠牛那不胜栽禾?"①沉重的剥削造成了农村的两极分化,贫者益贫,富者益富。连素称富庶的江南地区农民都屠杀耕牛,放弃土地,其他地方的农民就可想而知了,他们只有铤而走险,起来造反。所以龚自珍告诫清朝统治者,要减轻老百姓的负担,防止土地兼并和两极分化,否则"小不相齐,渐至大不相齐;大不相齐,即至丧天下"②。

满清入主中原以后,承袭了明代闭关锁国的政策,实行"海禁"。实行闭关锁国的后果不仅错过了与世界进行广泛交流的大好时机,而且使自己陷入了被动挨打的境地。19世纪初叶,以英国为首的西方列强加快了向东方侵略扩张的步伐,并把中国作为首选目标。他们不仅输入鸦片和进行商品倾销,掠夺中国的财富,而且派遣军舰在中国东南沿海游弋,时刻寻找机会,向中国发动侵略。而沙俄也不甘落后,对中国的东北、蒙古、西北边疆进行蚕食,有时还煽动一些少数民族分裂势力发动叛乱,制造民族分裂,以便从中渔利。对于即将到来的民族危机,龚自珍看在眼里,急在心里,这柄"龙泉宝剑"再一次戛戛而鸣,向清朝统治者提出了禁烟、筹边、御侮的建议和对策。

从雍正朝开始,清朝就实行禁烟。为什么到嘉庆、道光年间,鸦片不仅没有禁绝,反而泛滥成灾?原因就是清政府中的某些腐败官员与英国鸦片商人相互勾结。"津梁条约遍南东,谁遣藏春深坞逢?不枉人呼莲幕客,碧纱橱护阿芙蓉。"③这些腐败官员既自己吸食鸦片,同时又庇护鸦片贸易,致使清政府的禁烟条令如一纸空文,吸食鸦片的人越来越多。吸食鸦片不仅使白银外流、国库空虚,而且导致国人身体羸弱。龚自珍认为,要彻底禁止鸦片,必须采取严厉措施。在《送钦差大臣侯官林公序》中,他建议赴广东禁烟的林则徐:一是将英人集中于澳门一地,这样可以方便管理,禁止他们从事鸦片贸易;二是对那些食烟、贩烟、制烟者均处以极刑,绝不宽恕;三是为了防止英人反抗,特别是英军的海上侵略,"宜以重兵自随,并节制水师"。

---

① 王佩诤校:《龚自珍全集》,上海古籍出版社1999年版,第521页。
② 王佩诤校:《龚自珍全集》,上海古籍出版社1999年版,第78页。
③ 王佩诤校:《龚自珍全集》,上海古籍出版社1999年版,第517页。

　　在嘉庆、道光时期,由于沙俄在中俄边境不断挑起事端,导致清朝的东北、西北边患日益严重,为了捍卫祖国的领土主权,龚自珍提出了"筹边"、御侮的方略。他写了一系列有关巩固西北边防的对策和建议,最著名的是《西域置行省议》和《御试安边绥远疏》。在《西域置行省议》中,龚自珍指出,新疆地域辽阔、民族众多,要对新疆进行有效的管理和控制,应该在新疆设置行省。为了加强西北边防,他提出了"移民实边"、"屯垦戍边"、"以边安边"、"足食足兵"等一系列整顿军事、行政机构,增加驻防兵力的具体措施。与此同时,他还着手研究西北边疆的历史地理,撰写了《蒙古图志》、《青海志序》等著作,为巩固西北边防提供参考资料和理论依据。这些对策、建议和理论研究具有强烈的实用色彩和反侵略性质,目的是维护边境安全、遏制沙俄对中国的侵略渗透。

第二节　"侧身天地本孤绝"

　　由于清朝统治者的荒淫腐朽,龚自珍苦心孤诣提出的变法方案、对策、建议均遭到了冷遇。"绝域从军计惘然,东南幽恨满词笺。一箫一剑平生意,负尽狂名十五年。"[1]虽然"负尽狂名",辜负了"箫心"和"剑气",但龚自珍并不后悔,他还要扬眉剑出鞘,"高吟肺腑走风雷",盼望"江涛动地"[2]的社会大变革早日到来。龚自珍为什么能在屡遭冷遇的境况下不气馁,仍保持高昂的斗志,推动社会变革?除了强烈的人生责任感之外,是否还有其他力量在支撑着他?笔者认为,刚直不阿的性格、叛逆的精神以及在哲学上强调"尊心",发挥人的主观能动性,是龚自珍拔剑起舞、气冲斗牛的精神动力。

　　龚自珍具有倔强的性格和桀骜不驯的气质,强调一个人要保持自己的独立人格,不要为物质利欲而放弃自己的人格尊严。在《古史钩沉论四》中,他嘲笑部分士大夫抱着"生斯世也,为斯世也"的乡愿处世哲学,明哲保身,蝇营狗苟,为了求得功名利禄或保住自己的既得利益,不惜"仆妾色以求容,而俳

---

① 王佩诤校:《龚自珍全集》,上海古籍出版社 1999 年版,第 467 页。
② 王佩诤校:《龚自珍全集》,上海古籍出版社 1999 年版,第 466 页。

优狗马行以求禄",诌媚权贵,犬马自为。龚自珍认为这是正直的君子所不为的,"孤根之君子,必无取焉"①。在《人草稿》一诗中,他讽刺朝廷的一些官员只有人形,而无人格,外表上冠冕堂皇、神气十足,但没有主见,随风而偃,不过是陶俑式的"人草稿"②。

张祖廉在《定庵先生年谱外纪》中对龚自珍的个性和为人有生动形象地描述:"先生广额巉颐,戟髯炬目,兴酣,喜自击其腕。善高吟,渊渊若出金石。"他"性不喜修饰,故衣残履,十年不更",常常穿着破旧的衣服去拜访朋友。在任内阁中书和礼部主事期间,经常和吴虹生、汤海秋等一批志同道合、发扬蹈厉的朋友一起,"纵谈天下事,风发泉涌,有不可一世之意"。有时还独自驾驶驴车前往丰台,"于芍药深处藉地坐,拉一短衣人共饮,亢声高歌,花片皆落"。龚自珍确实是个性情中人,放浪形骸,我行我素,从不掩饰自己的喜怒哀乐,但也有些人看不惯,认为他是呆头呆脑、不谙世事的书呆子,"舆皂稗贩之徒暨士大夫,并谓为龚呆子"③。

龚自珍也在《十月廿夜大风,不寐,起而书怀》一诗中谈到了自己孤绝倔强的性格和桀骜不驯的气质:"侧身天地本孤绝,矧乃气悍心肝淳!敧斜谲浪震四座,即此难免群公瞋。"由于自己个性刚强孤绝,生活放荡不羁,再加上口无遮拦、言行无忌,所以难免引起大人先生们的恼怒,以致宦海沉浮,仕途坎坷,"平生进退两颠簸"。一般的人往往用"名高谤作"来安慰自己,而龚自珍却不以这种世俗的惯例来为自己辩解,他认为这一切都是由自己性格造成的,不能怨天尤人,但他决不后悔,仍然我行我素,一以贯之。

由于龚自珍年轻时撰写的《明良论》、《乙丙之际著议》等文章揭露了官场弊端,且言词尖锐,刺痛了一批权贵官僚。因此在中年编辑文集时,他的朋友庄绶甲劝龚自珍删弃这些文章,以免引起封建统治者新的迫害。龚自珍对朋友的好意提醒十分感激,"常州庄四能怜我,劝我狂删乙丙书"④,但他大义凛然,不怕打击迫害,依然将这些文章编入文集,显示了龚自珍的倔强性格和叛

---

① 王佩净校:《龚自珍全集》,上海古籍出版社1999年版,第29页。
② 王佩净校:《龚自珍全集》,上海古籍出版社1999年版,第467页。
③ 张祖廉:《定庵先生年谱外纪》,见王佩净校:《龚自珍全集》,上海古籍出版社1999年版,第632—633页。
④ 王佩净校:《龚自珍全集》,上海古籍出版社1999年版,第441页。

逆精神。

魏源在《定庵文录·序》中曾这样评价龚自珍的叛逆精神:"其道常主于逆,小者逆谣俗,逆风土,大者逆运会。"龚自珍确实是一个叛逆者。首先在学术上离经叛道。本来,他的家学渊源是古文经学,外祖父段玉裁是著名的古文经学家和古文字学家,祖父和父亲撰有古文经学方面的著作,他自己也有深厚的古文经学功底,能够"以经说字,以字说经"。然而龚自珍却没有沿着古文经学的路子走下去,成为一名古文经学家。在 28 岁那年,他毅然放弃了古文经学,改换门庭,师从今文经学大师刘逢禄,攻读《公羊春秋》,并成为一名今文经学家。其次在政治思想上离经叛道。满清贵族入主中原以后,为了维持自己的封建独裁专制,历来反对变法,认为"祖宗之法不可变",对鼓动、宣传变法的人杀无赦。即使在 19 世纪末期,以慈禧为首的顽固派仍然对鼓吹变法的康、梁进行迫害,并将"戊戌六君子"推上了断头台。然而,龚自珍却在"江天如墨"的 19 世纪上半叶,冒着杀头灭族的危险,大声疾呼"一祖之法无不敝"、"奈之何不思更法"[1],执着地宣传变革主张,并寻求各种"药方"来疗救这病入膏肓的"衰世"。

龚自珍这种不畏流俗、不怕迫害、特立独行的叛逆精神和巨大勇气来自哪里?笔者认为,它来自于龚自珍对"我"和"心力"的强调,即张扬人的自我意识,凸显人的自我价值,充分发挥人的主观能动性。在《壬癸之际胎观第一》中,龚自珍指出:"众人之宰,非道非极,自名曰我"。认为主宰人类万物的,不是程朱理学的"道"和"太极",而是"自我"。不仅如此,天地万物、日月山川、人类自己、纲常伦理,都是"我"创造的。他说:"天地,人所造,众人自造,非圣人所造……我光造日月,我力造山川,我变造毛羽肖翘,我理造文字言语,我气造天地,我天地又造人,我分别造伦纪。"[2]"我"之所以能创造天地万物,是因为"心力"的支撑。"心无力者,谓之庸人。报大仇,医大病,解大难,谋大事,学大道,皆以心之力。"[3]龚自珍对"自我"和"心力"的强调,一方面来自"陆王心学"的影响,它与陆九渊"宇宙便是吾心,吾心即是宇宙"[4]、"收拾精神,自

①　王佩诤校:《龚自珍全集》,上海古籍出版社 1999 年版,第 35 页。
②　王佩诤校:《龚自珍全集》,上海古籍出版社 1999 年版,第 12—13 页。
③　王佩诤校:《龚自珍全集》,上海古籍出版社 1999 年版,第 15 页。
④　《陆九渊集》,中华书局 1980 年版,第 483 页。

作主宰。万物皆备于我,有何欠缺"①具有一脉相承的痕迹;另一方面则体现了中国从传统社会向近代社会、从传统内敛型性格向近代开放型性格的转型,它强调个人主观意志的作用,主张发挥人的主观能动性去克服困难、战胜各种腐朽势力,创造一个新的世界,推动社会历史前进。结束中国传统人生哲学,开启中国近代人生哲学,正是龚自珍人生哲学的意义所在。这种对人的自我意识、自我价值的高扬,不仅鼓舞了龚自珍宣扬变法、批判社会的勇气,使他不顾各种腐朽反动势力的打击迫害,拔剑起舞;而且对中国近代的思想启蒙和思想解放,具有巨大的鼓舞作用。梁启超在《清代学术概论》中曾这样评价龚自珍在中国近代思想启蒙、思想解放中的作用:"晚清思想之解放,自珍确与有功焉。光绪间所谓新学家者,大率人人皆经过崇拜龚氏之一时期。初读《定庵文集》,若受电然。"

第三节　"双负箫心与剑名"

在那个"四海变秋气,一室难为春"②,整个社会都浑浑噩噩、衰落腐败的时候,龚自珍虽然"抱掩世之才,具先睹之识,危言高论",但"不足以破一世迤迤"③。不用说实行变法、整顿吏治的主张受到权贵官僚的责难,就是巩固西北边防、加强海防建设,在新疆设置行省等切合实际的建议,也被清政府束之高阁。"九边烂熟等雕虫,远志真看小草同"④,西北边疆史地烂熟又有何用?朝廷不重用你,权贵排挤你,把你打入冷宫,不就是雕虫小技和一钱不值的小草么? 对于一个有"经世之志"的人来说,有什么比怀才不遇和报国无门更痛苦?

不仅如此,龚自珍在科举考试和仕途上也是一波三折。从 19 岁参加顺天乡试,到 38 岁(道光九年)考中三甲第十九名进士,龚自珍在科举考试的道路上整整跋涉了 20 年。科场的失意直接影响到仕途的升迁。按照清朝论资排

---

① 《陆九渊集》,中华书局 1980 年版,第 455 页。
② 王佩诤校:《龚自珍全集》,上海古籍出版社 1999 年版,第 485 页。
③ 钱穆:《中国近三百年学术史》,中华书局 1986 年版,第 538 页。
④ 王佩诤校:《龚自珍全集》,上海古籍出版社 1999 年版,第 536 页。

辈的惯例,官场的升迁主要不是看官员的才华和作为,而是看官员的资历,即所谓"累日以为劳,计岁以为阶"①。那么,38 岁才中进士,又没有什么特殊背景的龚自珍还能爬上政治权力的顶峰吗? 姑且不说龚自珍因为性格刚直、放言高论得罪了不少权贵,就是让他逐个台阶往上爬,他也不可能爬上可以推行改革和变法的权力高位。事实也是如此。龚自珍 27 岁中举人,29 岁时任内阁中书(内阁衙门值班办事的小吏)。他 38 岁中进士,由于不愿到地方任知县,仍继续担任内阁中书,直到 44 岁才升迁为宗人府主事,稍后又迁礼部主事。然而宗人府主事、礼部主事与内阁中书差不多,同样是一个无所事事的闲职。20 年的闲曹冷署,龚自珍不仅受尽了权贵们的轻蔑和白眼,而且亲眼目睹了官场的腐败和官员们的钩心斗角和相互倾轧。由于官职低微,龚自珍薪俸微薄,入不敷出,经济上也陷入困境,有时甚至要靠朋友接济才能勉强度日。所以在道光十九年(己亥年),48 岁的龚自珍怀着满腔的酸楚和孤愤,踏上了告老还乡的归程。"归去来兮,田园将芜胡不归?"还是像陶渊明那样归隐田园吧,在秀丽的江南山水中度过自己的余生。

科场的蹭蹬、仕途的失意、经济上的困顿,确实在一定程度上消磨了龚自珍的锐气。这个"抱不世之奇才"的人,空有宏伟的抱负和满腹的才华,却无处施展,内心的痛苦和忧愤是深切的。在《与江居士笺》中,他告诉朋友,自己将居所自题为"积思之门"、"寡欢之府"、"多愤之木"。可见他思虑之多,忧患之重,悲愤之深。他虽有雄奇的剑气,但"抽刀断水水更流",锋利的刀剑无法驱散胸中的愁云惨雾,斩断心中的缕缕忧丝,他只有在如怨如慕、如泣如诉的"箫心"中抒发自己的苦闷心情:

　　沉思十五年中事,才也纵横,泪也纵横,双负箫心与剑名。
　　春中没个关心梦,自忏飘零,不信飘零,请看床头金字经。②

"才也纵横,泪也纵横,双负箫心与剑名",出自于一个"以天下为己任"的旷代逸才和得时代风气之先的先行者身上,其痛苦和忧愤是何等深重。"山溶溶,水溶溶,如梦如烟一万重,谁期觉后逢?"③他只有读读床头的"金字经",在佛经中求得一丝精神安慰和自我解脱。

① 王佩诤校:《龚自珍全集》,上海古籍出版社 1999 年版,第 33 页。
② 王佩诤校:《龚自珍全集》,上海古籍出版社 1999 年版,第 577 页。
③ 王佩诤校:《龚自珍全集》,上海古籍出版社 1999 年版,第 576 页。

　　进则孔孟,退则庄禅。人生得意时,用儒家人生哲学鼓励自己积极进取;
人生失意时,用佛道人生哲学给予自己精神安慰。这是中国古代士大夫信奉
的人生模式,龚自珍也不例外。在中年遭受一系列人生挫折以后,他心情苦
闷,郁郁寡欢,有时甚至心绪不宁,"中年何寡欢,心绪不缥缈。人事日龌龊,
独笑时颇少"①。据林昌彝在《射鹰楼诗话》中说,龚自珍"中年以后,博弈,好
饮酒,诸事俱废"。博弈、饮酒虽然可以消磨时光,但不能抚平心灵的创伤。
在龚自珍看来,只有佛法才能医治他心灵的创伤,因为心病还要心药医。"佛
言劫火遇皆销,何物千年怒若潮? 经济文章磨白昼,幽光狂慧复中宵。来何汹
涌须挥剑,去尚缠绵可付箫。心药心灵总心病,寓言决欲就灯烧。"②他决意把
以前批判社会现实、宣传变革,花费自己无数心血的"经济文章"付之一炬,逃
归禅门,修行佛法。"逃禅一意饭宗风,惜哉幽情丽想销难空……少年万恨填
心胸,消灾解难畴之功? 吉祥解脱文殊童,著我五十三参中。莲邦纵使缘未
通,他生且生兜率宫。"③龚自珍认为,信仰佛教可以消灾解难,自己应该按文
殊菩萨的指点,参拜大德高僧,听他们讲经说法。纵使今生不能进入佛国,来
生也可以生在兜率宫中。

　　虽然逃归禅门、修行佛法可以获得暂时的心灵宁静,但天国和来世毕竟是
比较遥远的事情。中国人向来认为"天道远,人道迩",重视现世生活和人生
享受。对于龚自珍这个信奉儒家人生哲学,有着"不世之奇情"、"不世之奇
才"的人来说,古佛青灯、晨钟暮鼓的单调生活和寂寞禅房是无法安顿那颗骚
动不宁的心的。他多次谈到自己有比常人更丰富、热烈、真挚的情感,"少年
哀乐过于人,歌泣无端字字真"④;"少年爱恻悱,芳意媷幽雅"⑤;"情多处处有
悲欢,何必沧桑始浩叹"⑥。如此丰富奇特、缠绵悱恻的情感岂能做到"万法皆
空"? 既然壮志难酬,"风云材略已消磨",自己建功立业的人生理想不能实
现,那么就回到闺阁绣房,"甘隶妆台伺眼波"⑦,心甘情愿伺候女人梳妆打扮

---

①　王佩诤校:《龚自珍全集》,上海古籍出版社1999年版,第487页。
②　王佩诤校:《龚自珍全集》,上海古籍出版社1999年版,第445页。
③　王佩诤校:《龚自珍全集》,上海古籍出版社1999年版,第452—453页。
④　王佩诤校:《龚自珍全集》,上海古籍出版社1999年版,第526页。
⑤　王佩诤校:《龚自珍全集》,上海古籍出版社1999年版,第487页。
⑥　王佩诤校:《龚自珍全集》,上海古籍出版社1999年版,第441页。
⑦　王佩诤校:《龚自珍全集》,上海古籍出版社1999年版,第532页。

吧。"设想英雄垂暮日,温柔不住住何乡?"①英雄在垂暮之年,尚且徜徉在富贵温柔乡,自己难道不可以寄情风月,"长吟短吟,恩深怨深。天边一曲瑶琴,是鸾心凤心。香沉漏沉,魂寻梦寻。玉阶良夜憎憎,有花阴月阴"②,在男欢女爱中寻求情感的慰藉吗?

　　和封建社会那些风流名士一样,龚自珍也曾以"江湖狂士"自命,有过一段"值得江湖狂士笑,不携名妓即名僧"③的风流浪漫生活。在青年时代,他在杭州有一次艳遇。那是在道光六年,他在西湖边遇到一位"娇小温柔"、"艺是针神貌洛神"④的美貌女郎,两人情投意合,海誓山盟。龚自珍有《纪游》、《后游》两诗记载此事。后来,龚自珍赴京参加会试,一去不返,而女郎则在杭州苦苦地等待了十多年,直到忧郁而死。道光十九年,龚自珍辞官南下回到杭州,听说女郎去世的消息,十分悲痛,接连写了16首七言绝句来悼念这位情深义重的红颜知己,这就是《己亥杂诗》中著名的"杭州有所追悼而作"。

　　中年以后,由于政治失意、仕途坎坷,他的心情非常郁闷,"寿短苦心长,心绪每不竟"⑤。为了缓解心灵的苦闷,他开始流连于秦楼楚馆、烟花巷中,"夜久罗帱梅弄影,春寒银铫药生香。……欲取离愁暂抛却,奈君针线在衣裳"⑥,想在云鬟花颜、软语温香中消磨自己的英雄气概。在担任宗人府主事期间,龚自珍与清代著名女词人顾太清有过一段秘密恋情,这就是道光年间在京城传得沸沸扬扬的"丁香花公案"。道光十九年,龚自珍辞官南下,在清江浦巧遇名妓灵箫。名士遇名妓,更使他"箫心"大发,共写了30多首诗记叙这次"袁浦奇遇",在全部的《己亥杂诗》中,超过了十分之一。

　　如果说"杭州有所追悼而作"16首充满了作者的真情实感,是一组深切悼念情人的佳作,那么《己亥杂诗》中记载的这次"袁浦奇遇"则表现了风流才子的轻薄和玩世不恭,是一组地地道道的狎邪之诗。在这组诗歌中,主要是描写

①　王佩诤校:《龚自珍全集》,上海古籍出版社1999年版,第534页。
②　王佩诤校:《龚自珍全集》,上海古籍出版社1999年版,第542页。
③　张祖廉:《定庵先生年谱外纪》,见王佩诤校:《龚自珍全集》,上海古籍出版社1999年版,第646页。
④　王佩诤校:《龚自珍全集》,上海古籍出版社1999年版,第527页。
⑤　王佩诤校:《龚自珍全集》,上海古籍出版社1999年版,第487页。
⑥　王佩诤校:《龚自珍全集》,上海古籍出版社1999年版,第443页。

赤裸裸的肉欲享受,"玉树坚牢不病身,耻为娇喘与轻颦"①;"一番心上温黁
过,明镜明朝定少年"②。

　　如何评价龚自珍的逃归禅门、猎艳寻芳的"箫心"? 一方面说明了龚自珍
在经历坎坷人生道路后,确有心灰意冷、逃避现实的倾向,体现了封建士大夫
玩世不恭的本性;但另一方面也是龚自珍对封建专制制度和虚伪礼法的反叛
抗议,体现了他个性的张扬和对爱情的渴望,体现了中国近代知识分子朦胧的
人性觉醒。尽管这种抗议带有某种消极性质,这种人性觉醒还处在朦胧状态,
尚不足以对封建专制社会构成巨大冲击,但它正在销蚀封建社会的根基,预示
着一个社会大变革时代的来临。此外,对龚自珍个人来说也是一种无奈之举。
在那个扼杀人才、万马齐喑的岁月,龚自珍虽然有宏伟的抱负、横溢的才华和
开时代风气之先的识见,但却被统治阶级弃如敝屣,遭到各种打击迫害。他只
有扑向佛门的怀抱和用男欢女爱来抚平心灵的创伤,除此之外,他还能干什
么? 我们还能苛求他什么? 况且从龚自珍的一生来讲,壮怀激烈、不平则鸣的
"剑气"毕竟是主旋律。

---

① 王佩诤校:《龚自珍全集》,上海古籍出版社 1999 年版,第 533 页。
② 王佩诤校:《龚自珍全集》,上海古籍出版社 1999 年版,第 532 页。

第三章　曾国藩的人生哲学

曾国藩(1811—1872年),字伯涵,号涤生,湖南湘乡人。"国藩"者,澄清天下、藩卫国家也,体现了曾国藩忠君爱国、建功立业的人生理想;"涤生"则包含两层意思:"涤者,取涤其旧染之污也;生者,取明袁了凡之言:'以前种种,譬如昨日死;从后种种,譬如今日生也'"①,"涤生"体现了曾国藩告别旧我、重新做人的意志决心。

在中国近代史上,曾国藩是一个传奇人物,既是理学硕儒,又是中兴名臣。他并非天资英纵、绝顶聪明,但崇尚笃实,勤奋好学,困知勉行,因而"日臻于高明之域",成为咸丰、同治年间著名的理学家。曾国藩在官场上也一帆风顺,24岁中举,28岁中进士,并被道光皇帝看中,十年七迁,由一名翰林院庶吉士,擢升为二品大员,先后担任礼、刑、兵、工、吏部侍郎。在镇压太平天国农民起义过程中,曾国藩率领湘军,由小到大,由弱到强,历尽艰辛,终于剿灭太平军。因战功卓著,被封为太子太保,一等侯,被誉为"中兴第一功臣"。对曾国藩的道德文章、人品功业,近代士人推崇备至。梁启超指出:"曾文正者,岂惟近代,盖有史以来不一二睹之大人也;岂惟我国,抑全世界不一二睹之大人也"②,认为曾国藩是中国和世界历史罕见的杰出人物。毛泽东在青年时期亦佩服曾国藩,"愚于近人,独服曾文正"③,用曾国藩的道德功业激励自己。

曾国藩在晚年办理洋务时,经常与西方人士接触,在一定程度上受到西学影响,对西人的理性、务实、功利颇为欣赏。但曾国藩骨子里信奉儒家人生哲学,把儒学视为自己的安身立命之基。他以"中体西用"的原则对待西方人生哲学,既希望引进西方人生哲学的积极因素来弥补传统人生哲学的不足,又坚

---

① 《曾国藩全集·日记》,岳麓书社1994年版,第42页。
② 张品兴主编:《梁启超全集》第5册,北京出版社1999年版,第2933页。
③ 《毛泽东早期文稿》,湖南出版社1990年版,第85页。

决维护传统人生哲学的根本。以曾国藩为代表的洋务派人生哲学,从本质上仍属于儒家人生哲学。

第一节 内圣外王,尽忠报国

成圣成贤、内圣外王,是中国古代士大夫的最高人生理想,也是曾国藩的人生追求。在曾国藩看来:要实现成圣成贤、内圣外王的人生理想,前提是立志。如果你立志成为圣贤豪杰,那么经过持之不懈的努力,是可以做到的。"惟学作圣贤,全由自己做主,不与天命相干涉"[1];"凡将相无种,圣贤豪杰亦无种。只要人肯立志,都可以做得到的"[2]。他认为要成为圣贤,既不取决于你读了多少儒家经典,"人无不可为圣贤,绝不系乎读书之多寡"[3];也不取决于你能否借助别人的力量,"圣贤豪杰何事不可为? 何必借助于人"[4],关键在于你是否有立志成为圣贤的决心,能否做到"莫问收获,但问耕耘"[5]。如果自甘平庸,认为圣贤高不可攀,放弃自己的主观努力,那么不仅不能趋于圣贤之途,还会堕入禽兽一流,因为"不为圣贤,便为禽兽"[6]。

立志是重要的,但要看你立什么志,是立君子之志还是立小人之志。如果只是为了"一身之屈伸,一家之饥饱,世俗之荣辱得失、贵贱毁誉"[7],那就是小人之志。这种人不仅不能成圣成贤,相反只会亵渎圣贤。而君子之立志不同,他"有民胞物与之量,有内圣外王之业"[8]。也就是说,真正的君子,他具有"民胞物与"的高尚情怀和"人饥我饥,人溺我溺"的悲悯精神,他"取人为善,与人为善;乐以终身,忧以终身"[9];他忧虑的不是个人的进退得失,而是自己

---

[1] 《曾国藩全集·家书》,岳麓书社 1994 年版,第 325 页。
[2] 《曾国藩全集·家书》,岳麓书社 1994 年版,第 1067 页。
[3] 《曾国藩全集·家书》,岳麓书社 1994 年版,第 220 页。
[4] 《曾国藩全集·家书》,岳麓书社 1994 年版,第 94 页。
[5] 《曾国藩全集·诗文》,岳麓书社 1994 年版,第 112 页。
[6] 《曾国藩全集·诗文》,岳麓书社 1994 年版,第 112 页。
[7] 《曾国藩全集·家书》,岳麓书社 1994 年版,第 39 页。
[8] 《曾国藩全集·家书》,岳麓书社 1994 年版,第 39 页。
[9] 《曾国藩全集·诗文》,岳麓书社 1994 年版,第 112 页。

的德行不如尧舜周公,老百姓愚顽得不到教化,蛮夷入侵中原,贤才被弃于草野。① 不仅如此,君子还能恪守自己的人生信念,克服前进道路上的各种困难,并最终实现内圣外王的功业。在曾国藩看来,只有这样的人,才可以称之为圣贤。

凡夫俗子如何才能成为圣贤? 曾国藩认为,必须做到"慎独、主敬、求仁、习劳"四个方面。何谓"慎独"? 曾国藩指出,慎独就是戒慎恐惧,存天理,去私欲,不是依靠外在强制,而是主体在心灵深处自觉地祛恶扬善。"慎独"的途径就是像曾子那样经常自我反省,反思自己的过失,并及时改正。慎独是一种很高的道德修养和人生境界,它可以使人们"内省不疚,对天地质鬼神",也就是孟子说的"仰不愧于天,俯不怍于人"。不仅如此,慎独还可以使人保持"心常快足宽平",获得心灵的宁静愉悦,因此,曾国藩把慎独看作是"人生第一自强之道"②,即成圣成贤的首要条件。

"主敬"既是儒家的不二教门,又是成圣成贤的重要方法,"圣贤千言万语,大抵不外敬恕二字"③。曾国藩指出,人们在内心专心致志、虚静淳朴,外表仪容整齐、庄重严肃,这就是"敬"的工夫;内达到收敛身心、忠厚诚实,外达到安定百姓、天下太平,这就是"敬"的效果。④ 不仅对长辈要毕恭毕敬,而且对他人也不能怠慢。"谁人可慢? 何事可弛? 弛事者无成,慢人者反尔。"⑤对任何人都不能傲慢,否则会埋下仇恨的种子,甚至会祸从天降;对任何事都不能松弛,今天推明天,明天推后天,那样将一事无成。"主敬"不仅能防止人们滋生"骄娇"二气,而且能强身健体,"若人无众寡,事无大小,一一恭敬,不敢懈慢,则身体之强健,又何疑乎?"⑥

"求仁"就是通过道德修养,使自己形成"仁民爱物"的广阔胸怀。"求仁"并不是出自于外在的强制,而是出自于人的内在心性,因为人性与天地之气、万物之理同出一源。曾国藩认为,"求仁"不是单纯追求个人的道德完善,

① 参见《曾国藩全集·家书》,岳麓书社 1994 年版,第 39 页。
② 《曾国藩全集·家书》,岳麓书社 1994 年版,第 1393 页。
③ 《曾国藩全集·家书》,岳麓书社 1994 年版,第 407 页。
④ 参见《曾国藩全集·家书》,岳麓书社 1994 年版,第 1393 页。
⑤ 《曾国藩全集·家书》,岳麓书社 1994 年版,第 81 页。
⑥ 《曾国藩全集·家书》,岳麓书社 1994 年版,第 1394 页。

即所谓"己立己达";更重要的是要将"己立己达"推广到"立人达人",让所有的人都能"立"能"达"。这就是宋儒张载的"民胞物与"、"与物同春"。只有具备"仁民爱物"的广阔胸怀,老百姓才会心悦诚服,才真正进入了圣贤的人生境界。

"习劳"则是要"勤劳自励"。在曾国藩看来,勤劳兴业,逸豫亡身。古往今来,圣君贤相,莫不是夜以继日,勤勉辛劳,才成就一番事业,才成为圣人贤人的。"古之圣君贤相,若汤之昧旦丕显,文王日昃不遑,周公夜以继日、坐以待旦,盖无时不以勤劳自励。"①正如孟子说的,要成为圣贤,还必须经过一番"劳其筋骨,饿其体肤,空乏其身"的工夫。

成圣成贤当然是一种崇高的人生境界,但在曾国藩看来,如果不把它付诸行动,变成忠君报国、忧国忧民、建功立业的人生实践,那充其量不过是一个道德完满的道学家而已。曾国藩既是一位高谈性命之理的道学家,又是一位强调经世致用的实践家,他要内圣外王并举,既成圣成贤,又建功立业,使自己的人生多姿多彩、丰富完满。

曾国藩生活的时代是中国由封建社会向半殖民地、半封建社会过渡的社会大变动时期,不仅各种阶级矛盾、民族矛盾、社会矛盾十分尖锐,而且内忧外患交相煎迫。两次鸦片战争的失败,《南京条约》和《天津条约》的签订,清政府割地赔款,开放通商口岸,中国从此进入半殖民地、半封建社会。由于清政府残酷的政治压迫和经济剥削,使得社会凋敝、民不聊生,农民起义风起云涌,特别是太平天国的农民起义席卷东南,直接威胁清王朝的统治。满清王朝已是日薄西山、气息奄奄,面临着崩溃瓦解的命运。

对清王朝面临的内忧外患和严重的社会危机,曾国藩有着清醒的认识。由于他信奉儒家人生哲学,立志成圣成贤、内圣外王,况且又十年七迁,深受皇恩,所以他不愿意也不忍心看到清王朝的灭亡。曾国藩虽然知道仅凭少数人的努力,要使清王朝起死回生是困难的,但谋事在人,成事在天,他决心尽臣子之责,为挽救清王朝竭尽全力。

首先,他披肝沥胆,忠言直谏,言人之不敢言,谏人之不敢谏。从道光三十年到咸丰二年,曾国藩多次上疏,直言不讳地反映民间疾苦和针砭社会弊端。

---

① 《曾国藩全集·家书》,岳麓书社1994年版,第1395页。

在《备陈民间疾苦疏》中,他陈述民间疾苦主要有:"一曰银价太昂,钱粮难纳;二曰盗贼太多,良民难安;三曰冤狱太多,民气难伸。"①由于银价昂贵,粮价低贱,无形中加重了老百姓的赋税负担。不仅盗贼多如牛毛,而且出现了官府和盗贼相互勾结的情形,老百姓哪里有安生之日? 有些官吏不负责任,草菅人命,有些官吏则收受贿赂,枉断官司,导致老百姓有冤无处申。曾国藩指出:这三件事处理不好,都有可能官逼民反。在《应诏陈言疏》中,他揭露当时的官员"大率以畏葸为慎,以柔靡为恭"。京官的通病有二:一是退缩,遇事推诿,不负责任;二是琐屑,斤斤计较,不顾大局。地方官的通病也有二:一是敷衍,只考虑目前,不考虑长远;二是颟顸,外表光鲜,内部早已溃烂。总之,绝大多数官员奉行"但求苟安无过,不求振作有为"②的处世哲学。曾国藩认为:这种状况是非常危险的,因为将来国家一旦有事,必然缺乏可用之才。官吏苟且偷安,士兵则士气低落,扰民滋事,"大抵无事则游手恣睢,有事则雇无赖之人代充,见贼则望风奔溃,贼去则杀民以邀功"③。曾国藩不仅尖锐揭露官场腐败和各种社会弊端,而且有时不避犯上之嫌,直言指出皇上的过错。在《敬呈圣德三端预防流弊疏》中,他指出皇上的所作所为可能导致三大流弊:一是过于"敬慎",容易流于"琐碎";二是过于"好古",容易流于"浮华文饰";三是貌似"广大",容易滋长"骄矜之气"。曾国藩认为:咸丰皇帝刚刚登基不久,这些毛病还是容易改正的,"若待其弊既成而后挽之,则难为力矣"④。曾国藩何尝不知道,上这样激切直言的奏疏有可能惹得皇上"龙颜大怒",自己"犯不测之威",但是对君王的耿耿忠心,使他早已将个人的得失福祸置之度外,"余之意,盖以受恩深重,官至二品,不为不尊;堂上则诰封三代,儿子则荫任六品,不为不荣。若于此时再不尽忠直言,更待何时乃可建言?"⑤所以他遇事不敢退缩,决心用忠言直谏来冲刷朝廷中阿谀逢迎、明哲保身的庸俗风气。

其次,尽忠报国,虽九死其尤未悔。咸丰二年六月,曾国藩被任命为江西正考官,主持江西乡试。行至安徽太湖县,闻母丧,辞呈主考之职,日夜兼程,

---

① 《曾国藩全集·奏稿一》,岳麓书社 1994 年版,第 29 页。
② 《曾国藩全集·奏稿一》,岳麓书社 1994 年版,第 7 页。
③ 《曾国藩全集·奏稿一》,岳麓书社 1994 年版,第 19 页。
④ 《曾国藩全集·奏稿一》,岳麓书社 1994 年版,第 24 页。
⑤ 《曾国藩全集·家书》,岳麓书社 1994 年版,第 212 页。

赴湘乡奔丧。在回乡守制期间,由于太平天国农民起义队伍进入两湖,并顺长江东下,席卷东南,直接威胁清王朝的统治。曾国藩奉皇上圣谕,协助地方官员帮办团练事宜。他虽然有孝服在身,但在社稷存亡之秋,他决心首先为清王朝尽忠、报效君王,"臣虽不才,亦宜勉竭愚忠,稍分君父之忧"①。

在曾国藩看来,忠君报国不能说在嘴上,不能平时高唱忠君爱国,在关键时刻就推诿退缩;也不能像某些迂腐的宋儒那样,"无事袖手谈心性,临危一死报君王"。"临危一死报君王",似乎尽忠了,但对君王、对国事都没有什么实际作用。他强调尽忠报国必须"切实做去",要落实到行动上。因此他不顾重孝在身,毅然投笔从戎,开始了戎马书生的征战生涯。在与太平军作战过程中,他多次勉励自己兄弟要"同心努力,拼命报国"。在咸丰五年十月十四日致诸弟的信中,他说自己"食禄有年,受国厚恩,自当尽心竭力办理军务,一息尚存,此志不懈"②。

曾国藩指出,尽忠报国还必须做到"公而忘私,国而忘家"。咸丰元年五月十四日,他在致诸兄弟的信中说:"父亲每次家书,皆教我尽忠图报,不必系念家事。余敬体吾父之教训,是以公而忘私,国而忘家"③。"公而忘私,国而忘家",就是"知有君父而不知有身,知天下之安危而不知身之祸难,屡濒九死,而爱君忧国之志不可夺"。他把君王、国家的利益看得高于一切,为了捍卫君王、国家的利益,为了社稷的安危、苍生的幸福,可以牺牲自己的一切;不管碰到什么艰难困苦,哪怕是"屡濒九死",也要保持自己的"爱君忧国"之志。

第二节　打脱牙齿和血吞

曾国藩之所以能从一个普通儒生成为"中兴第一功臣",还得力于他倔强的个性、刚毅的品格和百折不挠的进取精神。正如梁启超指出的:"其一生得力在立志,自拔于流俗,而困而知,而勉而行,历百千艰阻而不挫屈,不求近效,铢积寸累,受之以虚,将之以勤,植之以刚,贞之以恒,帅之以诚,勇猛精进,坚

---

① 《曾国藩全集·奏稿一》,岳麓书社1994年版,第40页。
② 《曾国藩全集·家书》,岳麓书社1994年版,第309页。
③ 《曾国藩全集·家书》,岳麓书社1994年版,第212页。

苦卓绝。如斯而已,如斯而已。"①

　　曾国藩认为,一个男子汉要立身处世,成就一番事业,必须具有倔强刚毅之气。"男儿自立,必须有倔强之气"②;"至于倔强二字,却不可少。功业文章,皆须有此二字贯注其中,否则柔靡不能成一事。孟子所谓'至刚',孔子所谓'贞固',皆从倔强二字做出。若能去忿欲以养体,存倔强以励志,则日进无疆矣"③。在他看来,男子汉只有"倔强刚毅"才能"日进无疆",成就功业文章,实现人生理想。如果"柔靡"、"懦弱无刚",没有血性和骨气、没有生机和斗志,丧失进取精神,遇到困难和挫折就屈服退缩,那么不仅一事无成,而且被人们瞧不起。所以曾国藩以"懦弱无刚"为人生最大的耻辱。

　　要做到"倔强",首先必须"明强"。"凡事以明强为本,即修身齐家亦须以明强为本。"④所谓"明强",即明白什么是真正的"倔强"。曾氏指出:"倔强",并不是听不进别人意见的固执己见,也不是自逞其能的刚愎自用,更不是恃强而行、不知敛抑的主观蛮干。相反,"倔强"是一种坚韧不拔、毫不气馁的进取精神和战胜自己、超越自己的坚强意志。他说:"至于强毅之气,决不可无。然强毅与刚愎有别。古语云:'自胜之谓强,贞恒之谓毅。'"⑤所谓"自胜",就是战胜自己内心的软弱、懒惰和欲望。"如不惯早起,而强之未明即起;不惯庄敬,而强之坐尸立斋;不惯劳苦,而强之与士卒同甘苦,强之勤劳不倦,是即强也。"⑥一个人能战胜和超越自己,才是真正的"强"。所谓"贞恒",就是坚贞、有恒心,做任何事情都锲而不舍,坚韧不拔。一个人有恒心和耐力,就是真正的"毅"。

　　曾国藩是个非常倔强的人,他一生都以"倔强"来警示、勉励自己。他的"倔强"主要表现在这样几个方面:一是"有恒"。何谓"有恒"?曾国藩打了个形象的比方,"有恒"好比种树养鱼,日见其大而不觉,它在长年累月中积累起来,在一件件小事中体现出来。从表面上看,它速度不快,但由于基础扎实,

① 张品兴主编:《梁启超全集》第 5 册,北京出版社 1999 年版,第 2933 页。
② 《曾国藩全集·家书》,岳麓书社 1994 年版,第 1139 页。
③ 《曾国藩全集·家书》,岳麓书社 1994 年版,第 934 页。
④ 《曾国藩全集·家书》,岳麓书社 1994 年版,第 978 页。
⑤ 《曾国藩全集·家书》,岳麓书社 1994 年版,第 364 页。
⑥ 《曾国藩全集·家书》,岳麓书社 1994 年版,第 364 页。

步伐稳健,因而能获得成功。所以,曾国藩认为,"有恒,则断无不成之事"①。反之,如果"无恒",没有恒心和耐心,则将一事无成。人要做到"有恒",首先必须"贵专",不能见异思迁。所谓"贵专",即专心致志、集中精力做好某件事。他说:"凡人作一事,便须全副精神专注在此一事。首尾不懈,不可见异思迁,做这样想那样,坐这山望那山,人而无恒,终身一事无成。"②"凡事皆贵专。求师不专,则受益也不入;求友不专,则博爱而不亲。见异思迁,此眩彼夺,则大不可。"③曾国藩多次告诫弟弟,读书必须专精,"若志在穷经,则须专守一经;志在作制义,则须专看一家文稿;志在作古文,则须专看一家文集"④。在一段时间,集中精力专门读一类书,则可以有所收获。否则,见异思迁,"兼营并骛",这山望到那山高,必"一无所能矣"⑤。其次,必须日积月累,不能急于求成。他以做学问为例,指出:"学问不可求速,不能急于求成。此事断不可求速效。求速效必助长,非徒无益,而又害之。只有日积月累,如愚公移山,终久必有豁然贯通之候,愈欲速则愈锢蔽矣。"⑥急于求成,要么拔苗助长,好心办坏事;要么欲速则不达,反而延缓事物的进程。还是日积月累,循序渐进,总有一天可以豁然贯通。说到"有恒",人们不能不佩服曾国藩的恒心。从道光二十四年七月起,他在担任京官期间,不管政务多么繁忙,仍坚持"每日临帖百字,抄书百字,看书少亦须满二十页,多则不论。虽极忙,亦须了本日功课,不以昨日耽搁而今日补做,不以明日有事而今日预做"⑦。在统率湘军与太平军作战的日子里,虽然军务繁冗、日理万机,他也坚持记日记、写家书和读书笔记。曾国藩的"恒心"确实非一般人能够做到。

二是"坚韧"。湘军之所以能战胜太平军,一个重要原因就是作为湘军统率,曾国藩能够不计成败、不怕挫折、屡仆屡起、坚韧不拔,所以能以少胜多、以弱胜强,最后转守为攻、转败为胜。在湘军初创时期,由于太平军声势浩大,而湘军不过是一支刚刚由农民组成的地方队伍,缺少训练,纪律涣散,再加上曾

---

① 《曾国藩全集·家书》,岳麓书社 1994 年版,第 48 页。
② 《曾国藩全集·家书》,岳麓书社 1994 年版,第 358 页。
③ 《曾国藩全集·家书》,岳麓书社 1994 年版,第 71 页。
④ 《曾国藩全集·家书》,岳麓书社 1994 年版,第 36 页。
⑤ 《曾国藩全集·家书》,岳麓书社 1994 年版,第 36 页。
⑥ 《曾国藩全集·家书》,岳麓书社 1994 年版,第 67 页。
⑦ 《曾国藩全集·家书》,岳麓书社 1994 年版,第 99 页。

国藩本人没有实际指挥作战的经验,所以在靖港、岳阳、九江、湖口几次战役中,湘军遭到重创,几乎全军覆没。曾国藩虽然也有灰心丧气的时候,甚至投水自杀,但他并没有被彻底击倒,一次又一次,他以"打脱牙齿和血吞"的气概,跌倒了又爬起,重整旗鼓,东山再起。他说:"李申夫尝谓余怄气从不说出,一味忍耐,徐图自强。因引谚曰:'好汉打脱牙齿和血吞。'此二语是余生平咬牙立志之诀,不料被申夫看破。余庚戌辛亥间为京师权贵所唾骂,癸丑甲寅为长沙所唾骂,乙卯丙辰为江西所唾骂,以及岳州之败,靖港之败,湖口之败,盖打脱牙之时多矣,无一次不和血吞之。"①曾国藩认为,一个人愈是在逆境,愈是在遇到困难和挫折时,愈要咬牙挺住。如果在这个时候倒下,精神和肉体将遭到毁灭性的打击,势必一蹶不振。在致曾国荃的信中,他说自己"吾生平长进全在受挫受辱之时。务须咬牙励志,蓄其气而长其智,切不可茶然自馁也"②。逆境最能考验人,也最能锻炼人,还最能成全人。无论是两人相互僵持,还是两军相互对峙,在双方都筋疲力尽的时候,就看谁能坚持到最后。而曾国藩的最大长处就是在困境中能咬牙坚持,他曾列举了自己一些咬牙励志、坚持到底的例子:"本部堂办水师,一败于靖港,再败于湖口,将弁皆愿'去水而就陆'",我们坚忍维持,果真"而后再振";"咸丰十年,余任两江总督不久,太平军大举进攻,苏州、常熟、徽州面临失陷的危机,有人劝我移营江西以保饷源,我说'吾丢此寸步无死所'",我们坚忍维持,果真"渡过了难关";"安庆合围之际,祁门告急,黄德糜烂,群议撤安庆之围援彼二处",我们坚忍力争,果真"而后有济";"同治元年攻金陵,全军瘟疫,死亡枕藉,为时四十余日,维持殊属不易",我们坚忍支撑,果真"大功告成"。最后曾国藩总结说:"天下事果能坚忍不懈,总可有志竟成。"③确实,如果曾国藩没有如此坚韧不拔的毅力和不屈不挠的斗志,恐怕早就是太平军的手下败将。对此,他的友人薛福成称颂道:"立坚忍不拔之志,卒能练成劲旅",历经"数年坎坷艰辛,当成败绝续之处,持孤注以争命;当危疑震撼之际,每百折而不回"④。正是这种百折不挠的"坚忍"精神,成就了曾国藩的盖世之功。

---

① 《曾国藩全集·家书》,岳麓书社 1994 年版,第 1309 页。
② 《曾国藩全集·家书》,岳麓书社 1994 年版,第 1309 页。
③ 《曾文正公全集·批牍》第 3 卷,传忠书局,光绪乙卯本,第 65 页。
④ 薛福成序:《曾文正公全集·奏稿》,传忠书局,光绪乙卯本,第 1 页。

第三节　不忮不求，戒骄戒佚

在为人处世方面，曾国藩主张以儒为主，儒道互补。第一，立身处世，以"诚"为先。"君子之道，莫大乎以忠诚为天下倡。"①君子最宝贵的品格就是诚实守信，说到做到。一个人不讲诚信，不仅在社会上难于立足，而且不配做人。曾国藩指出："诚"的核心就是"言必忠信，不欺人，不妄语"②，具体表现就是"不说大话，不求虚名，不行驾空之事，不谈过高之理"③。也就是说，不投机取巧，不夸夸其谈，诚实为人，埋头苦干。在曾国藩看来，那种虚伪奸诈之徒，巧舌为簧，坑蒙拐骗，翻手为云，覆手为雨，虽然可以在短时间迷惑人，获得某些好处，但终究会原形毕露。如果大家都以机巧之心待人，那么就会陷入钩心斗角、相互报复的恶性循环，最终两败俱伤。只有以诚待人，才能互相信任。不仅如此，当别人以虚伪来对待我时，如果我仍然以诚相待，用诚去感化他，那么久而久之，这些人也会改掉虚伪狡诈的毛病，成为诚信的人。曾国藩认为，诚信待人，前提是不怕吃亏。如果斤斤计较个人利益，就会滋生机巧之心。机巧之心太重，必然引起别人的防范，不愿与你接触，那么你将陷入孤立无援、四面楚歌的境地，还能在社会上安身立命吗？

第二，"不忮不求"，消灾避祸。同治九年六月四日，曾国藩在写给儿子纪泽、纪鸿的信中说："余生平略涉先儒之书，见圣贤教人修身，千言万语，而要以不忮不求为重。忮者，嫉贤害能，妒功争宠，所谓忌者不能修，忌者畏人修之类也。求者，贪利贪名，怀土怀惠，所谓未得患得，既得患失之类也。"④"忮者"，嫉妒贤能，邀功争宠；"求者"，贪图名利，患得患失。在曾国藩看来，嫉妒和贪婪是人类的两种最丑陋的本性。"善莫大于恕，德莫凶于妒"。他在《忮求诗二首》中描写了"忮者"的心态："己拙忌人能，己塞忌人遇"。自己才能平庸则嫉恨那些有才华能力的人，自己仕途阻塞则嫉恨那些仕途通顺的人。更

---

① 《曾国藩全集·诗文》，岳麓书社 1994 年版，第 304 页。
② 《曾国藩全集·日记》，岳麓书社 1994 年版，第 118 页。
③ 《曾国藩家书·家训·日记》，北京古籍出版社 1988 年版，第 506 页。
④ 《曾国藩全集·家书》，岳麓书社 1994 年版，第 1370 页。

令人厌恶的是,这些嫉妒者为了个人不可告人的目的,竟不惜在别人身上泼污水,诬陷侮辱别人,"但期一身荣,不惜他人污"①。如果说"忮者"的特点是心胸狭窄,那么"求者"的特点则是贪得无厌。"在约每思丰,居困常求泰。富求千乘车,贵求万钉带。未得求速偿,既得求勿坏。"在曾国藩看来,"忮求"都是招灾惹祸的根源,"诸福不可期,百殃纷来会。片言动招尤,举足便有碍"②。因此,人们要去除"忮求"两种心理。对于"忮者"来说,就是要心胸开阔一些,"消除嫉妒心,普天霖甘露。家家获吉祥,我亦无恐怖"③。对于"求者"来说,就是做到知足常乐,"知足天地宽,贪得宇宙隘。于世少所求,俯仰有余快"④。

曾国藩经常以"不忮不求"来警示自己,认为做官首先应做到"不贪财"。他的治家"八本"中的第七条就是:"作官以不要钱为本"⑤。人生在世,面对各色人等,面临各种环境,"祸咎之来,本难预料",但如果做到"不贪财、不取巧、不沽名、不骄盈",虽不能完全消灾避祸,但毕竟可以"弥缝一二"⑥。所以他情愿别人占我的便宜,而不占他人半点便宜。在道光二十七年致诸弟的信中,曾国藩说自己"自庚子到京以来,于今八年,不肯轻受人惠,情愿人占我的便宜,断不可我占人的便宜"⑦。并多次表白:"予自三十岁以来,即以做官发财为可耻,以宦囊积金遗子孙为可羞可恨,故私心立誓,总不靠做官发财以遗后人。"⑧他表示,如果今后俸禄比较丰厚,也绝不留钱给子孙,除了一部分供养长辈之外,其他的钱则用来接济那些比较贫穷的亲戚和乡邻。

第三,克勤克俭,勤俭持家。一个家庭,哪怕是富裕之家、官宦之家,如果讲排场,比阔气,大手大脚,势必坐吃山空,家道中落。因此,曾国藩主张勤俭持家。咸丰八年十一月二十三日,他在致诸弟信中云:"要实行勤俭二字。后辈诸儿须走路,不可坐轿骑马。诸女莫太懒,宜学烧茶煮菜。书、蔬、鱼、猪,一家之生气;少睡多做,一人之生气。勤者生动之气,俭者收敛之气。有此二字,

---

① 《曾国藩全集·家书》,岳麓书社 1994 年版,第 1371 页。
② 《曾国藩全集·家书》,岳麓书社 1994 年版,第 1372 页。
③ 《曾国藩全集·家书》,岳麓书社 1994 年版,第 1371 页。
④ 《曾国藩全集·家书》,岳麓书社 1994 年版,第 1372 页。
⑤ 《曾国藩全集·家书》,岳麓书社 1994 年版,第 653 页。
⑥ 《曾国藩全集·家书》,岳麓书社 1994 年版,第 1330 页。
⑦ 《曾国藩全集·家书》,岳麓书社 1994 年版,第 151 页。
⑧ 《曾国藩全集·家书》,岳麓书社 1994 年版,第 183 页。

家运断无不兴之理。"①在他看来,养成勤俭的习惯益处颇多:一是可以保持寒素的家风;二是可以体验老百姓的艰苦;三是可以防止子弟沾染富贵习气。勤俭持家是家庭兴旺的法宝,大手大脚则是家庭败亡的征兆。因为"仕宦之家,由俭入奢易,由奢返俭难"②。曾国藩要求子女做到"勤俭"二字:"勤"就是早起晚睡,持之以恒;"俭"就是精打细算,莫穿华丽衣服,少用仆婢雇工。曾国藩本人就非常勤俭节约。同治年间,他虽官居一品,"而所有衣服不值三百金"③。平时生活也很简朴,以素为主,一个荤菜,不剩饭剩菜。在金陵任两江总督期间,他还亲自开荒种菜,浇水施肥,保持一个农民的本色。

第四,戒骄戒佚,谦虚谨慎。曾国藩告诫诸弟:"吾在外既有权势,则家中子弟最易流于骄、流于佚,二字皆败家之道也。"④"骄佚"二字不仅是"败家之道",而且是人生的大忌。"长傲、多言二弊,历观前世卿大夫兴衰及近日官场所以致祸福之由,未尝不视此二者为枢机"⑤,所以必须戒除"骄佚"二字。曾国藩认为戒"骄"的办法是谦虚谨慎,"天地间惟谦谨是载福之道"⑥。谦虚谨慎表现在人际交往时,就是平等待人,不盛气凌人,不厚此薄彼,无论贫富贵贱,地位高低,一概以礼相待;表现在朋友相处中,就是要有自知之明,多看到别人的优点和长处,多看到自己的缺点和短处。他在写给曾国荃的信中说:"兄昔年自负本领甚大,可屈可伸,可行可藏,又每见得人家不是。自从丁巳、戊午大悔大悟之后,乃知自己全无本领,凡事都见得人家有几分是处。"⑦同时他认为在言谈上要谨慎,不要夸夸其谈、道听途说,不说闲言碎语,甚至连取悦人的乖巧话也少说。曾国藩为自己制定了《人生五箴》,其中之一就是《谨言箴》:"巧语悦人,自扰其身。闲言送日,亦搅汝神。解人不夸,夸者不解。道听途说,智笑愚骇。"⑧戒"佚"的办法则是"习劳守朴",经常参加一些体力劳动,保持俭朴的家风。例如男子多爬山走路,不要骑马坐轿;女子勤洗衣做饭,

① 《曾国藩全集·家书》,岳麓书社1994年版,第445页。
② 《曾国藩全集·家书》,岳麓书社1994年版,第324页。
③ 《曾国藩全集·家书》,岳麓书社1994年版,第837页。
④ 《曾国藩全集·家书》,岳麓书社1994年版,第277页。
⑤ 《曾国藩全集·家书》,岳麓书社1994年版,第378页。
⑥ 《曾国藩全集·家书》,岳麓书社1994年版,第628页。
⑦ 《曾国藩全集·家书》,岳麓书社1994年版,第1317页。
⑧ 《曾国藩全集·家书》,岳麓书社1994年版,第82页。

纺纱织布。曾国藩认为,一个人如果能做到"力除傲气,力戒自满",则可以不断进步。

在为人处世方面,曾国藩还吸收了道家人生哲学的某些观点,如:"宁缺毋满,功成身退";"盛时作衰时想,上场作下场看";刚柔相济;难得糊涂。

曾国藩一方面有强烈的功名思想,希望能出将入相,光宗耀祖;另一方面又信奉老庄的"满则溢,盈则亏"的思想,尤其是在功劳越大、地位越高时,战战兢兢,有临深履薄之感。他在咸丰十一年十二月初六的日记中写道:"日内思家运太隆,虚名太大,物极必衰,理有固然。"[1]他担心物极必反、盛极而衰,因而主张"宁缺毋满"。早在道光二十四年,他就有"宁缺毋满"的思想,把自己的居所命名为"求缺斋",并写了《求缺斋记》一文。他说:"凡外至之荣,耳目百体之嗜,皆使留其缺陷。行非圣人而有完名者,殆不能无所矜饰于其间也。吾亦将守吾缺者焉。"[2]曾国藩认为,人非圣贤,不可能做到完美无缺,还是留点缺陷为好。另外还有一层更深的意思曾国藩没有说出:就是任何事物如果发展到登峰造极的地步,必然走向其反面。

要防止物极必反、盛极而衰,首先要淡化功名利禄之心,做到"积劳而使人不知其劳"。曾国藩认为,一个人在平时就要收敛自己的锋芒,避名让利。他在给曾国荃的信中说:"吾兄弟誓拼命报国,而须常存避名之念,总从冷淡处着笔,积劳而使人不知其劳,则善矣。"[3]而且越是在仕途顺利、声誉日隆时,越要小心翼翼,夹着尾巴做人。咸丰四年十一月,湘军连克两湖,并在江西大败太平军,朝廷连连嘉奖,曾国藩声誉鹊起。这时,曾国藩不仅没有忘乎所以,反而战战兢兢。他在家书中写道:"现在但愿官阶不再进,虚名不再张。常葆此以无咎,即是持身守家之道。"[4]在他看来,平平安安即是福,大起大落即是祸。因此做人做事应该"从波平浪静处安身,莫从掀天揭地处着想"[5]。其次要"功成身退",不能贪恋功名富贵。同治三年八月,曾国荃带领湘军攻克金陵。清王朝加封曾国藩为一等侯,太子太保;曾国荃为一等伯,太子少保,均赏

① 《曾国藩全集·日记》,岳麓书社1994年版,第692页。
② 《曾国藩全集·诗文》,岳麓书社1994年版,第155页。
③ 《曾国藩全集·家书》,岳麓书社1994年版,第883页。
④ 《曾国藩全集·家书》,岳麓书社1994年版,第281页。
⑤ 《曾国藩全集·家书》,岳麓书社1994年版,第1321页。

双眼花翎。就在这功勋显赫、位极人臣之际,曾国藩反而忧心忡忡,他担心自己功高震主,重蹈文种、韩信的覆辙。他马上写信给弟弟曾国荃,叫他不可贪恋功名富贵,早日解甲归田,"功成身退,愈急愈好"。当一些幕僚向他进言,何不趁此手握重兵的机会,问鼎中原或割据东南。曾国藩不仅没有听从幕僚的劝告,反而主动向清廷提出请求,裁减湘军,并以自己身体不好为由,提出辞呈。曾国藩深知:清王朝为了维持满清贵族的统治地位,对汉人(尤其是手握重兵的汉人)是有很深的猜忌和疑虑之心的。如果自己不主动功成身退,自削兵权,那么势必被过河拆桥,兔死狗烹,甚至可能株连九族。正是由于曾国藩具有"宁缺毋满"的意识,所以他不仅没有落得兔死狗烹的结局,而且获得了"中兴第一功臣"的美誉。

同治元年闰八月初四,曾国藩在给弟弟曾国潢的信中说:"盛时常作衰时想,上场当念下场时。富贵人家,不可不牢记此二语也。"①为什么要"盛时常作衰时想"? 这是因为任何事情有盛必有衰,有起必有伏,不可能长盛不衰。官宦人家尤其要"盛时常作衰时想"。因为"居官不过偶然之事,居家乃是长久之计"。当官不能当一辈子,仕途险恶,风波迭起,随时都可能被削职丢官。"凡有盛必有衰,不可不预为之计。"②只有"预为之计",才能防患于未然,不致在罢官时惊慌失措。

如何"盛时常作衰时想"? 第一,不忘贫寒当初。曾国藩认为,在鼎盛时期,不要忘记寒士风操,尤其是不要忘记贫寒当初。他说自己如果"不忘蒋市街卖菜篮情景,弟则不忘竹山坳拖碑车风景。昔日苦况,安知异日不再尝之"③,自然会心态平和。第二,强基固本。曾国藩出身农村,深受中国传统文化和祖辈教训的影响,他认为"勤俭耕读"才是家运兴旺发达的根本。"能从勤俭耕读上作出好规模,虽一旦罢官,尚不失为兴旺气象。"④第三,巩固后院,处理好家族邻里关系。对于老家的亲朋好友、乡亲邻居,不论贫富,一概平等相待,不可怠慢。对于家中的仆人,不要打骂。⑤ 曾国藩认为,如果家庭、宗

---

① 《曾国藩全集·家书》,岳麓书社 1994 年版,第 856 页。
② 《曾国藩全集·家书》,岳麓书社 1994 年版,第 1338 页。
③ 《曾国藩全集·家书》,岳麓书社 1994 年版,第 1319 页。
④ 《曾国藩全集·家书》,岳麓书社 1994 年版,第 1338 页。
⑤ 参见《曾国藩全集·家书》,岳麓书社 1994 年版,第 1264 页。

族、乡邻关系和睦,即使罢官归家,亦有生存栖息之处,不致死无葬身之地。

曾国藩虽然主张倔强刚毅的人生态度,但反对一味刚强,甚至蛮横暴虐。他认为在为人处世方面,应该刚柔相济、刚柔互用。他在同治元年五月二十八日致诸弟信中云:"近来见得天地之道,刚柔互用,不可偏废。太柔则靡,太刚则折。"①太柔则流于懦弱,太刚则容易折断。但什么时候该刚,什么时候该柔,则要看具体情况。比如说:为国家办公事要刚,争名逐利的事不妨柔;开创家业要刚,守成安乐则柔;在外交谈判时要刚,与妻子儿女共享天伦之乐时则柔。曾国藩不仅主张刚柔相济,而且指出为人不能太精明,有时甚至主张"装糊涂",以"浑含愚诚"应世。曾国藩回顾自己的人生历程,在青年时期由于为人精明,结果处处碰壁,而自己的一个友人在官场上随人俯仰,结果反而官运亨通。由此他总结出一条处世经验,"惟忘机可以消众机,惟懵懂可以被不祥"②。所谓"忘机"、"懵懂"者,即大智若愚,装糊涂也。

第四节　顺其自然,惩忿节欲

在养生之道上,曾国藩继承了道家和他祖辈的养生方法,主张顺其自然,节制欲望,抑制愤怒,养成良好的生活方式。

曾国藩秉承了他祖父星冈公"三不信"的家教。所谓"三不信",就是不信医药、不信僧道、不信地仙。"三不信"在今天看来,"不信医药"有些不相信科学,至于不信僧道、不信巫术则是正确的,并且具有无神论的色彩。

曾国藩"不信医药"并不是完全反对求医服药,他只是不主张多服药。他认为药物是外在的东西,人患病以后,如果主要靠药物来治疗,一是会产生对药物的依赖性,二是会产生抗药性,这两者对身体都是不利的。所以他说:"保养之法,断不在多服药也。"③曾国藩还认为药有两重性,"药能活人,亦能害人"④;古人云:是药三分毒,因而并不是得病就要服药,更不能乱服药。不

①　《曾国藩全集·家书》,岳麓书社 1994 年版,第 837 页。
②　《曾国藩全集·日记》,岳麓书社 1994 年版,第 118 页。
③　《曾国藩全集·家书》,岳麓书社 1994 年版,第 623 页。
④　《曾国藩全集·家书》,岳麓书社 1994 年版,第 624 页。

仅如此,医生也有良医和庸医之别。"良医则活人者十之七,害人者十之三;庸医则害人者十之七,活人者十之三。"①良医比庸医技术高明一些,所以在治病时有七成把握;庸医信口开河,胡乱开药,甚至草菅人命。所以曾国藩说自己平时"决计不服医生所开之方药"。那么人患病之后怎么办? 曾国藩主张"尽其在我,听其在天",即顺其自然。一是依靠人体内部的抵抗力;二是清净调养,通过调养来恢复元气,康复身体。他说:"吾于凡事皆守'尽其在我,听其在天'二语,即养生之道亦然。寿之长短,病之有无,一概听其在天,不必多生妄想去计较它。凡多服药饵,求祷神祇,皆妄想也。"②完全不信医生和药物是偏颇的,但主张顺其自然,多加调养保护,增强抵抗力则有一定的科学道理。

除了顺其自然,还要惩忿节欲。所谓惩忿,就是抑制愤怒;节欲,则是节制欲望。曾国藩在日记中写道:"养生之法,莫大于惩忿、窒欲、少食、多动八字。"③之所以要抑制愤怒,是因为怒则伤肝,肝又连着肾脾,伤肝以后,百病生矣。他认为曾国荃之所以得肝病,就是不能制怒,动不动就发火,因此告诫弟弟,"养生以戒恼怒为本"。如何"制怒"? 唯有一法,静坐而已,每日静坐一个时辰,其功不亚于汤药。节欲包括节制食欲、性欲、功名欲,还包括节劳。曾国藩认为,节制饮食主要是做到两点:一是"饮食有恒",即饮食要有规律。不要饥一顿饱一顿,更不能暴饮暴食,暴饮暴食伤及肠胃。二是做到"少"和"淡"。"少"即少吃多餐,保持腹中虚空,使元气有运行的空间;"淡"就是多吃清淡的食物,如蔬菜水果,少吃油腻食物,保持神清气爽。节制性欲就是要控制房事,不要纵欲,纵欲是残害人的性命的利剑。在曾国藩的一生中,对于色欲是控制得比较好的,但对于功名欲,他认为自己做得不够好。曾国藩在年轻时,不仅自己追逐功名,而且十分看重家族名望。他既希望曾氏家族能够在当地风光,成为乡邻仰慕的对象,又担心势力太大,树大招风;他强烈希望自己建功立业,出将入相,但又担心功高震主,引起不测之祸,所以他一生都是在患得患失中度过的。节劳就是不要劳累过度,尤其是对于自己喜欢的东西要注意克制。曾国藩一生有两大嗜好,一是下围棋,二是读书。由于没有注意克制,读书读得太久,围棋下得过多,结果导致精力日衰,目光昏涩。因而在同治二年以后,

---

① 《曾国藩全集·家书》,岳麓书社 1994 年版,第 624 页。
② 《曾国藩全集·家书》,岳麓书社 1994 年版,第 1214 页。
③ 《曾国藩全集·家书》,岳麓书社 1994 年版,第 578 页。

他痛下决心,戒掉围棋,同时减少读书的时间。

在曾国藩看来,养生的一个重要方面是形成良好的生活习惯。他认为:"养生之法约有五事:一曰眠食有恒;二曰惩忿;三曰节欲;四曰每夜临睡洗脚;五曰每日两饭后各行三千步。"①惩忿、节欲前面已经谈过,而眠食有恒、洗脚、散步都属于生活习惯。眠食有恒,就是睡觉、饮食要有规律。曾国藩非常看重睡眠、饮食的作用,"养生之道,莫大于眠食"。确实,吃得下、睡得香是最好的养生方法。关于饮食规律,前面已经涉及。关于睡眠,他说:"眠不必甘寝酣睡而后为佳,但能淡然无欲,旷然无累,闭目存神,虽不成寐,亦尚足以摄生。"②不一定要酣然大睡,有时闭目养神也能调养精神。睡前洗脚,不仅是个卫生习惯的问题,而且对养生也有一定的好处。睡前用热水泡脚,可以起到舒筋活血、消除疲劳的作用。尤其是对于像曾国藩这样的文人,一天到晚长期坐着看书、写字、批改公文,导致血液下滞,血气皆凝结在脚部,如果睡前用热水浸泡,可以使血液流遍全身,是非常舒服的。饭后千步走,也是曾国藩的养生心得之一。他在给儿子纪泽的信中说:"每日饭后走数千步,是养生家第一秘诀。"③为什么要饭后千步走?是因为饭后如果坐着不动或躺下睡觉,一是觉得腹胀不舒服;二是容易产生消化不良;三是可能得手足麻痹症。所以古人云:饭后百步走,活到九十九。

此外,曾国藩还有一些养生方法,一是种花养草,二是游历山水。同治四年九月,在给曾纪泽的信中,针对他身体虚弱的特点,曾国藩劝告儿子,"以后在家则莳养花竹,出门则饱看山水。环金陵百里内外,可以遍游也。"④种花养草、游历山水,既可以怡情养性,陶冶情操,又可以活动筋骨,锻炼身体,何乐而不为?从上面的论述我们可以看出,曾国藩养生之道有两个特点:一是注重实用性;二是主张动静并举。

---

①　《曾国藩全集·家书》,岳麓书社 1994 年版,第 1264 页。
②　《曾国藩全集·日记》,岳麓书社 1994 年版,第 706 页。
③　《曾国藩全集·家书》,岳麓书社 1994 年版,第 624 页。
④　《曾国藩全集·家书》,岳麓书社 1994 年版,第 1221 页。

第四章　康有为的人生哲学

康有为(1858—1927年),字广夏,号长素,广东南海人,世称南海先生。在中国近代人生哲学中,康有为是一个既有传奇色彩又颇有争议、既开新又守旧的矛盾人物:弱冠之前信奉儒家人生哲学,把成圣成贤作为自己的人生理想;接触西学后,推崇西方的自由、平等、博爱、人权学说和政治制度,积极推动和领导维新变法;青年时代血气方刚,发扬蹈厉,勇猛冲决封建礼教罗网,晚年却鼓吹孔教,恢复帝制,迷信思想十分严重;他大力宣传人权平等、男女平等,有时却言不顾行,贪财好色,一夫多妻;他自信自强,有百折不挠的奋斗精神,但也固执自负、刚愎自用。由于康有为人生经历矛盾复杂,因而在历史评价上褒贬不一:褒之者赞誉他为中国之"马丁·路德",在20世纪中国历史上处于"开卷第一"的地位[①];贬之者则撰联讽刺:"国家将亡必有,老而不死是为"[②],把康有为比喻为顽固不化、老而不死的封建余孽。从总体上讲,康有为对近代人生哲学是功大于过的,其主要贡献在于创立了启蒙派人生哲学。康有为的人生哲学,不仅对提高民众思想觉悟、振兴民族精神、推动社会变革、挽救民族危亡作出了重要贡献,而且在宣传介绍西方人生哲学、批判改造传统人生哲学等方面成就斐然。康有为的人生哲学,开中国近代人生观革命之先河,推动了传统人生哲学向现代人生哲学的转型。

---

① 参见梁启超:《南海康先生传》,见夏晓虹编:《追忆康有为》,中国广播电视出版社1997年版,第3页。

② 堪隐:《康南海逸事》,见夏晓虹编:《追忆康有为》,中国广播电视出版社1997年版,第217页。

第一节　变法斗士,保皇领袖

康有为出生在一个诗礼传家的书香门第,祖父康赞修为连州教谕,父亲康达初是江西候补知县。祖父把绵延书香的希望寄托在长孙康有为身上,"画省孤灯官独冷,书香再世汝应延"①。康有为确实没有辜负祖父的期望,从小才思敏捷,聪明过人,出口成章,下笔成篇,被乡人誉为"神童"。

康有为不仅聪颖早慧,而且胸有大志。6 岁时,长辈出"柳成絮"上联考他,康有为脱口而出"鱼化龙"。不仅寓有"鲤鱼跳龙门"的光宗耀祖之意,而且包含昂首云天、一鸣惊人的宏伟抱负,长辈吃惊不小,惊叹"此子非池中物"②。十来岁时,康有为开始关注外面的世界,通过阅读邸报,对朝廷的事情有所知晓,他仰慕曾国藩、左宗棠,希望自己像他们那样,为国家建功立业,为家族光宗耀祖,从此"慷慨有远志矣"③。

少年时代康有为的"远志"就是成圣成贤。在祖父的督促下,康有为从小就努力学习儒家典籍,"连州公日夜摩导以儒先高义,文学条理"④。他以圣贤的言行要求自己,动辄引经据典,从而得了一个"小圣人"的绰号。在《苏村卧病写怀》一诗中,康有为抒发了自己的人生抱负,"稷契许身空笑尔,稻粱不及鹜鹅群"⑤,希望自己能像古代圣贤稷、契那样,许身报国。在《秋登越王台》一诗中,他登临怀古,直抒胸臆:"临眺飞云横八表,岂无倚剑叹雄才"⑥,希望自己能像倚天长剑那样刺破青天,纵横驰骋于九天之外。

康有为虽有成圣成贤的远大抱负,但并不想通过科举考试、跻身仕途来实现自己的人生理想。他从小就对八股文不感兴趣,因而在 15 岁的童子试和18 岁的乡试中先后落第。19 岁时,他拜朱次琦(九江)先生为师。朱先生硕

---

①　康有为:《康南海自编年谱》,中华书局 1992 年版,第 2 页。
②　康有为:《康南海自编年谱》,中华书局 1992 年版,第 3 页。
③　康有为:《康南海自编年谱》,中华书局 1992 年版,第 4 页。
④　康有为:《康南海自编年谱》,中华书局 1992 年版,第 4 页。
⑤　舒芜选注:《康有为选集》,人民文学出版社 2004 年版,第 109 页。
⑥　舒芜选注:《康有为选集》,人民文学出版社 2004 年版,第 112 页。

德高行、博览群书、理学造诣深厚，是粤中名儒。朱先生治学"以程朱为主，间采陆王"，但在时代思潮的刺激下，开始讲求经世致用。朱先生还对中国历代政治沿革和治乱得失颇有心得。在朱先生影响下，康有为弃绝"帖括之学"（科举）和考据之学（汉学），醉心于史学和政治，"究心历代掌故，一一考其变迁之迹，得失之林"①。康有为踌躇满志，"以圣贤为必可期，以群书为三十岁前必可尽读，以一身为必能有立，以天下为必可为"②，大有治国平天下，舍我其谁的气概。

　　大概才华横溢者都有些孤高气傲，康有为也不例外。他指点江山，评论人物，眼高千古。他认为韩愈虽然文章写得好，但"道术浅薄"；宋明清那些名儒巨公，虽大名鼎鼎，但"探其实际，皆空疏无有"。康有为非常苦闷，开始对传统儒学产生了怀疑：这些空疏不实的经典学得再多，考据文章写得再好也没有用，不仅不能求得安心立命之所，反而会窒息自己的"灵明"。为此他"绝学捐书，闭户谢友朋，静坐养心"。在静坐时，"忽见天地万物皆我一体，大放光明，自以为圣人，则欣喜而笑。忽思苍生困苦，则闷然而哭"③。从此他告别程朱理学转向陆王心学，认为陆王心学"直捷明诚，活泼有用"，原因就是陆王心学强调发挥人的主观精神作用，主张冲破束缚，保持思想自由，非常契合自己的心境。

　　在转向陆王心学的同时，康有为开始接触佛学。他躲进西樵山的白云洞，"徘徊散发，枕卧石窟瀑泉之间，席芳草，临清流"，有时几天几夜不睡觉，"恣意游思，天上人间，极苦极乐，皆现身试之"，觉得"神明超胜，欣然自得"④，大有升天入地、成仙成佛的气象。

　　在西樵山，发生了一件影响康有为一生的事情，就是遇到在北京任翰林院编修的张鼎华。张鼎华与康有为促膝谈心，纵论天下大事，特别是给他介绍刚刚传入中国的西学，使康有为眼界大开，"尽知京朝风气，近时人才及各种新书"。他果断地放弃了佛学研究，决心研究西学，救亡图存。"既念民生艰难，

　　①　梁启超：《南海康先生传》，见夏晓虹编：《追忆康有为》，中国广播电视出版社1997年版，第4页。

　　②　康有为：《康南海自编年谱》，中华书局1992年版，第7页。

　　③　康有为：《康南海自编年谱》，中华书局1992年版，第8页。

　　④　康有为：《康南海自编年谱》，中华书局1992年版，第9页。

天与我聪明才力拯救之,乃哀物悼世,以经营天下为志。"①

认识张鼎华以后,康有为开始接触西学。他阅读了《西国近事汇编》、《环游地球新录》等西学书籍和魏源的《海国图志》,形成了初步的西学基础,特别是游历香港,亲眼所见"西人宫室之瓌丽,道路之整洁,巡捕之严密"②,增加了他对近代资本主义的一些感性认识,他认为不能再以"夷狄"的老眼光来看待西方国家。1882 年,康有为前往北京参加顺天乡试,虽然落第,但收获颇大。一是游览了祖国的壮丽山河,使他开阔了眼界,进一步坚定了救国救民的决心;二是结识了一批志同道合的朋友;三是在上海购买了由江南制造局和西方传教士翻译的各种介绍西方科学文化的书籍。"自是大讲西学,始尽释故见。"③通过研究西方的政治学说和变法经验,康有为对西方资产阶级的自由、人权、平等、博爱十分向往,逐渐形成了具有近代特色的中西合璧、新旧交替的人生哲学。

康有为性格坚韧,有一种锲而不舍、百折不挠的精神。只要他想做的事情,不做完是决不罢休的。少年时期随祖父在连州读书,常常通宵达旦,"务尽卷帙";青年时期更加刻苦,他规定自己每天必须看完"一锥书"。所谓"一锥书",就是康有为每天拿五六本书放在桌上,然后右手持一把锋利的锥子猛扎下去,扎穿两本,今天就看完两本;扎穿 3 本,今天就看完 3 本,不看完决不休息,经常累得眼皮都合不起来。④

他不仅意志坚韧,百折不挠,而且处事果决,看准的事马上付诸实施,即使惊世骇俗、流血牺牲也在所不惜。19 岁时,他与张云珠结婚。按照当地习俗,亲友可以闹洞房、戏弄新娘,而康有为认为这不符合礼义,坚决拒绝,使众亲友不欢而散。在 19 世纪 80 年代,按照封建礼教规定,女孩必须裹足,社会上也有此风俗,似乎女孩不裹足就不能嫁人。康有为十分痛恨这种残害女孩身体的丑陋恶习,他说:"中国裹足之风千年矣,折骨伤筋,害人生理,谬俗流传,固

---

① 康有为:《康南海自编年谱》,中华书局 1992 年版,第 9 页。
② 康有为:《康南海自编年谱》,中华书局 1992 年版,第 9 页。
③ 康有为:《康南海自编年谱》,中华书局 1992 年版,第 11 页。
④ 参见梁启勋:《万木草堂回忆》,见夏晓虹编:《追忆康有为》,中国广播电视出版社 1997 年版,第 241 页。

闭已甚",并不顾族人的讥笑,坚决不同意给女儿同薇裹足。① 由于大女儿不裹足,二女儿同璧和其他侄女亦不裹足,并逐渐在家族中形成风气。后来康有为发起成立"不缠足会",得到士大夫的广泛响应。1898 年,他又奏请光绪皇帝禁止缠足并得到批准,从此在中国封建社会流传千年的裹足陋习寿终正寝。

这种刚毅和坚韧,使康有为形成了自信与自负、坚韧与固执、不屈不挠与顽固不化相结合的性格特征。这既是他的优点,又是他的缺点。敢于打破传统,超越常规,言人所不敢言,做人所不敢做,坚持信念,为实现自己的理想百折不挠地奋斗,这是康有为的长处。过于自负,刚愎自用,故步自封,顽固不化地坚持自己的错误观点,甚至阻挡历史车轮的前进,这是康有为的短处。

这种刚毅的性格和坚定的意志,极大地激发了康有为反传统的决心和变法维新的政治勇气。他发大愿,立大志,"日日以救世为心,刻刻以救世为事"②。为了实现自己救国救民、变法图强的伟大抱负,康有为以极大的政治勇气,以一介布衣的身份,连续 7 次上书光绪皇帝,请求变法。康有为何尝不知道变法势必撼动几千年封建社会的根基,势必得罪那些手握大权的官僚阶层利益,势必遭到那些顽固守旧人士的强烈反对,但他认为自己肩负着救亡图存,带领中国人民走上自由、平等之途的历史使命,所以抱着"虽九死其犹未悔"的决心,毅然宣传和鼓吹变法。正如梁启超所说:"以先生之多识淹博,非不能曲学阿世,以博欢迎于一时,但以为不抉开此自由思想之藩篱,则中国终不可得救。所以毅然与两千年之学者,四万万之时流,挑战决斗也。"③显示出中国早期资产阶级冲决封建罗网、争取平等自由的斗士风采。

戊戌变法失败后,康有为被迫流亡海外,从此开始了长达 16 年的流亡生涯。康有为的流亡生涯大致可分为两个阶段:第一阶段是从 1898 年至 1902年。这一时期,康有为在华侨华人中组织保皇会,广泛宣传维新变法、忠君爱国、君主立宪,一时会员众多,声势浩大,西太后如芒刺在背,对康有为继续通缉,严加防范;他同时继续从事学术撰述,撰写了《大同书》、《孟子微》、《中庸注》等一批著作。第二阶段是从 1903 年至 1913 年。这一时期,他开始漫游世

① 参见康有为:《康南海自编年谱》,中华书局 1992 年版,第 11 页。
② 康有为:《康南海自编年谱》,中华书局 1992 年版,第 13 页。
③ 梁启超:《南海康先生传》,见夏晓虹编:《追忆康有为》,中国广播电视出版社 1997 年版,第 16 页。

界，"游三十一国，行六十万里，环大地三周，足迹遍四洲"①，可以说康有为是近代中国到过世界各地最多、接触世界各国人物最多的思想家。康有为的周游各国不是纯粹的游山玩水，在他看来自己是效法神农，"以耐苦不死之精神，遍尝百草"，目的是寻找医治中国的"药石"。他在详细考察世界各国的政治经济、历史地理、文化教育、风俗习惯后，认为英国的君主立宪制是拯救中国的良方，既可以保留君主地位，维护现有国体，又可以进行宪政改革，促进经济发展。在康有为看来，民主共和制度虽好，但不适合当时中国的国情，如果超越君主立宪阶段，提前进入民主共和，必然招致天下大乱和外国干涉。康有为的君主立宪主张如果放在19世纪中叶还是具有一定的历史进步性。但在20世纪初，由于中国资产阶级民主革命风起云涌，推翻封建帝制，实现民主共和的条件趋于成熟，康有为仍然坚持君主立宪就呈现出阻挡历史前进的保守性和反动性。为此，以孙中山为首的资产阶级革命派和以康有为为代表的保皇派展开了激烈论战，并逐渐占了上风。孙中山不畏艰险和流血牺牲，多次率领革命党人在国内发动武装起义，最终推翻了封建帝制，建立了中华民国。辛亥革命后，康有为虽感到大势已去，但仍顽固坚持保皇立场。

　　1913年10月回国后，康有为定居上海，发起成立孔教会，并任会长。他在《不忍》杂志上发表《以孔教为国教配天议》一文，主张以孔子配上帝，以孔教为国教，凡入孔庙者必行跪拜礼。应该说，康有为把儒学宗教化，鼓吹以孔教救国，确实有神化孔子的倾向，不利于新思想、新文化在中国的传播。1917年，康有为参与了张勋复辟。他不仅在复辟前为张勋出谋划策，为张勋预草"诏书"、文告、通电，而且担任弼德院副院长。也许康有为参与张勋复辟，从主观上讲并非要恢复清王朝的封建君主专制，他的意图是想依靠军阀武力，实现自己君主立宪的主张；但客观上是执迷不悟，逆历史潮流而动，因而众叛亲离，身败名裂。从激进的维新斗士到保皇领袖再到复辟先锋，这是康有为政治生涯的三部曲，也是他人生从辉煌到落寞的缩影。1927年3月，康有为病逝于青岛。

① 康同璧：《回忆康南海史实》，见夏晓虹编：《追忆康有为》，中国广播电视出版社1997年版，第183页。

第二节　去苦求乐,人之性也

鸦片战争后,中国人生哲学发生悄然变化。首先是龚自珍、魏源等一批"睁开眼睛看世界"的先进知识分子,他们大胆揭露清王朝处于封建"衰世",要求封建统治者进行"变法"自救;其次是洪秀全引进基督教伦理,作为发动农民起义,推翻清王朝的精神武器;再次是严复系统地译介"西学",宣传西方科学文化和政治制度,特别是达尔文"物竞天择"、"适者生存"的进化论,唤醒国人的民族危机感;最后是康有为、梁启超、谭嗣同等人发动维新变法,从制度层面对封建社会制度进行改革……他们共同汇成了一股声势浩大的洪流,促进了中国近代人生哲学的革命,中国人生模式开始由传统向近代转换。在传统人生哲学向近代人生哲学的转换过程中,康有为对人的本质和人生追求问题的探索起到了动摇传统人生哲学根基和对国民进行思想启蒙的双重作用。

康有为借鉴西方人生理论和科学知识,首先对人的产生和人的本性进行了探讨。人是怎样产生的呢? 康有为认为:人是父、母与天"三合而生","魂灵精气与魄质形体合会,而后成人"。① 人的形体来自于父母,而灵魂、精神、智慧则来自于天。他说:"盖性命知觉之生,本于天也,人类形体之模,本于祖父也。若但生于天,则不定其必为人类形体也。若但生于祖父,则无以有此性命知觉也。"②康有为指出,人的生命包括形体生命和精神生命两部分。其中形体生命依赖父母,是父母赋予的,所以人应该孝敬父母,遵循现实社会的道德伦理规范;而精神生命则是"上天"赋予的,因此人的精神意识不是父母所能控制的,它是独立、自由、平等的。康有为认为人的精神生命和灵魂意志是独立、自由、平等的,从而为冲破儒家纲常名教束缚打开了缺口,并为建构自己的人性论和人的本质学说提供了理论依据。

在人性论上,康有为主张自然人性论,这种自然人性是上天赋予的,不存

① 康有为:《礼运注》,见谢遐龄编选:《康有为文选》,上海远东出版社 1997 年版,第 183 页。

② 康有为:《春秋董氏学》,见刘琅主编:《精读康有为》,鹭江出版社 2007 年版,第 75 页。

在先天善恶的问题。"性者,生之质也,未有善恶。"①人性的善恶,主要是后天环境影响和教育的结果,"习于正则正,习于邪则邪"②。在康有为看来,人性不是别的,乃是人生而具有的自然本性,它与物性一样,都是自然生成的。康有为指出:"性者受天命之自然至顺者也,不独人有之,禽兽有之,草木亦有之,附子性热、大黄性凉是也。"③正是由于自然生成,所以人性不学而能。"人性之自然,食色也,是无待于学也。人情之自然,喜怒哀乐无节也,是不待学也。"④康有为认为,人性包括两方面:一是人的自然属性,表现为人的肉体生理需要,如食欲、性欲等;二是人的精神需要,表现为知觉、意志、情感、理性等能力。由于人性是自然而然、生来具有的,所以不能禁锢人的情欲。"人禀阴阳之气而生也,能食味则声被色,质为之也。于其质宜者则爱之,其质不宜者则恶之。儿之于乳已然也,见火则乐,暗则不乐,儿之目已然也。故人之生也,惟有爱恶而已。"⑤禁锢人的情欲是违反人性,压抑人的理性精神同样也是违反人性,所以应该鼓励人们独立思考、自由思想。

由于人性是自然天成的,因而人性也是相互平等的。在康有为看来,既然人的天性、气质、欲求相同或相近,因此人与人之间是独立平等的,不应有高低贵贱之分,更不能人为地划分各种等级。康有为指出:"推己及人,乃孔子立教之本;与民同之,自主平等,乃孔子立治之本。"⑥"人人既是天生,则直录于天,人人皆独立而平等。"⑦他认为人生来就是独立平等的,孔子也把追求自主平等、捍卫人格尊严作为治国之本。康有为从自然人性论出发,引申出人性平等,而人性平等则意味着人身自由、人格独立、人权平等。可见康有为的人性论大大超越了中国传统人性论的范围,具有鲜明的资产阶级人性论色彩。

在自然人性论的基础上,康有为提出了以人为本、去苦求乐的思想,并把以人为本、去苦求乐作为人生追求的价值准则。康有为认为,在宇宙万事万物

---

① 康有为:《万木草堂口说》,中国人民大学出版社2010年版,第55页。
② 康有为:《大同书》,上海古籍出版社2005年版,第207页。
③ 汤志钧编:《康有为政论集》上册,中华书局1981年版,第88页。
④ 汤志钧编:《康有为政论集》上册,中华书局1981年版,第12页。
⑤ 汤志钧编:《康有为政论集》上册,中华书局1981年版,第9页。
⑥ 康有为:《中庸注》,见谢遐龄编选:《康有为文选》,上海远东出版社1997年版,第206页。
⑦ 康有为:《孟子微》,中华书局1987年版,第13页。

中,人是最宝贵的,人是天地之精华、万物之灵长。"故圣人不以天为主,而以人为主也。"①人的情感欲望是衡量是非、区分善恶、制定公理的价值准则。"善恶难定,是非随时,惟是非善恶皆由人生,公理亦由人定。我仪图之,凡有害于人者则为非,无害于人者则为是。"②在《礼运注》中,康有为主张一切伦理道德、社会制度、法律条文都应为人而设,遂人之"情",即所谓"道不离人,因情设教"。衡量一种伦理道德、社会制度、法律条文是否符合人道,根本原则是"去苦求乐"。他说:"故夫人道只有宜不宜,不宜者苦也,宜之又宜者乐也。故夫人道者,依人以为道。依人之道,苦乐而已。为人谋者,去苦以求乐而已,无他道矣。"③人在接触外界事物时,会产生适宜或不适宜的反应,适宜的会觉得快乐,不适宜的就会感到难受。对那些不适宜人本性的东西,人们会本能地抗拒;而适宜人本性的东西,人们会欣然接受。因此,"去苦求乐"既是最根本的人道,也是最基本的人生追求。根据去苦求乐原则,康有为主张社会在创立政教法度时,尽量满足人的合理欲望,使人增加快乐、减少痛苦:"立法创教,令人有乐而无苦,善之善者也;能令人乐多苦少,善而未尽善者也;令人苦多乐少,不善者也。"④总之,使人幸福快乐就是好的制度法律,使人压抑痛苦就是坏的制度法律。康有为还主张对人的物质欲望应进行"因势利导",而不能强制压抑。他指出:"圣人之为道,亦但因民性之所利而利导之,因孔窍尤精,圣人所以不废声色,可谓以人治人也。"⑤圣人所以"不废声色",不禁锢压制人的物质欲望,除了人们"孔窍尤精",各种生理器官高度发达外,还在于物质需要能调动人的生产积极性,唤起人们的生活热情,促进社会不断发展进步。"其乐之益进无量,其苦之益觉亦无量,二者交觉而日益思为求乐免苦之计,是为进化。"⑥求乐免苦不仅是人的本性,而且是推动人生和社会发展的动力。

那么人生之"乐"是什么?康有为认为,人生的快乐既表现在内容上,也

①　康有为:《万木草堂口说》,中国人民大学出版社2010年版,第191页。
②　康有为:《大同书》,上海古籍出版社2005年版,第282页。
③　康有为:《大同书》,上海古籍出版社2005年版,第5页。
④　康有为:《大同书》,上海古籍出版社2005年版,第7页。
⑤　康有为:《春秋董氏学》,见刘琅主编:《精读康有为》,鹭江出版社2007年版,第91页。
⑥　康有为:《大同书》,上海古籍出版社2005年版,第284页。

体现在形式中。从内容上,人生快乐包括两个方面:一是生理欲望的满足;二是社会性欲求的实现。"人情所愿欲者何?口之欲美饮食也,居之欲美宫室也,身之欲美衣服也,目之欲美色也,……公事大政之欲预闻预议也,身世之欲无牵累压制而超脱也,名誉之欲彰彻大行也。"①值得注意的是,康有为不仅把美食、美居、美服、美色等看作人的自然欲望,而且把人们参与政治活动、身心自由、荣誉感的实现也视为人的天性,这是中国古代人生哲学从未有过的崭新看法。从形式上,人生快乐主要有两种:一是物质上的"有形之乐",二是精神上的"灵魂之乐"。"有形之乐"是人们生理需要和肉体欲望得到满足产生的快乐,主要表现为食欲和性欲的满足,属于物质性幸福的范围;"灵魂之乐"是人们在社会生活和精神生活需要得到满足产生的快乐,主要包括人的自由、尊严、归属、爱情、权利、认知需要、审美需要得到满足,人的价值得以实现,人的创造潜能得到发挥,属于精神性幸福的范围。如果说"有形之乐"要求人们去认识、征服自然,获取各种物质生活资料;那么"灵魂之乐"则有赖于人们进行"养神炼魂"的内在修养:"专养神魂,以去轮回而游无极,至于不生不灭、不增不减焉。"②在康有为看来,人对物质的需求是有限的,而对精神的追求则是无限的,人们如果能克服自身的局限性,超越生死轮回,趋于更高的人生境界,才是最大的人生快慰。

在阐述人性源于自然天成、人的本性是"去苦求乐"之后,康有为对人的本质进行了论证,指出人的本质就是"不忍人之心"。康有为认为,"不忍人之心"是人性、人道、仁政产生的根源,是社会进化发展的动力。他在《孟子微》中说:"不忍人之心,仁也,电也,以太也,人人皆有之……一切仁政,皆以不忍之心生,为万化之海,为一切根,为一切源……人道之仁爱,人道之文明,人道之进化,至于太平大同,皆从此出。"如果没有"不忍人之心",人道将灭绝。"山绝气则崩,身绝脉则死,地绝气则散。然则人绝其不忍人之爱质乎,人道将灭绝矣。"③在康有为看来,所谓"不忍人之心"就是仁爱,仁爱既是人的内在善良天性,又是人之为人的本质。"人之所以为人者,仁也。"④有时康有为

---

① 康有为:《大同书》,上海古籍出版社 2005 年版,第 42 页。
② 康有为:《大同书》,上海古籍出版社 2005 年版,第 291 页。
③ 康有为:《大同书》,上海古籍出版社 2005 年版,第 3 页。
④ 汤志钧编:《康有为政论集》上册,中华书局 1981 年版,第 89 页。

把"仁"称之为"爱质"和"吸摄之力"："人道所以合群,所以能太平者,以其本有爱质而扩充之,因以裁成天道,辅助天宜,而止于至善,极大大同,乃能大众得其乐利"①；"有觉知则有吸摄,磁石犹然,何况于人！不忍者,吸摄之力也"②。之所以把"仁"称之为"爱质"和"吸摄之力",是康有为借助于当时接触到的西方科学知识,把仁爱精神比喻为人生来具有的质素、元素和人与人之间的吸引力。把人与生俱来的爱质不断扩充,人类就能互助互爱,共享太平盛世。

康有为的"不忍人之心"和仁爱精神具有两重性：一方面,他的"仁爱"具有浓厚的儒学色彩。康有为认为,在实行"仁爱"的过程中,必须"立差等而行之",遵循"厚薄远近之序"。③ 实行"仁"的具体步骤有三个阶段：首先是"亲亲",故仁从父子始,以孝悌为先；其次是"仁民",逐步把仁爱推广,以至爱一切人；再次是"爱物",推人及物,泛爱众生。因此,康有为的"仁爱"与传统儒家人生哲学那种由亲及疏、由近及远、具有浓厚血缘血亲气息的"仁爱"并没有太大的区别。另一方面,他的"仁爱"又具有近代资产阶级的平等博爱色彩。康有为在解释孔子的"仁"时指出："孔子本仁,最重兼爱"④；"仁者,在天为生生之理,在人为博爱之德⑤。他把"仁"理解为无差别的"兼爱"、"博爱",主张去除国家、种族、性别、家庭、财产等诸种界限,使人类趋于大同之境,确实体现了一种包容万物、贯通人类的宏大胸襟。所以梁启超高度评价康有为的"仁爱"学说,认为康有为人生哲学的核心就是博爱。他说："先生之哲学,博爱派之哲学也。先生之论理,以'仁'字为唯一之宗旨,以为世界之所以立,众生之所以生,家国之所以存,礼义之所以起,无一不本于仁。苟无爱力,则乾坤应时而灭矣。……故先生之论政论学,皆发于不忍人之心,人人有不忍人之心,则其救国救天下也。"⑥在康有为身上,既烙下了传统人生哲学的痕

---

① 康有为：《大同书》,上海古籍出版社 2005 年版,第 285 页。
② 康有为：《大同书》,上海古籍出版社 2005 年版,第 3 页。
③ 康有为：《春秋董氏学》,见刘琅主编：《精读康有为》,鹭江出版社 2007 年版,第 75 页。
④ 康有为：《春秋董氏学》,见刘琅主编：《精读康有为》,鹭江出版社 2007 年版,第 111 页。
⑤ 康有为：《中庸注》,见谢遐龄编选：《康有为文选》,上海远东出版社 1997 年版,第 214 页。
⑥ 梁启超：《南海康先生传》,见夏晓虹编：《追忆康有为》,中国广播电视出版社 1997 年版,第 16 页。

迹,又明显受到西方近代人生哲学的影响,体现了从传统人生哲学向近代人生哲学过渡的时代特征。

第三节　大同社会,人生乐园

在分析人的本性和人的本质之后,康有为对人生展开了更深层次的思考,就是建立一个符合人的本性、满足人的需求、适应人的生存、促进人的发展的理想社会。他根据《礼记·礼运篇》阐述的大同社会,借鉴西方的乌托邦思想,为人们描绘了一个虽充满幻想色彩然而有着巨大吸引力的理想社会——大同世界。康有为认为,要实现大同世界,首先必须打破现实社会的各种此疆彼界,把人从各种生存痛苦中解脱出来。那么人活在这个世界上,主要有哪些痛苦呢?

康有为对人的生存之苦进行归类,发现共有6大类、38种。第一类是人生之苦,包括七种:"一投胎,二夭折,三废疾,四蛮野,五边地,六奴婢,七妇女。"第二类是天灾之苦,包括八种:"一水旱饥荒,二蝗虫,三火焚,四水灾,五火山,六屋坏,七船沉,八疫疠。"第三类是人道之苦,有五种:"一鳏寡,二孤独,三疾病无医,四贫穷,五卑贱。"第四类是人治之苦,有五种:"一刑狱,二苛税,三兵役,四有国,五有家。"第五类为人情之苦,有八种:"一愚蠢,二仇怨,三爱恋,四牵累,五劳苦,六愿欲,七压制,八阶级。"最后一类是"人所尊尚之苦",包括五种:"一富人,二贵者,三老寿,四帝王,五神圣仙佛。"①这6大类、38种"苦"可概括为两个方面:一是人自身的苦,包括"人生之苦"、"人道之苦"、"人情之苦";二是人们所处的外部环境和人际关系造成的苦,包括"天灾之苦"、"人治之苦"和"人所尊尚之苦"。在康氏描绘的诸苦中,大多是中国传统人生哲学已经论述过的,如儒家常讲人的鳏寡孤独之苦,佛教常谈人的生老病死之苦,以及道家讲的人有家有国之累。但当康有为综合三者,并细加分门别类列出后,还是具有震慑人心的作用。任何一个人,只要生存于世间,总会遇到各种不顺心的事情和痛苦。在康有为的笔下,人在现实社会中生活,就好

---

① 康有为:《大同书》,上海古籍出版社 2005 年版,第 8—10 页。

比在苦海中游泳,处处是苦,时时皆苦。茫茫苦海,何处是岸? 它为康有为提出人生理想乐园——"大同世界"埋下了伏笔。

那么,造成人生痛苦的根源是什么? 康有为对此进行了分析:一是社会上各种人为划分的此疆彼界;二是封建的纲常名教。康有为在《大同书》中把社会的各种疆界概括为"九界"。"九界者何? 一曰国界,分疆土、部落也;二曰级界,分贵贱、清浊也;三曰种界,分黄、白、棕、黑也;四曰形界,分男、女也;五曰家界,私父子、夫妇、兄弟之亲也;六曰业界,私农、工、商之产也;七曰乱界,有不平、不通、不同、不公之法也;八曰类界,有人与鸟、兽、虫、鱼之别也;九曰苦界,以苦生苦,传种无穷无尽,不可思议。"①"界"的含义是界线、区分、区别和由此形成的种种矛盾。在康有为看来,有国界,必有战争,造成人类生命财产的重大损失,也给人生以莫大的痛苦。而人与人之间又区分等级贵贱、种族又有优劣之分、家庭内还有父子夫妇之别,它们都造成了人生的痛苦。再就是分工不同和不公正的法律,使人贫富悬殊,冤屈甚多。不仅如此,人还刻意把自己从动物界里分离出来,以自然界为征服、掠夺对象,从而使人类自身丧失了平静安宁的栖息环境。由于人们执意于上述区分界限,因此导致人生之苦犹如滚雪球,越滚越大,越滚越多,没有穷尽。封建的纲常名教也给人们造成了种种痛苦。康有为指出:"若夫名分之限禁,体制之迫压,托于义理以为桎梏,比之囚于图圄尚有甚焉。君臣也,夫妇也,乱世人道所号为大经也,此非天之所立,人之所为也。而君之专制其国,鱼肉其臣民,视若虫沙,恣其残暴。夫之专制其家,鱼肉其妻孥,视若奴婢,恣其凌暴。"②康有为把批判矛头直接指向封建君主专制和纲常名教:在封建专制制度下,君主视臣民为鱼肉,肆意剥削;在纲常名教掩盖下,丈夫视妻子为奴婢,任意欺凌,而且这种压迫欺凌还打着"天理"的旗号,似乎天经地义。因此,君主专制与纲常名教是人生痛苦的社会根源,其造成的人生痛苦远甚于天灾和牢狱。

目睹人类陷于水深火热的痛苦中,康有为不忍坐视,他冥思苦想,决心为人类指出一条光明大道:"吾既生乱世,目击苦道,而思有以救之,昧昧我思,其唯行大同太平之道哉。"③这条光明大道就是打破人类社会人为设立的界

---

① 康有为:《大同书》,上海古籍出版社 2005 年版,第 52 页。
② 康有为:《大同书》,上海古籍出版社 2005 年版,第 43 页。
③ 康有为:《大同书》,上海古籍出版社 2005 年版,第 8 页。

限,消除各种不合理的社会制度,通过发展科学技术,建立高度发达的物质文明,使人类社会进入大同世界,芸芸众生共享太平盛世。

在康有为看来,既然人生一切痛苦皆根源于"九界",那么,要消除人间痛苦,就必须废除"九界"。即"去国界合大地;去级界平民族;去种界同人类;去形界保独立;去家界为天民;去产界公生业;去乱界治太平;去类界爱众生;去苦界至极乐。"①所谓"去国界合大地",就是去除国家界限,消除战争产生的根源,人类成为"地球公民";所谓"去级界平民族",就是去除贵贱等级界限,各民族一律平等;所谓"去种界同人类",就是去除种族界限,消除种族歧视;所谓"去形界保独立",就是去除男尊女卑现象,做到男女平等独立;所谓"去家界为天民",就是去除家族宗法界限,人们成为社会公民;所谓"去产界公生业",就是去除财产界限,做到财产公有;所谓"去乱界治太平",就是消除社会动乱,保持天下太平;所谓"去类界爱众生",就是去除人与动植物的界限,使人与自然和谐共处;所谓"去苦界至极乐",就是消除各种苦难产生的根源,人人都能享受快乐幸福的生活。康有为认为,能否去除"九界"的关键是实现男女平等。"故全世界人,欲去家界之累乎,在明男女平等,各有独立之权始也;此天予人之权也。全世界人,欲去私产之害乎,在明男女平等,各自独立始矣,此天予人之权也。全世界人,欲去国之争乎,在明男女平等,各自独立始矣,此天予人之权也。全世界人,欲去种界之争乎,在明男女平等,各自独立始矣,此天予人之权也。全世界人,欲至大同之世,太平之境乎,在明男女平等,各自独立始矣,此天予人之权也。"②只有实现男女独立平等,尤其是实现妇女解放,人类才有可能消除国家、民族、种族、家庭、财产诸种界限,进入大同世界,享受无忧无虑的幸福生活。

除了消除各种人为界限和不合理的社会制度外,实现大同社会还有一个前提,即按照人的本性,满足人的物质欲求。为此必须大力发展生产,为社会提供丰富的物质产品。康有为说:"民之欲富而恶贫,则为开其利源厚其生计如农工商矿机器制造之门是也;民之欲乐而恶劳,则休息燕享歌舞游会是也;民乐则推张与之,民欲自由则与之,而一切束缚压制之具,重税严刑之举,宫室

① 康有为:《大同书》,上海古籍出版社 2005 年版,第 53 页。
② 康有为:《大同书》,上海古籍出版社 2005 年版,第 246 页。

道路之卑污溢塞,凡民所恶者皆去之。"①而物质产品的丰富和物质文明的发达是建立在劳动创造和财产公有的基础上的。所以在《大同书》中,康有为主张人们努力工作、勤奋劳动。"民生有勤,勤则不匮,此大同之公理。"②他认为劳动光荣,对劳动者要倍加尊重,"太平之世,工最贵,人之为工者亦最多,待工亦最厚"③;懒惰可耻,因为懒惰会导致"百事隳坏,机器生锈,文明尽失,将至退化"④。他主张废除财产私有,消灭阶级。"今欲致大同,必去人之私产而后可,凡农工商之业,必归之公。"⑤

康有为的大同世界确实具有浓厚的空想色彩,在当时的历史条件下根本无法实现。身处康有为的时代,外患频仍,国弱民穷,"大同世界"确乎渺茫得很,但其意义不可忽视,就是能给人们以生存的勇气和奋斗的动力。在茫茫的人生苦海中,人们若能憧憬到有一个"人生乐园",在那里人人都可过上无忧无虑的幸福生活,那么人们的现实活动就有意义和价值,人生奋斗就有力量源泉。人生不能没有理想追求,没有理想追求的人生是没有意义和价值的,它会使人意志消沉、精神沮丧、走向颓废。康有为描绘"大同世界"的价值不在于它的实际操作性,而在于它为人们描绘了一幅未来的美好图景和远大的人生理想,从而激励人们为实现这个远大理想而不断追求和努力奋斗。

第四节　言行不一,矛盾人生

在中国近代名人中,人生最矛盾的莫过于康有为了。康有为不仅在人生的不同阶段上判若两人,而且常常表现出言行不一、知行脱节、理论与实践背离的现象,给对手攻击他的口实,成为人们嘲讽的对象,甚至留下历史的骂名。

在政治态度上,康有为的晚年时期与青年时期相比,发生了一个一百八十度的大转弯。青年时期的康有为血气方刚,不遗余力地鼓动变法。他指出:

---

① 康有为:《孟子微》,中华书局1987年版,第73页。
② 康有为:《大同书》,上海古籍出版社2005年版,第215页。
③ 康有为:《大同书》,上海古籍出版社2005年版,第241页。
④ 康有为:《大同书》,上海古籍出版社2005年版,第275页。
⑤ 康有为:《大同书》,上海古籍出版社2005年版,第233页。

"法既积久,弊必丛生,故无百年不变之法"①;"观万国之势,能变则全,不变则亡,全变则强,小变仍亡"②。他信奉进化论,宣扬中国只有向西方学习,积极引进欧美的政治制度和科学文化,才能转危为安,由衰弱走向强盛;并在光绪皇帝支持下,毅然发起戊戌变法,成为维新运动领袖。但同样是这个康有为,在辛亥革命后,为了反对孙中山的资产阶级民主革命,多次发表文章,反对变法。他在《中国还魂论》一文中说:"'利不十,不变法。'凡此皆我先民阅历极深,经验极审,而后为此言也。凡行变有渐,蜕化无迹,而后美成焉。"又说:"多行欧美一新法,则增中国一大害。此其明效不验,虽有苏、张之舌,不能为之辩护矣。"此时的他主张因循守旧,认为引进欧美民主制度贻害无穷。前后态度判若两人,仿佛出自两人之口。康有为还追随张勋,拥戴清废帝复辟,成为封建皇权的铁杆保卫者。

在性格上,康有为也不无矛盾之处,既固执自信,又相信天命。在中国近代史上,康有为的自信自负是有名的。康有为对自己的才华充满了自信,认为自己是当代圣人,因此有时连孔子也当仁不让。"吾少尝欲自为教主矣,欲立乎孔子之外矣,日读孔氏之遗书,而吹毛求疵,力欲攻之。"③他具有一往无前的精神,可以不顾一时之毁誉,不计万世之是非,向一切恶势力宣战。康有为信奉的主义或看准的事情,任何人也无法动摇,梁启超说:"先生最富于自信力之人也,其所执主义,无论何人,不能摇动之。于学术亦然,于治事亦然,不肯迁就主义以徇事物。"④无论遇到任何问题,他都可以马上作出决定,用几句话打发很复杂很困难的事情。可以看出,康有为的性格确实刚毅果决、雷厉风行,但也虑事不周、主观武断、专制固执。不仅如此,康有为也有脆弱害怕的时候,为了掩饰自己的脆弱,他借助天命和封建迷信安慰自己。康有为常常看相,并相信风水、占卜、吉兆、凶兆之类的迷信思想。戊戌政变前一月,他替谭嗣同、林旭看相,觉得两人"形法皆轻",因而私下对梁启超说,谭、林二人不可

---

① 康有为:《上清帝第六书》,见刘琅主编:《精读康有为》,鹭江出版社2007年版,第184页。

② 康有为:《上清帝第六书》,见刘琅主编:《精读康有为》,鹭江出版社2007年版,第183页。

③ 康有为:《参议院提议立国精神议书后》,《不忍》1913年第9期,第9页。

④ 梁启超:《南海康先生传》,见夏晓虹编:《追忆康有为》,中国广播电视出版社1997年版,第34页。

担当大任。戊戌政变前几天,他居住的房子突然墙体倒塌,康有为颇感惊异,预测大难将临,十分害怕,当夜即匆忙离京。1917 年,他参与张勋复辟。复辟前,康有为与沈曾植等人到仙坛扶乩,请神灵判断复辟能否成功。"仙判大吉,故放胆为之。"以国家命运、个人存亡的大事,取决于扶乩仙判,可见其迷信之深。1923 年,康有为到济南千佛山游览,在察看地形后,他建议济南城必须迁移,原因是济南现址不符合风水的基本原则。

　　康有为有时知行脱节、言行不一,甚至说的一套,做的一套。他公开宣扬西方的天赋人权理论,"天地生人,本来平等"①,认为人生来就是平等的,没有高低贵贱之分,因而主张平等博爱,反对奴役他人。然而,正是这个高唱人权平等的康有为,晚年使用的仆人、婢女达数十人之多,没有一天不役使仆人和婢女。他多次声称"人有自主之权"②,认为师生之间是独立平等的,老师不应要求弟子绝对服从自己,弟子可以有自己的独立思想。然而在实际上,康有为却并不这样做。他把弟子视为自己的私有财产,对弟子实行家长专制,独断专行,哪怕自己错了,也要弟子无条件服从。他赞美西方一夫一妻制,鼓吹男女平等,女性自立、妇女解放,认为一夫多妻不符合公理,有悖人道。可是康有为自己却偏偏做践踏公理、违背人道的事情,一生妻妾达 6 人之多,而且多人是他在流亡海外期间所纳,属于典型的老夫少妻。他主张万物平等,反对杀生,自己却天天食肉。他要求别人勤劳节俭,"民生有勤,勤则不匮,此大同之公理",自己却骄奢淫逸,大手大脚。在流亡海外期间,他携妻妾子女,遍游欧美风景名胜,住的是豪华旅馆,吃的是精美食物,穿着考究,一副贵族气派。要知道这些钱财都不是康有为的私人财产,而是来自于广大华侨的捐款。回国定居以后,康有为又在上海、杭州、青岛等地购买别墅,过着豪华舒适的生活。

　　综观康有为的一生,我们可以发现康有为的人生观是瑕瑜互见的,而且他是个优点很突出、缺点也很鲜明的人。从人生阶段看,康有为的前期(从青少年时代到戊戌变法),其人生是积极进取的。他以大无畏的精神、敢为人先的气魄,通过学习借鉴西方的政治民主制度、科学文化,对封建专制和封建文化

_____

　　①　康有为:《实理公法全书》,见《康有为全集》第 1 卷,上海古籍出版社 1990 年版,第 279 页。
　　②　康有为:《实理公法全书》,见《康有为全集》第 1 卷,上海古籍出版社 1990 年版,第 279 页。

进行勇猛冲击,推动和领导维新变法。而后期(流亡海外到晚年),其人生却逐渐趋于消极保守。在政治立场上,他坚持保皇,鼓吹君主立宪,晚年卷入封建复辟,留下历史污点。在人生态度上,开始追求个人享乐和逍遥人生,有时甚至践踏做人的基本原则。从中国人生哲学发展历程看,康有为从自然人性论引申出天赋人权论,运用资产阶级的人性理论批判改造中国传统人生哲学,形成了自己中西合璧的近代人生哲学;他为人们描绘了一个理想的人间乐园——大同世界,虽然具有较强的乌托邦色彩,但对于深受帝国主义和封建主义压迫、处于水深火热中的中国人民来说,无疑在一定程度上起到了振奋民族精神的作用,激励着中国人民为争取创造幸福美好的人生而奋斗。康有为的人生哲学开中国近代人生观革命之先河,并与梁启超、严复、孙中山等人一道,促进了中国传统人生哲学向中国近代人生哲学的转型。

第五章　孙中山的人生哲学

孙中山(1866—1925 年),名文,字德明,号逸仙,广东香山人,近代著名的资产阶级革命家、思想家,中华民国的创始人。1925 年 3 月,孙中山在弥留之际口授遗嘱:"余致力国民革命凡四十年,其目的在求中国之自由平等。"①短短两句话,概括了孙中山的一生经历,凸显了孙中山的人生追求。在中国近代,孙中山以其不屈不挠、锲而不舍的精神,领导民众推翻了延续两千多年的封建帝制,建立了中华民国,开辟了中国历史的新纪元。孙中山对中国近代人生哲学的主要贡献是创立了资产阶级革命派人生哲学。孙中山以"天下为公,服务大众"作为自己的人生理想,把"民生为本"作为自己的价值取向,推崇革命奋进的人生观,始终保持自强不息、乐观向上的人生精神。孙中山人生哲学具有强烈的革命性、战斗性、实践性,是中国近代最进步的人生哲学。孙中山人生哲学对中国人摆脱传统人生模式的消极影响,适应世界潮流的发展变化,推动近代人生哲学的现代转型功不可没。

第一节　行易知难,努力奋进

知行关系既是认识论的问题,又是人生观的问题。因为如何对待知行关系,究竟是"重知"还是"重行",往往导致人们不同的人生态度。中国古代在知行关系上,存在着"先行后知"、"先知后行"、"知行合一"三种观点。先行后知者认为,世界上没有生而知之,只有学而知之,只有通过习行才能积累经验、获得知识。他们主张:不入虎穴,焉得虎子。先行后知有一定的局限性,比

---

① 《孙中山选集》,人民出版社 1981 年版,第 994 页。

如:有不知其所以然的困惑,经验缺乏的幼稚,有时要走点弯路,付出一些代价等等。但他们无所畏惧,大胆探索,勇于实践,边干边学,人生态度是积极进取的。先知后行者认为,"知之非艰,行之惟艰",认识了解一个事物并不难,嘴上说说、纸上谈兵也容易,但要真正把事情做好则非常困难。只有全面认识了解某个事物,知道它的来龙去脉,掌握它的规律性,才能事半功倍。先知后行者看上去颇为理性,做事瞻前顾后,但隐藏着两个难以克服的矛盾:一是不行何以获"知"? 不行之知,岂不是先验之知? 二是人们能否在形成全面透彻之知后才去行? 如果不能"全知",是否人们就永远不去行? 所以先知后行的人在现实生活中往往优柔寡断,不知固然不行,不全知亦不敢行,因而畏缩不前,形成一种消极退守的人生态度。知行合一者认为:"知之不易,行之亦难,知而不行,等于不知。"主张知行结合,所谓"知是行的主意,行是知的功夫。行是知之始,知是行之成。"应该指出:"知行合一"比较客观全面,克服了"先行后知"和"先知后行"两种观点的片面性。但在蒙昧初开的历史时期,是难以做到"知行合一"的,更多的还是"先行后知"。对一个人来说,也不可能完全做到"知行合一",某些时候"知行脱节"的情况还是存在的。

在上述三种知行观中,孙中山赞同第一种"先行后知"。在孙中山看来,知不是天生的,必须通过行才能获得,即所谓"因行而求知"。孙中山把"先行后知"与"行易知难"结合起来,鼓励人们"能知必能行"、"不知亦能行",只有积极行动起来,才能改变中国积贫积弱的状况,使中华民族跻身于世界先进民族之林。他反对"先知后行",认为"先知后行"会导致人们"不知固不欲行,而知之又不敢行,则天下事无可为者矣",并视其为"中国积弱衰败之原因"。①

孙中山主张"行易知难",源于其人生信仰和人生经历。为了振兴中华,使中华民族与西方列强并驾齐驱,他一生为推翻帝制、建立共和东奔西走、席不暇暖。基于这种人生信仰和人生经历,他在人生哲学上大胆突破传统模式,大声疾呼从事实际活动的意义,认为"行"在人生中占有主导地位,希望借此改变中国人内向的性格、萎缩的习性和恐惧新生事物的心理。

首先,孙中山先生认为,人类实际活动是人生存发展的基础。他写道:"故人类之进化,以不知而行者为必要之门径也。夫习练也,试验也,探索也,

---

① 《孙中山选集》,人民出版社 1981 年版,第 160 页。

冒险也,之四事者,乃文明之动机也。生徒之习练也,即行其所不知以达其欲能也。科学家之试验也,即行其所不知以致其所知也。探索家之探索也,即行其所不知以求其发见也。伟人杰士之冒险也,即行其所不知以建其功业也。由是观之,行其所不知者,于人类则促进文明,于国家则图致富强也。是故不知而行者,不独为人类所皆能,亦为人类所当行,而尤为人类之欲生存发达者之所必要也。有志国家富强者,宜毋勉力行也。"①在此,孙中山先生把人的实际活动——"行",视为人类求进步、求发展、求进化的主要途径。在他看来,人类文明如要发展,就离不开人的"习练、试验、探索、冒险"。因此,人们把内蕴的实际活动能力表现为具体的人生实践,即从"皆能"到"当行",是人类得以生存并趋向文明进步的必要前提。孙中山先生把人生的实际活动置于一个前所未有的高度来认识,认为人们只有从理性上真正理解这个问题,才能勇于"行"和乐于"行"。他说:"二三千年以前,求进步的方法,专靠实行。古人知道宇宙内的事情,应该去做,便实行去做,所谓见义勇为,到了成功,便再去做,所以更进步。"②在孙中山看来,人们去做不去做,并非仅仅是个主观意愿的问题,不是说你想做就去做,想不做就可以不做。从根本上看,人类面临着险恶的自然环境、充满着未知数的大千世界,这就迫使人们不断地去探索奋斗。在这个过程中,人类总结经验,逐步有了理性认识,从而摆脱野蛮状态走向文明。所以,人们要从做的必要性上升为做的自觉性,充分认识实际活动是人生的重要组成部分,把"行"放在人生活动的中心位置。

其次,孙中山先生认为,"行"是人类从蒙昧走向理性、从非自觉的人生升华为自觉的人生的主要杠杆。在孙中山看来,"行"虽然对人生和人类进步具有决定性作用,但并不意味着人们决意去行就可解决一切问题,因为人之所以是人,比动物高出一个层次,主要就在于人有聪明睿智,能认识世界,发掘事物的本质,把握自然、社会的规律。所以,人类之"行"起初也许是盲目的,只知其然而不知其所以然,但人类应该不断总结经验,从实践过程中获得对事物的理性认识,上升为科学的真知。孙中山先生指出:"古人之得其知也,初或费千百年之时间以行之,而后乃能知之;或费千万人之苦心孤诣,经历试验而后

---

① 《孙中山选集》,人民出版社1981年版,第185页。
② 《孙中山全集》第6卷,中华书局1984年版,第69页。

知之。"①这里说明了人类实际活动的长期性和艰难性,并指出人类在人生的活动中应该把感性的东西上升为理性的东西,从"行"中获得"知"。

孙中山先生还特别强调,人要获取真知灼见,就不能局限于"读圣贤书",更重要的是运用科学的方法进行实际的考察,他说:人们为求真知,"不专靠读书,要靠实地去考察","近来大科学家考察万事万物,不是专靠书。他们所出的书,不过是由考察的心得贡献到人类的记录罢了"。② 孙中山指出,人们若想在实际活动中把感性经验尽快地上升为理性知识,就必须运用两种科学方法:"考察的方法有两种,一种是用观察,即科学;另一种是用判断,即哲学。人类进化的道理,都是由此两种学问得来的。"③所谓"观察",实际是指人们对事物进行客观的实际考察;所谓"判断",则是指人们贯穿于考察过程的理性思维。孙中山先生的这些说法,实际上都是针对中国传统思想中只注重书本知识、内心领悟而轻视外在实际活动和客观思考的弊端而发的。中国古人常以经典(如儒家的"六经")为唯一的真理源泉,朱熹就特别强调读圣贤之书、明做人之理的重要性,而且要求人们不管现实生活发生了什么变化,只要向圣人"讨个天理",问问圣人是怎么说的,试图以过时的经典来定格现实社会和人类生活的变化。孙中山先生的看法突破了传统的束缚,他大力倡导近代科学方法,要求人们进行广泛的实际观察,同时辅之以理性的思考。这种将感性与理性、观察与思考相结合的科学方法,为现代中国人建构新型人生观奠定了基础。

再次,孙中山先生认为,人生的实质和内涵就是从实际活动中获得真知,然后用这种客观真理指导自己的人生实践。人们不断地实践,不断地获得新知,循环往复,推动着人类社会的发展进步。孙中山把这个过程高度概括成"行"与"知"的相互作用和相互促进。他说,人们必须从"明行而求知"发展到"因知以进行",然后"因已知而更进于行"。孙中山先生指出,人们通过具体的实践活动,获取关于自然、社会和革命运动的真知,这并不是人生的目的,也非认识的目的,重要的是把这些真知特识又返回去指导人们新的人生实践

---

① 《孙中山选集》,人民出版社 1981 年版,第 160 页。
② 《孙中山选集》,人民出版社 1981 年版,第 695 页。
③ 《孙中山选集》,人民出版社 1981 年版,第 695 页。

活动,这就叫"学以致用"。"不去行,于是所求的学问没有用处,到了以为学问没有用处,试问哪一个还再情愿去求学呢?"①在孙中山看来,人们如果能够把从人生实践中获得的知识经验用于指导自己的现实生活,那么,人生活动就会比以前轻松自在。人类在原始社会处于"不知而行"的阶段,对外在的一切均感到陌生,自然界运行的规律是人的一种异己的盲目力量,这时人类求进步主要靠"勇于行",依靠勇于探索、勇于实践来弥补知识经验的不足。经过一个时期,人类的智慧提高了,渐渐就跨入了"行而后知"的历史时期,亦即能够从各种人生活动中察觉自然界的奥妙、社会运动的规律……这时人类就可以进入"知而后行"的阶段。孙中山认为,虽然人类必须经过"不知而行"和"行而后知"的过程,但最理想的人生状态还是运用科学真知指导自己的人生实践。因为科学知识一经产生,就"能从知识而构成意象,从意象而生出条理,本条理而筹备计划,按计划而用工夫,则无论其事物如何精妙、工程如何浩大,无不指日可以乐成者也"②。如果人们能用知识、计划去指导自己的实践活动,就能事半功倍,达到预定目的,促进社会的发展进步。

孙中山先生虽然赞赏"知而后行"可收事半功倍之效,但并非认为人们必须等待一切事情全部弄清楚明白后才去"行";恰恰相反,中山先生反复强调,人类在任何时候都应该把"行"放在第一位。即使人类能够从"行"上升到"知",也不是万事大吉、高枕无忧。我们面对的是一个广阔、深邃、复杂的世界,人们认识能力的有限性和生命的短暂性,决定了人类不可能等到完全认识对象世界之后再去行动。人类只有边干边学,不断积累知识,提高自己能力,才能从必然王国进入自由王国。因此,人的生命一刻不停止,人的实践活动也一刻不能间断。所以孙中山先生反复强调不知亦能行、不知必须行的道理:"然而科学虽明,惟人类之事仍不能悉先知之而后行之也,其不知而行之事,仍较于知而后行者为尤多也。且人类之进步,皆发轫于不知而行者也,此自然之理则,而不以科学之发明为之变易者也。"③孙中山先生突出"行"——人生实践的重要性,一方面固然有认识论的意义,说明人只有从实践活动中才能取得真知;但同时又有人生哲学上的价值,阐明了实践在人生中的重要性。中国

---

① 《孙中山全集》第6卷,中华书局1984年版,第71页。
② 《孙中山选集》,人民出版社1981年版,第165页。
③ 《孙中山选集》,人民出版社1981年版,第185页。

古代的人生哲学多鄙视具体的人生操作,特别是反对人去探新求险,拓展和掘深生活领域,总把人生局限在一个狭小范围,规定一些浅层次内涵,并从人生价值判断上禁锢人们不得越雷池半步。孙中山先生重"行"的人生观激励人们积极地投身生活,跨越人生道路上的急流险滩,在风云变幻的人类生存环境中把握人生、开掘人生的意义和价值。孙中山先生最反对那种"不知固不欲行,而知之又不敢行"的人,认为这会使"天下事无可为者矣,此中国积弱衰败之原因也"。而欧美近代文明之所以"进行不息","有今日突飞之进步",一个重要原因就是欧美人勇于实践,"不知固行之,而知之更乐行之"。①

人的一生从历史角度来看,是非常短暂的;在生命的进化洪流中又显得异常渺小,在这种前提下,人要使自己的生命行程放射异彩,使生活过得有价值,就应该迎接新的人生挑战,实践新的人生模式,体验没有经历过的人生滋味,从而丰富短暂人生的内蕴,扩展生活覆盖的范围,如此方能不枉度此生。这一切都离不开"行"——人生的实际活动。一个人如果成天冥思苦想,从幻想中去体味生活的经历和意义,那实在是一大人生悲剧。孙中山先生极力推崇人生实践活动的重大价值,把它视为人类生存与发展的基础,视为社会前进、人类生活改善的必要条件。这些观点对中国人摆脱传统人生观的不利影响,接受符合世界发展潮流的人生观,无疑具有深刻的启迪。

第二节   天下为公,互助服务

人有物质性的肉体,就必然产生生理性的需求;人有心灵的世界,则会产生精神性的需求。人的两重性使人生亦包括相互联系又性质不同的两个方面。在中国古代人生哲学的长期发展中,思想家往往重视人的精神生活而忽视甚至贬低人的物质生活。儒家人生哲学把人对道德的学习、领悟、践履当作人生的核心和主要内容,把人的物质追求视为洪水猛兽、万恶之源;佛教人生哲学更把人灵与肉的解脱作为人生终极的追求目标,并告诫人们用压抑、窒息物质生活欲望的方法来达到"涅槃"境界;道家人生哲学追求精神上的无拘无

---

① 《孙中山选集》,人民出版社 1981 年版,第 161 页。

束,也要求人们放弃物质生活的需求,清心寡欲,与自然无为之"道"合为一体;道教的人生哲学虽然重视人的肉体享受,并为此创造出一套法术来使世人得富贵、获寿禄,但这恰恰把人类获得物质生活享受的愿望导入了一个虚假的歧途。

孙中山的人生哲学批判了传统人生观在人类物质生活与精神生活问题上的偏颇,他从"民生"的角度观察人生,考辨人类社会和历史发展,并由此确立了一系列人生准则。

孙中山认为:"人类之在社会,有疾苦幸福之不同,生计实为其主动力。人类之生活,亦莫不为生计所限制。是故生计完备,始可以存,生计断绝终归于淘汰。"①中山先生在这里揭示了一个表面上十分浅显实际上却颠扑不破的真理:即人们生活在这个世界上,结成了一定的社会关系,在生活过程中有痛苦也有幸福,它们都取决于人们用以维持生活的手段和方法("生计")。人们只有采取正确有效的维持"生计"的措施,才能生存下去,获得美满幸福的生活,否则将被社会发展所淘汰。所以人们必须清醒地认识到:不是精神生活第一,而是物质生活第一;不是精神生活决定物质生活,而是物质生活决定精神生活。人类必须充分认识"民生"问题的重要性,它构成了人生的基础。如果脱离了人的现实生活,人生存都成了问题,那么谈论人生理想、人生追求就毫无意义了。因此孙中山先生指出:"社会的文明发达、经济组织的改良和道德进步,都是以什么为重心呢? 就是以民生为重心。民生就是社会一切活动中的原动力。"②他又说:"民生就是政治的中心,就是经济的中心和种种历史活动的中心,好象天空以内的重心一样。"③人类在原始社会初期,社会关系异常简单,人们大部分时间和主要精力都耗费于寻觅食物、维持生存之中,所以物质生活作为人类生存的重心是显而易见、不言而明的事情。随着社会生产的发展,生产关系的复杂化,人类大力推进社会文明的进步,于是人的生活也日益丰富和多样化,人们用以维持生存的时间和精力相对减少,而从事政治的、社会的、人际关系的各种活动的时间和精力则相应增多,特别是出现了专门从事精神活动的脑力劳动者,这种变化使人们很容易产生一种错误的认识,似乎

---

① 《孙中山全集》第 2 卷,中华书局 1984 年版,第 510 页。
② 《孙中山选集》,人民出版社 1981 年版,第 835 页。
③ 《孙中山选集》,人民出版社 1981 年版,第 825 页。

人的精神、道德生活更为重要、更为高雅,而物质生活、生理欲求则是可有可无,甚至是不能登大雅之堂的东西。孙中山先生坚持把"民生"视为社会政治经济生活的重心,视为人类历史的重心,这在中国人生哲学史上是一个重大贡献,纠正了古代思想家在这个问题上的偏颇和谬误。

那么,"民生"的基本内涵是什么呢? 孙中山先生指出:"民生就是人民的生活——社会的生存、国民的生计、群众的生命便是"①;"吃饭是民生的第一个重要问题,穿衣就是民生的第二个重要问题"②;"民生问题就是生存问题"③。民生是社会进化的重心,社会进化又是历史的重心,因此民生是历史的重心,推动社会进步、历史前进最根本的是解决老百姓的民生问题。在孙中山先生看来,"民生"问题主要是指人类的物质生活需要,它决定着人的生命存在和延续发展,也决定了社会发展的方向和性质。实际上,人们只有在满足最基本的物质生活需要的前提下,才可能追求更高层次的理想,才可能从事宗教、道德、艺术、科学等精神活动。如果食不果腹、衣不蔽体,人们连起码的生存都不能维持,又哪里谈得上人生的丰富性、多样性呢? 孙中山先生还指出,人类求生存的努力是一个不间断的过程,正因为这种长期不懈的与人类共始终的努力,才使社会得以发展,文明得以进步,人类生活得以改善。他说:"古今一切人类之所以要努力,就是因为要求生存,人类因为要有不间断的生存,所以社会才有不停止的进化。所以社会进化的定律,是人类求生存。人类求生存,才是社会进化的原因。"④

在孙中山先生看来,人类求生存必须解决两大问题:一是"保",二是"养"。所谓"保"就是人类的自卫,即在严酷的自然生存条件(如自然灾害)和非正常的社会状态(如战争)中对生命的保护和延续;所谓"养",就是人类运用种种手段寻觅生活资料,维持日常生活的温饱,以及逐步提高生活水平。孙中山先生认为,这两大问题都是人类得以生存和发展的前提,因此也是人生观要解决的头号课题。这些论述从表面上看非常简单,但却阐明了一个异常深刻的道理,它为人们正确处理人生各种问题寻找到一个立足点,提供了一条

① 《孙中山选集》,人民出版社1981年版,第802页。
② 《孙中山选集》,人民出版社1981年版,第863页。
③ 《孙中山选集》,人民出版社1981年版,第812页。
④ 《孙中山选集》,人民出版社1981年版,第817页。

解决人类生存发展问题的正确途径。

人类要解决生存发展问题,应遵循哪些人生准则呢?

第一,孙中山先生认为,与动物因残酷生存竞争而导致的弱肉强食不同,人类应该也必须遵循"互助"的人生准则。他说:"经几许万年之进化,而始长成人性。而人类之进化,于是乎起源。此期之进化原则,则与物种之进化原则不同:物种以竞争为原则,人类则以互助为原则。社会国家者,互助之体也;道德仁义者,互助之用也。人类顺此原则则昌,不顺此原则则亡。"①从严复翻译出版《天演论》,用进化论解释自然、社会发展就风靡中国的知识界,许多人都把达尔文揭示的生存竞争、弱肉强食、自然淘汰的理论视为具有普遍适用性,不加区别地搬用来阐释人类社会的发展和国家、民族间的关系,堕入了庸俗进化论的泥坑。孙中山先生敏锐地发现,人的进化过程与"物种进化"不同,人类组成社会国家、创造道德仁义正是为调整和消除生存过程中产生的矛盾,人类应该遵循互助的原则,才能更好地生存发展,否则竞争愈来愈烈,必然导致人与人之间互相仇视、嫉妒、攻击,最终将爆发惨烈的战争,使人类同归于尽。

所以孙中山先生反复指出人类求生存、求发展的途径是互助:"物质文明之标的,非私人之利益,乃公共之利益。而其最直捷之途径,不在竞争,而在互助。"②这里,孙中山说明了人类之所以要遵循互助的原则,根本原因在于整个物质文明的进步是推进公众利益的发展,而非以增进个人私利为目的。孙中山先生认为,人类若能普遍接受并坚定地推行"互助"的人生准则,那么社会就会臻于完美的理想境界:"然而人类自入文明之后,则天性所趋,已莫之为而为,莫之致而致,向于互助之原则,以求达人类进化之目的矣。人类进化之目的为何? 即孔子所谓'大道之行也,天下为公',耶稣所谓'尔旨得成,在地若天',此人类所希望,化现在之痛苦世界而为极乐之天堂者是也。"③当然,把人类发展、社会进步都归之于互助准则的实施未免有简单化的倾向。人类社会的前进是一个极复杂的系统协调的问题,各个方面、不同层次都有其发展的准则,不能简单地把某一方面的原则无限扩大去规范别的层次的问题,这是不言自明的。但是,孙中山先生从人生观上揭示了一个深刻的真理:人们生活在

①　《孙中山选集》,人民出版社 1981 年版,第 156 页。
②　《孙中山选集》,人民出版社 1981 年版,第 369 页。
③　《孙中山选集》,人民出版社 1981 年版,第 156 页。

这个世界上,生存的不易和生活的艰难,常使人与人之间产生各种矛盾,从大的方面看,有国家、地区、民族、阶级间的冲突;从小的方面看,有人群、个人之间的矛盾。这些矛盾的解决当然需要各个方面去共同努力,但如果每个人都能自觉地将互助助人作为处世的基本准则,那么这些矛盾即使不能完全消除,也可以调和在可以接受的范围之内,使整个社会不至陷入动荡和灾难之中,人生之舟不至于随时有倾覆的危险。因此,孙中山先生将互助规定为人们首先必须遵循的人生准则。

第二,孙中山先生主张人们在人生道路上应持乐观向上的人生态度。他说:"乐观者,成功之源;悲观者,失败之因。"①他把持乐观主义还是持悲观主义视为人们事业成败的主要原因,认为只有持乐观之精神,才能获得事业的成功和人生的幸福。人在现实生活中,因为主客观原因,甚至某种不可抗拒的外力,往往会遭受到种种挫折,碰到许多不尽如人意的地方,因此常常产生悲观的情绪,无所作为,得过且过,甚至万念俱灰,绝望厌世。孙中山先生认为,要树立乐观向上的人生态度,首先必须对人类蕴藏的伟大潜力有充分深刻的了解。他指出:"世界中的进化力,不止一种天然力,是天然力和人为力凑合而成。人为的力量,可以巧夺天工,所谓人事胜天。"②正因为人的力量可以"巧夺天工"、"人事胜天",所以人应该具有充分的自信心,对自身素质和伟力有个正确估计,这样才能克服各种艰难险阻,获得生存发展。孙中山先生特别强调"人为万物之灵",能够改造自然界,发展生产,改善生活。他说:"天生人为万物之灵,故备万物为之用。而万物固无穷也,在人之灵能取之用之而已。夫人不能以土养,而土可生五谷百果以养人;人不能以草食,而草可以长六畜以为人食。夫土也,草也,固取不尽而用不竭者也,是在人能考土性之所宜,别土质之美劣而已。"③在中山先生看来,人虽不能以土、草为食,但可以依靠聪明才智,辨别土质,种植五谷百果,养殖六畜,以维持自身的生活。因此,人要对自己的力量和智慧充满信心,要看到人类具有无比的伟力可以改造自然、推动社会前进。人们只有看到自己的力量和智慧,才能形成乐观向上的人生态度。

孙中山先生还强调人们做任何事情都要有"志气"和必胜的信心。他说:

①　《孙中山全集》第3卷,中华书局1984年版,第63页。
②　《孙中山选集》,人民出版社1981年版,第630页。
③　《孙中山全集》第1卷,中华书局1984年版,第11页。

"无论什么人做事,都有一种志气。古人说:'有志者事竟成。'"①这段话集中表明了人们精神信念的重要性。孙中山本人就践履着这种人生观,早年他放弃"医人"的职业,转而从事"医国"的大业。为了推翻满清王朝的腐朽统治,为了拯救四万万受苦受难的同胞,他多次举行反清武装起义,虽然每次起义都被清政府镇压下去,但中山先生从未向困难低头、向挫折屈服;相反,他愈挫愈坚、愈挫愈勇,终于在1911年成功地领导了"辛亥革命",推翻了满清王朝,建立了中华民国。孙中山先生之所以能百折不挠、屡仆屡起,主要还不在其性格上的优点,而是他超越了个人感情上的恩恩怨怨,跳出了个人生活的小圈子,自觉地把自己的生命行程与中国人民的民族革命、民族解放事业紧密联系在一起,认为个人所做的一切都是为了民族和人类的利益。所以他能把现实的挫折、他人的指责以及个人的安危置之度外,始终保持乐观向上的人生态度。孙中山先生指出:"吾人对于国民所负之责任,非图谋民生幸福乎?民生幸福者,吾国民前途之第一大快乐也。既然矣,则吾人应以乐观之精神,积极进行之,……夫吾人既负担图谋民生幸福之责,则应知前途有最大之快乐在,虽有万苦,亦坚忍以持之。"②如果人们把一切追求和努力都局限在个人的小圈子中,那精神上的快乐和欢欣一定是非常短暂的,因为个人的一切都非常有限,只有把个人的一切与人类幸福、社会进步联系在一起,才能产生真正乐观向上的人生态度,其自信和乐观才有深厚的源泉和顽强的生命力。孙中山就坚信自己所从事的事业是正义的、进步的,所以在严酷的革命斗争中,一直保持乐观向上的人生态度和永不衰竭的进取精神。

第三,孙中山先生认为,人们应该树立为民众服务的价值取向和道德追求。既然人们乐观向上的人生态度源自"图谋民生之幸福"的人生理想,因此中山先生要求人们树立为民众服务的价值取向和道德追求。他说:"现在文明进化的人类,觉悟起来,发生一种新道德。这种新道德就是有聪明能力的人,应该要替众人来服务。这种替众人来服务的新道德,就是世界上道德的新潮流。"③把个人的价值实现、道德追求与服务大众紧密联系在一起,是中山先

① 《孙中山选集》,人民出版社1981年版,第559页。
② 《孙中山全集》第3卷,中华书局1984年版,第63页。
③ 《孙中山全集》第10卷,中华书局1984年版,第156页。

生对中国人生哲学发展的伟大贡献。道德修养虽然是人生的重大问题,但在长期的封建社会中却把它泛化了,特别是儒家人生哲学把道德修养视为个人自我完善的唯一手段,把人们对忠孝仁义的道德践履视为人生的全部内涵,而没有将道德修养与服务社会、服务大众、服务他人结合起来。孙中山先生处于中国社会性质、意识形态、体制结构与人的精神世界都发生迅猛变化的历史时期,他不仅个人"立志为国家服务,为社会服务",鞠躬尽瘁,死而后已,而且提出要以服务大众作为人们普遍的道德追求,这对现代中国人确立集体主义人生观产生了重大影响。

孙中山先生进而指出,一个人要做到服务大众,必须遵循两点:其一,要尽己力为民众服务,而非夺人之利以肥私。"要调和三种(先知先觉、后知后觉、不知不觉)之人使之平等,则人人当以服务为目的,而不以夺取为目的。聪明才力愈大者,当尽其能力而服千万人之务,造千万人之福。聪明才力略小者,当尽其能力以服十百人之务,造十百人之福。所谓'巧者拙之奴',就是这个道理。至于全无聪明才力者,亦当尽一己之能力,以服一人之务,造一人之福。照这样做去,虽天生人之聪明才力有不平等,而人之服务道德心发达,必可使之成为平等了。"[1]孙中山先生认为,每个人在智力能力方面天赋不同,在社会上的地位也不同,这是一种不平等;但是从道德追求的角度看,如果人人都以服务大众为人生准则,那么处在社会结构层次高的所谓"先知先觉"者就应为更多的人服务,处于社会结构较低层次的"后知后觉与不知不觉者"也应尽自己的能力为众人服务,只不过服务的人数相对少一些,这样就弥补了天赋上的不平等。在孙中山先生看来,在长期的历史发展中,人们往往利用天赋谋取高位,然后则损人利己,越是处于社会上层的人越有机会压榨百姓、中饱私囊。孙中山先生对这种现象深恶痛绝,大声疾呼要建立服务于民众的人生新道德,希望以此改造人的道德品质,推进社会发展。其二,人们要真正做到服务于大众,就要勇于牺牲个人利益。孙中山先生指出:"为中华民国求幸福,非为一人求幸福,必须存牺牲自己个人之幸福,以求国家之幸福的心志"[2];他又说:"大家享幸福,大家得利益,则我一人之幸福之利益,自然包括其中"[3]。这就

---

① 《孙中山选集》,人民出版社1981年版,第740页。
② 《孙中山全集》第3卷,中华书局1984年版,第24页。
③ 《孙中山全集》第3卷,中华书局1984年版,第25页。

是说,人们应树立为国家大众谋幸福的远大志向,因为只有国家发展、社会进步,民众得到幸福,才能实现个人的幸福。孙中山先生不是禁欲主义者,他并不要求大家放弃人生幸福过苦行僧的生活,而是要求人们把个人利益与国家利益紧密联系在一起,把个人幸福纳入大众幸福的轨道。这样人们在为国家、大众利益奋斗的同时,也可以获得个人的幸福。

第四,孙中山先生提倡革命奋进的人生观。孙中山先生的一生是革命的一生、奋斗的一生,先革满清王朝之命,后革军阀政客之命,一直到病逝前,仍叮嘱人们要革命到底,表现在人生观上就是革命奋进的思想。孙中山说:"人生不过百年,百年之后,尚能生存否耶? 无论如何,莫不有一死。死既终不可避,则尚乘此时机,建设革命事业。……吾人生今日之世界,为革命之世界,可谓生得其时。……故今日之我,其生也,为革命而生我;其死也,为革命而死我,死得其所,未有甚于此者。"①孙中山先生认为,人有生就有死,正因为死亡不可避免,人才会更珍惜生命,希望在短暂的一生中干出一番事业来。孙中山对世界潮流与社会发展趋势都有极清醒的认识,号召人们树立与社会发展趋势相适应的革命奋进的人生观,并呼喊出震撼人心、催人奋进的名言:"其生也,为革命而生我;其死也,为革命而死我。"这是何等宽广的胸怀、何等伟大的人格、何等高尚的精神境界。这种革命奋进的人生观化作巨大的精神力量,激励着无数革命党人为推翻满清、实现共和、振兴中华前赴后继、英勇奋斗。

孙中山先生进而认为,人们要建立革命奋进的人生观,就必须不怕死:"革命党的精神,没有别的秘诀,秘诀就在不怕死。要能够有这种大勇气,在心理上就是视死如归,以人生随时都可以死,要死了之后便能够成仁成义。"②要视死如归,还必须明白革命道理,知道为谁而死。"明白了革命的道理,便可以视死如归,以为革命而死是很高尚、很难得和很快乐的事。"③为革命视死如归、为民族虽死犹荣,这是孙中山提倡革命奋进人生观的集中体现。有了这种精神,人们自然不会屈服于人生的痛苦、挫折和困难,反而会愈挫愈奋,为实现人生理想而舍生忘死、奋不顾身。孙中山先生实践了这种人生观,他说:"我们做一件事,总要始终不渝,做到成功,如果做不成功,就是把性命去牺牲

① 《孙中山全集》第6卷,中华书局1984年版,第34页。
② 《孙中山选集》,人民出版社1981年版,第924页。
③ 《孙中山选集》,人民出版社1981年版,第925页。

亦所不惜,这便是忠。……不忠于君,要忠于国,要忠于民,要为四万万人去效忠。"①孙中山先生告诫人们,虽然革命要不怕死,但不应该做无谓的牺牲。在中国传统社会里,家与国一致、国与君一体,多少仁人志士为忠君(观念上又被认为是报国)而献出自己的青春和生命。孙中山认为,现在是民主社会,不是封建社会,我们现在提倡"忠"的道德品质,提倡不怕死的革命精神,但不要沦为封建社会的"忠君",我们现在效忠的对象是国家和人民。这些说法既批判了传统人生观中的不合理因素,又为中国人建立现代人生观提供了新内容。

第三节　孙中山人生哲学的现代价值

孙中山先生曾自述其人生经历:"精诚无间、百折不回,满清之威力所不能屈,穷途之困苦所不能挠,吾志所向,一往无前,愈挫愈奋,再接再厉。"②孙中山先生一生遇到的困难挫折数不胜数,然而正是这种"愈挫愈奋"、"再接再厉"的人生态度,激励他闯过一道又一道难关,战胜一个又一个困难,推翻了封建帝制,建立了中华民国,为中国步入现代国家奠定了基础。在中国近代人生哲学中,孙中山的人生态度和人生精神是最值得人们钦佩的。探讨孙中山的人生哲学,具有重要的现实价值。

第一,孙中山先生重"行"的人生哲学对中国人挣脱传统人生模式的束缚,塑造现代气质有着重大的价值。如前所述,孙中山先生特别强调人生实践的重要性和必要性,视其为社会进步、世界发展、人类进化的根本力量,并且强调人只有在"行"中才能真正理解生活的意义,充分实现自己的人生价值。这种动态进取的人生观,与传统人生哲学特别是程朱理学倡导的静态守成的人生观可谓针锋相对,从而极大地推动了中国人的现代人生转型。

受程朱理学影响,中国人形成了一种静态的人生观,不是鼓励人们向外拓展,积极进取,不断认识和改造世界,而是要求人们由外返内,专注于个人内在的心性修养,即使偶尔从事一些人生实际行动,也多半局限在狭小的道德践履

---

① 《孙中山选集》,人民出版社 1981 年版,第 681 页。
② 《孙中山选集》,人民出版社 1981 年版,第 115 页。

范围。因此,奉行这种人生观的人往往以静制动,以不变应万变,遇事推诿,遇变退缩,不敢正视现实,更不敢直面人生,常以精神上的玄思幻想替代艰辛的人生实际开拓,以内在心性的修养、道德意蕴的发掘替代外在人生价值的追求。这样,人被局限在一个狭小的活动范围,龟缩在精神领域,个人潜能受到严重压抑,人的能力逐渐萎缩退化。孙中山先生大力宣扬动态进取的人生观,反对静态守成的人生观,目的是想唤醒国人,积极投身于当时改造社会、改造现实的火热斗争生活。这种进取人生观强调人们要大胆地、勇敢地进行人生实践,在实践中获得知识、获得力量,获得生命存在的意义,实现自己的人生理想和人生价值。在孙中山先生看来,人类具有空前的伟力,它必须要有表现的机会和舞台,人正是在长期的人生实践中得到锻炼和发展的,人也只有通过实践才能获取生活资料,改变不合理的社会制度,创造新的生存环境,获得人生的幸福。毋庸置疑,孙中山先生提倡的这种动态进取的人生观更适宜于世界潮流的发展和社会生活的进步,对现代中国人确立正确的人生观有极其宝贵的借鉴作用。

第二,孙中山先生从"民生"角度发掘人生的基础,确立人生奋斗的目标,揭示了一个异常简单然而却非常深刻的真理:人必须首先活下去,具有生存的物质基础,才能从事其他人生活动。传统的人生哲学偏重于强调人精神生活的重要性,贬低甚至鄙视人的物质生活欲望,把人生的追求目标限定为一种精神境界的升华,这虽有其合理因素,但却因为忽视了人的物质生活而流于空泛,缺乏实际的操作性。孙中山先生的人生哲学把民众的生活、人生命的延续、国家的经济发展突出到首要地位,不仅充分肯定人的物质生活,而且把改善生活、提升生活品质作为人生追求的目标。一般而言,人类的生活水平也许在科技不断发展的促进下能逐步提高,但因为人需求的质和量是一个可变数,因此生活水平的提高并不等于生活问题的彻底解决。相反现实的情况是:社会越发达,人的生活问题就越多、越复杂,况且人类生产的发展必然伴随着自然资源的巨大耗费,生态环境的恶化,贫富差距的拉大,这一切使改善人的物质生活仍然是现代社会的最大难题。孙中山先生把"民生"问题视为人生哲学基础的做法,启示现代人应该投注巨大的精力去解决生活的改善问题。人生在世,首先要使生命得以延续,而这恰恰是人的物质生活问题。因此,人要有正确的人生观和价值观,才能有切实可行的人生追求和具体的人生实践活动,否则一切都会流于虚幻不实。孙中山先生以"民生"作为人生的价值取向和活动中心,而这种"民生"又是指整个民众生活的改善,不是仅仅局限于个人生活水平的提高。这种观点激励孙中山先生超越个人需求欲望的狭窄有限性,投身到为广大人民大众谋利益、求解放的人生道路。孙中山的人生哲学和革命实践指引着现代中国人沿着正确、务实的人生道路奋进。

第三,孙中山先生提倡并身体力行的互助助人的人生准则、乐观向上的人生态度、为民众服务的人生道德追求,以及革命奋进的人生观都具有极大的现实应用价值。"互助"可破除人际间的私利纷争,改善钩心斗角、尔虞我诈的不良风气,化解当前社会的道德冷漠,形成互帮互助、携手共进、人人安居乐业的社会进步状态;"乐观向上"可以消除人们悲观、沮丧、消极的情绪,鼓励人们直面人生,勇于解决人生面临的各种难题,形成奋发有为、积极上进的社会氛围;"为民众服务"有助于帮助个人跃出狭小的自我范围,把个人有限的生命与人类发展的无限事业联系起来,从而在为别人服务的过程中体会到丰富的人生价值;"革命奋进"的人生观能够使人们面对社会的邪恶势力和消极腐败现象进行不屈不挠的斗争,从而推动历史前进。所有这些人生准则、人生态度和人生追求,都是对传统人生哲学的大胆超越。在中国现代史上,孙中山的人生哲学哺育了一批又一批仁人志士,为中华民族的独立解放而生命不息、奋斗不止;即使在今天,仍然是激励中华儿女为实现祖国富强、民族复兴而不懈奋斗的精神动力。

第六章　梁启超的人生哲学

梁启超(1873—1929 年),字卓如,号任公,又号饮冰室主人,广东新会人,中国近代著名的政治活动家、启蒙思想家、学者。梁启超在青年时期追随康有为,参与戊戌变法,失败后流亡海外,向国内介绍西方政治制度和学术思想,进行思想启蒙,掀起一股思想飓风,被誉为"舆论骄子,启蒙大师";辛亥革命后回国,一度与袁世凯合作,但在袁世凯复辟帝制时,毅然护国反袁,成为"再造共和"元勋;晚年退出政治舞台,从事学术研究和教育工作,硕果累累,桃李遍天下。在人生哲学上,梁启超认为趣味是人生的本质,情感是人生的动力,主张追求丰富的精神生活和艺术化的人生境界;他强调人生的社会责任,以"自强不息"的人生精神、"不忧不惧"的人生态度、"厚德载物"的道德品质立身处世,锻造仁智勇合一的理想人格。梁启超的人生哲学既打上儒家的深刻烙印,又有浓郁的近代西方人生理论色彩,可谓中西合璧。在鼓吹资产阶级革命、批判改造国民性、唤醒民众思想觉悟、激发国人爱国热情、促进传统人生哲学现代转型等方面,梁启超的人生哲学发挥了重要作用。

第一节　舆论骄子,启蒙大师

1873 年正月 26 日,梁启超出生于广东省新会县茶坑村。茶坑位于西江入海处的一个小岛,地理位置偏僻,交通不便,故梁启超戏称自己是"中国极南之一岛民"①。梁启超祖上 10 代务农,但到祖父这代命运有所改变。祖父梁维清"肆志于学",考取秀才并担任县教谕。父亲梁宝瑛是村里的私塾先

---

① 张品兴主编:《梁启超全集》第 2 册,北京出版社 1999 年版,第 957 页。

生,母亲赵氏也识文断字,家庭中弥漫着浓郁的书香气息。良好的家教弥补了出身农家、地处偏僻的局限,为梁启超的成长创造了较为有利的环境。

少年时期的梁启超主要接受儒学教育,祖父是他的启蒙老师。梁启超幼年早慧,过目不忘,4 岁能识字(按虚岁计算,下同),5 岁读"四书五经",8 岁习作八股文,9 岁能写洋洋千言、文理通顺的文章。祖父不仅教梁启超读书,而且经常给他讲"古豪杰哲人嘉言懿行,而尤喜举亡宋、亡明国难事"①,给他灌输爱国思想。10 岁时与父辈一起赴广州童子试,一长辈以盘中咸鱼为题,命梁启超吟诗,梁启超不假思索,应声回答:"'太公垂钓后,胶鬲举盐初'。满座动容,神童之名自此始。"②他 12 岁中秀才,13 岁学习训诂考据。17 岁参加广东乡试,他以第八名成绩中举人,主考官李端棻视为奇才,将堂妹李蕙仙许配给他。梁启超少年得志,名震岭南。

1890 年春,18 岁的梁启超在父亲陪伴下前往北京参加会试。虽没有考中进士,但仍颇有收获。一是与李蕙仙订婚;二是途径上海时购买《瀛环志略》等书籍,"始知有五大洲各国",从此开始接触西学。同年秋,与陈千秋一起拜谒康有为。"先生乃以大海潮音,作狮子吼,取其所挟持之数百年无用旧学更端驳诘,悉举而摧陷廓清之",梁启超感到"冷水浇背,当头一棒",心悦诚服地拜康有为为师,"生平知有学自此始"。③ 这是梁启超人生道路的重要转折点,他从此走上了追随康有为维新变法、启蒙救国的道路。

1894 年,中日甲午战争爆发,战争以中国失败、清政府签订丧权辱国的《马关条约》宣告结束。第二年,梁启超协助康有为,发起著名的"公车上书",请求清廷变法。同年 7 月,他参与组织京师"强学会",被委任为书记员。1896 年,他应黄遵宪之邀,赴上海担任《时务报》主笔。《时务报》的宗旨是"开民智、雪国耻、倡维新、图强国",梁启超发表了《变法通议》等一系列文章。梁启超认为,"变法"是天下公理,"法者,天下之公器也;变者,天下之公理也"。天下没有不变之法,统治者如果顺应社会发展规律,主动变法,则"可以

---

① 张品兴主编:《梁启超全集》第 2 册,北京出版社 1999 年版,第 957 页。
② 丁文江、赵丰田编:《梁启超年谱长编》,上海世纪出版集团、上海人民出版社 2009 年版,第 11 页。
③ 张品兴主编:《梁启超全集》第 2 册,北京出版社 1999 年版,第 958 页。

保国,可以保种,可以保教"①。反之如果不变法,或被动变法,则会阻碍社会的发展进步,甚至危及政权的巩固。在梁启超看来,变法的根本内容为四个方面:"变法之本,在育人才;人才之兴,在开学校;学校之立,在变科举;而一切要其大成,在变官制。"②由于梁启超文章观点鲜明,感情充沛,文辞晓畅,引起了社会各阶层的广泛关注,人们争相传诵。湖广总督张之洞慕名邀请梁启超前往武昌,对他礼遇有加;湖南巡抚陈宝箴则请他赴长沙担任"时务学堂"总教习。

在湖南期间,梁启超积极向学生宣传变法思想,鼓励他们胸怀天下,救国救民,培育了蔡锷、范源濂等一批青年才俊,结交了唐才常、熊希龄等一批维新志士,维新运动风起云涌,湖南成为全国推行"新政"的模范区。然而,梁启超的维新事业遭到封建守旧势力的恶毒攻击和疯狂反扑,他被迫离开湖南。1898 年 4 月,应康有为之召,梁启超赴北京,参加"保国会",筹备"维新"工作。1898 年 7 月初,光绪皇帝召见梁启超,赏他"六品卿衔",命他负责办理京师大学堂和译书局事务。由于慈禧太后等顽固派的反对,戊戌变法被扼杀在摇篮中,谭嗣同等"六君子"英勇就义。梁启超在日本友人帮助下,侥幸逃出虎口,亡命日本。在茫茫的大海上,梁启超思绪万千,以一曲慷慨悲壮的《去国行》告别祖国:"古人往矣不可见,山高水深闻古踪。潇潇风雨满天下,飘然一身如转蓬,披发长啸览太空。前路蓬山一万重,掉头不顾吾其东。"③虽然知道前进的道路"蓬山万重",充满了"潇潇风雨",但梁启超仍然以"披发长啸览太空"的精神奋然前行,立志将维新事业进行到底。

梁启超流亡日本后,依然干着自己的老本行,办报写文章,宣传维新变法,对国人进行思想启蒙。1898 年 12 月,梁启超在横滨创办《清议报》。他指出《清议报》的性质是"为国人之耳目,作维新之喉舌",《清议报》的宗旨是"维持中国之清议,激发国民之正气,增长国人之学识"④。流亡日本的最初几年,由于受孙中山革命思想影响,梁启超一度思想激进,他不仅经常与孙中山革命派往来,甚至主张用暴力手段推翻清政府。他把清政府比喻为"不能生花之

①　张品兴主编:《梁启超全集》第 1 册,北京出版社 1999 年版,第 14 页。
②　张品兴主编:《梁启超全集》第 1 册,北京出版社 1999 年版,第 15 页。
③　张品兴主编:《梁启超全集》第 9 册,北京出版社 1999 年版,第 5415 页。
④　张品兴主编:《梁启超全集》第 1 册,北京出版社 1999 年版,第 168 页。

枯木,不能育卵之雄鸡"①,只有实行"破坏主义",摧毁清王朝,才能使中华民族走向新生。他以近代西方各国为例,"历观近世各国之兴,未有不先以破坏时代者。此一定之阶段,无可逃避者也。有所顾恋,有所爱惜,终不能成"②。在梁启超看来,要振兴中华民族,当务之急是铸造"中国魂"。"今日所最要者,则制造中国魂是也……使人民以国家为己之国家,使国家成为人民之国家。"③铸造"中国魂",就是培育和弘扬民族精神,特别是国民的国家意识和爱国情感。梁启超是中国近代第一个提出培育民族意识、弘扬民族精神的思想家,并把培育民族精神视为振兴中华民族的根本。梁启超认为,如果全体国民都有强烈的民族意识和高昂的民族精神,中华民族将焕发青春,古老的中国将变成一个朝气蓬勃的少年中国。他在《少年中国说》中以热情洋溢的文字,把未来中国描绘为"红日初升,其道大光;河出伏流,一泻汪洋;潜龙腾渊,鳞爪飞扬;乳虎啸谷,百兽震惶;鹰隼试翼,风尘吸张;奇花初胎,矞矞皇皇;干将发硎,有作其芒;天戴其苍,地履其黄;纵有千古,横有八荒;前途似海,来日方长。美哉我少年中国,与天不老!壮哉我中国少年,与国无疆!"④《少年中国说》如号角,激励着中华民族为争取民族独立而战斗;似火炬,照亮了中国未来的光明前景。

《清议报》停刊后,梁启超又创办了《新民丛报》,并在《新民丛报》上连载了长达10多万字的《新民说》。在《新民说》中,梁启超开宗明义地指出:"新民为今日中国第一急务"。之所以把新民作为今日中国之第一急务,是因为国民素质决定国家前途和民族命运。"苟有新民,何患无新制度?无新政府?无新国家?"⑤一旦提高了国民素质,则建立新制度、成立新政府、建设新国家都是水到渠成之事。在梁启超看来,所谓"新民"并非要国民"尽弃其旧",完全抛弃自己的民族传统和民族文化,全盘吸收西方文化和照抄照搬西方的社会制度。他认为"新民"的要义包括两方面:"一曰淬厉其所本有而新之;二曰

① 张品兴主编:《梁启超全集》第1册,北京出版社1999年版,第317页。
② 张品兴主编:《梁启超全集》第1册,北京出版社1999年版,第349页。
③ 张品兴主编:《梁启超全集》第1册,北京出版社1999年版,第357页。
④ 张品兴主编:《梁启超全集》第1册,北京出版社1999年版,第411页。
⑤ 张品兴主编:《梁启超全集》第2册,北京出版社1999年版,第655页。

采补其所本无而新之。"①前者是弘扬优秀的民族文化传统和国民精神,后者是吸收世界各国的优秀文化。"新民"的主要内容是培育国民的国家思想、权利义务观念、政治参与意识、民主平等意识、进取冒险精神、尚武精神以及公德、私德、自由、自治、自尊等等。梁启超的《新民说》提出了改造国民性,提高国民素质,学习西方民主自由精神,移植西方政治制度,实现中西文化互补等一系列重大问题,对唤醒民众的思想觉悟,鼓吹资产阶级革命,起到了舆论先导作用。在办《新民丛报》的同时,梁启超还创作了《新中国未来记》等小说,认为小说在启迪民智、革新政治、移风易俗中具有特殊作用。他说:"欲新一国之民,不可不先新一国之小说;欲新道德,必新小说;欲新宗教;必新小说;欲新政治,必新小说;欲新风俗,必新小说。"②梁启超以其睿智的思想、新颖的见解、犀利的评论和"笔锋常带情感"的文字,使举国上下为之倾倒,成为一代舆论骄子和启蒙大师。梁启超的文章不仅给人们灌输了革命思想,推动了资产阶级革命进程,而且启发教育了整整一代人,特别是青年知识分子,鲁迅、胡适、毛泽东、梁漱溟等人都先后谈到梁启超对他们人生道路的影响。对梁启超的宣传启蒙功绩,黄遵宪给予了高度评价:"我公本爱国之心,绞爱国之脑,滴爱国之泪,掉爱国之舌,举西东文明大国国权民权之说,输入于中国,以为新民倡,以为中国光。以公今日之学说,之政论,布之于世,有所向无前之能,有唯我独尊之概,其所以震惊一世,鼓动群伦者,力可谓雄,效可谓速矣。"③

1903 年 4 月,应美洲保皇会的邀请,梁启超到加拿大和美国访问。由于受康有为保皇思想的影响,同时也目睹美国社会的某些弊端,梁启超觉得美国的民主共和制不如英国、日本的君主立宪制,于是政治态度发生悄然改变,不再谈"破坏主义"和"革命排满",而主张"君主立宪",走上了资产阶级改良道路。1905 年 8 月,孙中山在东京创立同盟会,主张用革命手段推翻清王朝,导致了孙中山和梁启超的分道扬镳。梁启超以《新民丛报》为阵地,和孙中山的《民报》展开激烈论战。在这次论战中,笔锋雄健的梁启超却屡屡败北,原因是他的"君主立宪"主张已落后于时代,成为阻挡革命前进的绊脚石。梁启超

---

① 张品兴主编:《梁启超全集》第 2 册,北京出版社 1999 年版,第 657 页。
② 张品兴主编:《梁启超全集》第 2 册,北京出版社 1999 年版,第 884 页。
③ 丁文江、赵丰田编:《梁启超年谱长编》,上海世纪出版集团、上海人民出版社 2009 年版,第 201 页。

黯然神伤,决定另组政党,于 1907 年 10 月成立"政闻社",次年 2 月将"政闻社"迁往上海。然而满清贵族不但没有采纳他君主立宪的主张,反而将"政闻社"勒令解散,给了梁启超当头一棒。政治上的失意和家庭经济的拮据,使梁启超内外交困,身心疲惫,一度对政治心灰意冷,专心于学术研究。

辛亥革命推翻了清王朝,建立了中华民国,形势的变化再次激发了梁启超的政治热情。他调整斗争策略,认为立宪派只有与袁世凯合作,才能在中国政治舞台上占据一席之地。他放下与袁世凯的不共戴天之仇,致电袁世凯,祝贺他当选中华民国临时大总统,并肉麻地吹捧"自公之出,指挥若定,起其死而肉骨之,功在社稷,名在天壤"①。梁启超的政治态度来了个一百八十度的大转弯,从"仇袁"、"倒袁"变成"拥袁"。1912 年 11 月,梁启超从日本回国,受到袁世凯欢迎。为了与国民党相抗衡,梁启超将共和党、民主党、统一党组建为进步党。1913 年 9 月,进步党组建"人才内阁",梁启超出任司法总长。"人才内阁"倒台后,又被袁世凯任命为币制局总裁。袁世凯之所以"器重"梁启超,并非真心推崇民主共和,也不是实行"贤人政治",而是借重梁启超的声望,笼络进步党人,以排挤国民党,巩固自己的统治地位,捞取政治名声。而梁启超作为一介书生,虽有满腹经纶、锦绣文章和高昂的政治热情,但由于缺乏政治魄力和权术手腕,哪里是老谋深算、纵横捭阖、心狠手辣的袁世凯的对手,因此成为袁世凯的玩物和利用工具。梁启超察觉这一点后,决定离开北京,举家迁往天津。

虽然离开北京,但梁启超对政治形势依然十分关注。1915 年上半年,袁世凯紧锣密鼓,加快复辟帝制步伐,他授意杨度组织"筹安会",与日本签订丧权辱国的《二十一条》。梁启超怒不可遏,决定反戈一击。他在《京报》发表《异哉所谓国体问题者》一文,揭露袁世凯复辟帝制的阴谋。梁启超在文章中首先揭露袁世凯反复无常、卑劣无耻的伪君子面目:"忽而满洲立宪,忽而五族共和;忽而临时总统,忽而正式总统;忽而制定约法,忽而修改约法;忽而召集国会,忽而解散国会;忽而任期总统,忽而终身总统;忽而以约法暂代宪法,忽而催促制定宪法。朝令夕改,使国民彷徨迷惑,不知所从,政府威信,扫地以

---

① 张品兴主编:《梁启超全集》第 10 册,北京出版社 1999 年版,第 5992 页。

尽。"①他正告袁世凯：如果逆历史潮流而动，实行君主专制，将会为四万万同胞所共诛，被历史车轮压得粉碎。梁启超还与蔡锷等人密谋，发动护国讨袁运动。他协助蔡锷从北京潜逃云南，当蔡锷在昆明发出讨袁通电，宣布云南独立后，梁启超不顾危险，前往广西，策动陆荣廷起义。护国战争爆发后，南方各省纷纷响应，袁世凯的北洋老部下也拥兵自重，作壁上观。袁世凯见大势已去，不得已取消帝号，宣布退位，忧郁而死。梁启超声誉鹊起，成为"再造共和"元勋。

　　1917 年 6 月，发生张勋复辟事件，康有为也参与其中。梁启超没有顾及老师面子，发表《反对复辟电》，指责康有为逆历史潮流而动，为复辟制造舆论，出谋划策，"且此次首造逆谋之人，非贪黩无厌之武夫，即大言不惭之书生"②。"贪黩无厌之武夫"是指张勋，而"大言不惭之书生"则是影射康有为。他协助段祺瑞成立"讨逆军"，一举击溃张勋的"辫子军"，迅速平定复辟。由于"讨逆"有功，被段祺瑞任命为财政总长。在财政总长任上，梁启超竭尽所能，整顿金融，改革币制，借款筹资，但无论如何努力，也满足不了段祺瑞庞大的军费支出，不得不辞职。从此梁启超告别政坛，回归他的学者人生。

　　退出政坛后，梁启超开始了《中国通史》的写作。由于用功太过，大病一场，朋友们劝他到国外疗养。1918 年年底，在蒋百里、丁文江、张君劢等人陪同下，梁启超从上海启程赴欧洲考察。他赴欧考察有两个目的：一是考察西方文明和战后欧洲的社会状况，以开阔眼界，增长见识；二是以民间代表身份，对巴黎和会进行外交斡旋，以尽一份国民责任。③ 梁启超以游记和心得的形式，记录了沿途的所见所闻和在欧洲考察的体会，并在回国后整理成《欧游心影录》一书。在巴黎和会召开过程中，梁启超首先得知：英法美等国为了讨好日本，决定把德国战前在山东的一切权益转让给日本。他立即通知国内，并撰写了《外交失败之原因及今后国民之觉悟》，从而引发了震惊中外的"五四"运动。

　　从欧洲回国后，梁启超主要从事著述和讲学活动。先后完成了《清代学术概论》、《中国历史研究法》、《墨子学案》、《先秦政治思想史》、《中国近三百

---

① 张品兴主编：《梁启超全集》第 5 册，北京出版社 1999 年版，第 2905 页。
② 张品兴主编：《梁启超全集》第 5 册，北京出版社 1999 年版，第 2965 页。
③ 参见张品兴主编：《梁启超全集》第 5 册，北京出版社 1999 年版，第 2987 页。

年学术史》等一批重要的学术著作,主编《中国图书大辞典》,为我国的学术研究和文化积累作出了重大贡献。梁启超在从事学术研究的同时,经常到各大学进行演讲,他担任清华大学国学研究院导师,兼任燕京大学、南开大学教授,培养了大批人才。1926 年 3 月,梁启超因肾病住进北京协和医院,由于医务人员疏忽,被错割右肾,此后身体长期虚弱。即便在病中,梁启超仍未放弃学术研究,完成了《中国历史研究法补编》、《儒家哲学》等著作,《辛稼轩先生年谱》完成了 4/5。1929 年 1 月 19 日,这位中国近代著名的政治活动家、启蒙思想家、学者的心脏停止了跳动,享年 56 岁。

第二节　屡变善变,多面人生

在中国近代名人中,梁启超以屡变善变著称。在政治立场上,梁启超经历了从维新到革命再到保皇的变化。戊戌变法期间,他追随康有为,宣扬维新变法。亡命日本后的最初几年,由于与孙中山接触频繁,受孙中山革命思想影响,一度倾向暴力革命,主张“破坏主义”。1903 年游历美洲,在康有为的严厉训斥下,梁启超政治立场发生变化,不再宣扬“破坏主义”和革命排满,而主张保皇立宪,并与孙中山革命派进行论战。对袁世凯的态度,梁启超亦经历了仇恨——拥护——反对的转变。戊戌变法由于袁世凯的告密而失败,谭嗣同等人被杀,梁启超本人也亡命海外,因此他对袁世凯一直怀恨在心,视袁为不共戴天的仇人。但在袁世凯担任中华民国临时大总统,统治地位巩固后,梁启超开始放弃反袁立场,与袁世凯合作,共同排挤国民党,成为袁的座上宾。当袁世凯复辟帝制时,梁启超坚决反对,发表《异哉所谓国体问题者》一文,揭露袁世凯的复辟阴谋,策动护国讨袁,成为“再造共和”元勋。他与老师康有为也有说不清的恩恩怨怨。1891 年,梁启超拜于康有为门下,在万木草堂学习 3 年,后追随乃师维新变法。1901 年至 1903 年年初,由于倾向革命排满,梁启超与康有为发生严重分歧。在康有为的严厉督责下,梁启超回到保皇立场,从事君主立宪活动。辛亥革命后,康有为仍顽固坚持保皇立场,主张尊孔保教,反对民主共和,梁启超则反对复辟,批判倒退,维护共和,导致师生在政治上分道扬镳。在张勋复辟事件中,康有为扮演了出谋划策的军师角色,梁启超发表通电,指责康有为"首造逆谋",是"大言不惭之书生",师生二人一度水火不容。1927 年 3 月,康有为 70 大寿,梁启超亲赴上海,为老师祝寿,师生关系才重归旧好。

梁启超的"屡变善变"招致颇多责难,引来无数讥评。革命党人章炳麟讽刺梁启超反复无常是政治投机;梁的师友康有为、徐勤、麦孟华把梁的"善变"归咎为"好名"①;日本学者园田一龟认为梁启超缺乏人格操守,"其为人之行动,稍失于反复无常,未免缺操守,失人望"②;梁漱溟则认为是任公的性格缺陷,"缺少定力,不够沉着","缺乏含蓄深厚之致,因而亦不能绵历久远"③。也有为梁启超辩护的,如郑振铎认为梁启超的"善变"恰恰体现了他见识的"伟大"和人格的"光明磊落"④。

对自己的屡变善变,梁启超并不隐讳,他多次进行自我解剖,承认"见理不定,屡变屡迁"是自己的短处。他说:"故自认为真理者,则舍己以从,自认为谬误者,则不远而复,如恶恶臭,如好好色,此吾生之所长也。若其见理不定,屡变屡迁,此吾生之所最短也。"⑤在梁启超看来,为追求真理而改弦更张、修正错误,并不是翻云覆雨,也不是什么可耻的事情。为了修正错误,可以不惜"我操我矛以伐我者也,今是昨非,不敢自默"⑥。在真理与面子之间,真理比面子重要,为捍卫真理,不仅可以牺牲个人面子,即使受到天下所有人的攻击非议也在所不惜。"吾爱孔子,吾尤爱真理!吾爱先辈,吾尤爱国家!吾爱故人,吾尤爱自由!吾以是自信,吾以是忏悔。为二千年来翻案,吾所不惜;与四万万人挑战,吾所不惧。"⑦梁启超认为根据事物发展和形势变化而不断改变自己观点,是为了追求真理、修正错误,它体现了一个学者的品格。

20 世纪 20 年代,梁启超经常到京津各高校演讲。在演讲过程中,有学生

---

① 张品兴主编:《梁启超全集》第 2 册,北京出版社 1999 年版,第 975 页。
② 王森然:《梁启超先生评传》,见夏晓虹编:《追忆梁启超》,中国广播电视出版社 1997 年版,第 24 页。
③ 梁漱溟:《纪念梁任公先生》,见夏晓虹编:《追忆梁启超》,中国广播电视出版社 1997 年版,第 260 页。
④ 郑振铎:《梁任公先生》,见夏晓虹编:《追忆梁启超》,中国广播电视出版社 1997 年版,第 88 页。
⑤ 张品兴主编:《梁启超全集》第 2 册,北京出版社 1999 年版,第 975 页。
⑥ 张品兴主编:《梁启超全集》第 2 册,北京出版社 1999 年版,第 765 页。
⑦ 张品兴主编:《梁启超全集》第 2 册,北京出版社 1999 年版,第 770 页。

就梁启超的"善变"直言不讳地提问："梁先生过去保皇,后来又拥护共和;前头拥袁,以后又反对他。一般人都以为先生前后矛盾,同学们也有怀疑,不知先生对此有何解释?"①面对这样尖刻的涉及个人人格尊严的问题,梁启超不仅没有生气,反而微笑着解释:"我为什么和南海先生分开? 为什么与孙中山合作又对立? 为什么拥袁又反袁? 这决不是什么意气之争,或争权夺利的问题,而是我的中心思想和一贯主张决定的。我的中心思想是什么呢? 就是爱国。我的一贯主张是什么呢? 就是救国。我一生的政治活动,其出发点与归宿点,都是要贯彻我爱国救国的思想与主张,没有什么个人打算。"②接着梁启超以自己拥袁又反袁为例,说明自己的思想动机和心路历程。"对于袁世凯之为人,因为他当时有相当力量基础,我拥护他是想利用他的地位来实行我的主张。孰知他后来倒行逆施,甘冒天下之大不韪,成为国贼。为了国家的前途,我当然与他势不两立,与他决一死战。我开始拥袁,是为了国家;以后反袁,也是为了国家。我是一个热烈的爱国主义者。"③梁启超告诉世人,自己虽然政治观点和态度经常变化,但爱国救国的宗旨目的永远不变。

在《善变之豪杰》一文中,梁启超谈到自己的"变"与"不变"。他说:"大丈夫行事磊磊落落,行吾心之所志,必求至而后已焉。若夫其方法,随时与境而变,又随吾脑识之发达而变。百变不离其宗,但有所宗,斯变而非变矣。此乃所以磊磊落落也。"④梁启超认为,大丈夫行事处世应光明磊落、心迹坦荡,这是做人的根本,任何时候都不能变;但人们的思想应随"脑识之发达而变",在方法手段上应"随时与境而变"。如果社会环境发生了变化,人类认识水平提高了,自己还停留在原来的错误认识,还拘泥于原来的方法手段,就显得故步自封、不合时宜了。

梁启超的自白并非完全替自己辩解,在一定程度上反映了他"屡变善变"的的心路历程。我们认为:在梁启超的一生中,其政治主张确实不断变化,有

---

① 李任夫:《回忆梁启超先生》,见夏晓虹编:《追忆梁启超》,中国广播电视出版社 1997 年版,第 417 页。

② 李任夫:《回忆梁启超先生》,见夏晓虹编:《追忆梁启超》,中国广播电视出版社 1997 年版,第 418 页。

③ 李任夫:《回忆梁启超先生》,见夏晓虹编:《追忆梁启超》,中国广播电视出版社 1997 年版,第 419 页。

④ 张品兴主编:《梁启超全集》第 1 册,北京出版社 1999 年版,第 351 页。

时变化之快还令人瞠目结舌,但他的爱国热情和救国抱负却从未改变。在 19 世纪末民族危机最为深重的时期,梁启超协助康有为,发动戊戌变法,目的是救国于危难,救民于水火;在亡命日本初期,他对国民进行启蒙宣传,力图开启民智,铸造"国魂",渴望"少年中国"雄起,激励他前进的原动力仍然是一腔爱国热情;梁启超在日本居留 13 年,曾受到日本政府的保护和日本友人的关照,但在袁世凯与日本签订丧权辱国的《二十一条》时,他不顾日本媒体"忘恩负义"的嘲讽,撰文揭露日本帝国主义的侵略阴谋,并在"巴黎和会"中为争取中国的外交权益而奔走斡旋。

　　此外,梁启超"屡变善变"也体现了他与时俱进的品格。梁启超生活的时代是中国社会由近代向现代的转型阶段,社会变化空前急剧。正如梁启超所说:"今日天下大局,日接日急,如转巨石于危崖,变异之速,匪翼可喻。今日一年之变革,视前此一世纪或过之。"①面对如此快速变化的社会环境和眼花缭乱的社会思潮,有些人手足无措,彷徨徘徊;有些人固守传统,思想僵化;有些人则诅咒现实,留恋过去。而梁启超不是这样,他上下求索,因时而变,努力挣脱旧事物和传统文化的羁绊,敢于自己否定自己,不断以今日之我挑战昨日之我,勇立时代潮头。虽有时不免前后矛盾,甚至被人讥讽为出尔反尔,但这种追求真理、与时代共进步的精神是难能可贵的。如果梁启超也像康有为那样,故步自封,僵化保守,拒绝接受新事物新文化,那么他早就被时代发展潮流所淘汰。

　　在肯定梁启超"屡变善变"长处的同时,也不能不指出他的短处。其短处表现在:一是在政治立场上有时不够坚定,出现左右摇摆倾向,因而往往被别人牵着鼻子走。他到日本的最初几年,由于经常与孙中山革命派接触,一度主张革命排满,实行破坏主义。遗憾的是,梁启超没有沿着这条路继续前行,相反屈服于康有为的淫威,被康有为牵着鼻子走,走上了保皇道路,政治立场发生倒退。二是功利思想比较强烈,有时为实现个人目的而放弃政治立场,认敌为友,结果成为别人的利用工具。辛亥革命后,袁世凯继任中华民国临时大总统,梁启超一反原来的仇袁反袁立场,与袁世凯合作,共同打压国民党。梁启

　　① 梁启超:《饮冰室文集序》,转引自夏晓虹编:《追忆梁启超》,中国广播电视出版社 1997 年版,第 99 页。

超作为一个政治活动家,难道不知道这样做会被人们视为腼颜事仇、认敌为友、丧失人格节操吗? 但梁启超仍一意孤行,除了不愿看到战火重燃、生灵涂炭等冠冕堂皇的原因外,难道能够排除个人的政治目的? 在梁启超看来,袁世凯是当时中国唯一的政治强人,只有与袁世凯合作,自己才有出头之日,才能在政治舞台上占有一席之地。无论梁启超怎样替自己辩解,也无法洗刷自己的人生污点。后来梁启超多次自我反省:"我近来却发现了自己一种罪恶,罪恶的来源在哪里呢? 因为我以前始终脱不掉'贤人政治'的旧观念,始终想凭借一种固有的旧势力来改良这国家,所以和那些不该共事或不愿共事的人,也共过几回事。虽然我自信没有做坏事,多少总不免被人利用我做坏事。我良心上无限痛苦,觉得简直是我间接的罪恶。"①三是没有耐力,做事不能持久,有时不免浅尝辄止,甚至前后矛盾。梁启超天资卓绝,兴趣广泛,治学领域十分宽广,举凡政治、哲学、文学、历史、地理、军事,乃至财政、金融、币制无不涉猎。这一方面使梁启超成为中国近代百科全书式的大学者,另一方面也因为涉猎领域的过宽过滥,未免浅率芜杂。有些研究稍有眉目,尚未登堂入室,就凭着某些粗浅印象,匆忙作出结论,可谓大胆有余,严谨不足;有些研究刚刚起步,因突然萌生新的兴趣,就弃之不顾,转向新的研究领域。对自己学术研究缺乏恒心耐力,梁启超曾进行自我检讨:"启超务广而博,每一学稍涉其樊,便加论列,故其所述著,多模糊影响笼统之谈,甚至纯然错误,及其发现而自谋矫正,则已前后矛盾矣。"②在给女儿令娴《艺蘅馆日记》题诗中,梁启超写道:"吾学病爱博,是用浅且芜;尤病在无恒,有获旋失诸;百凡可效我,此二无我如。"③他告诫女儿不要重蹈自己的覆辙,治学要有恒心和毅力,祛除浅率、芜杂的毛病。

第三节　趣味生活,情感动力

梁启超主张趣味主义的人生观。他说:"我是个主张趣味主义的人。我

---

①　张品兴主编:《梁启超全集》第 6 册,北京出版社 1999 年版,第 3410 页。
②　张品兴主编:《梁启超全集》第 5 册,北京出版社 1999 年版,第 3101 页。
③　张品兴主编:《梁启超全集》第 5 册,北京出版社 1999 年版,第 3102 页。

以为凡人必常常生活于趣味之中,生活才有价值。若哭丧着脸挨过几十年,那么生命便成沙漠,要来何用?"①他认为,一个人只要凭自己的兴趣做事,做自己喜欢的事情,就能产生无穷的快乐,所以趣味是生活的本质,趣味的生活才是合理的生活,趣味的人生才是有价值的人生。"人若活得无趣,恐怕不活着还好些,而且勉强活也活不下去。"②虽然人们经常谈到趣味,或自觉不自觉地生活于趣味之中,但要对趣味下个定义却不容易,原因在于趣味是一种个体主观体验,仁者见仁,智者见智。比如某件事情,在有些人看来味同嚼蜡,而有些人却兴味盎然。在梁启超看来,所谓趣味,就是做一件事不会感到厌倦烦闷,以兴趣始,以兴趣终。由于不同的人有不同的兴趣,所以兴趣要靠自己去体验,即所谓"太阳虽好,总要诸君亲自去晒,旁人却替你晒不来"③。

梁启超根据自己的亲身体验,指出趣味具有丰富生活内容、振奋精神、欢乐开心、消除烦恼的作用。梁启超的兴趣广泛,既有参与政治活动的兴趣,又有从事学术研究的兴趣;在学术研究中,经常变换自己的研究领域,时而研究政治历史,时而研究哲学文学。他在 1927 年 8 月 29 日给子女的信中写道:"我是学问趣味方面极多的人,我之所以不能专积有成者以此。然而我的生活内容异常丰富,能够永远保持不厌不倦的精神,亦未始不在此。我每历若干时候,趣味转过新方面,便觉得像换了个新生命,如朝旭升天,如新荷出水,我自觉这种生活是极可爱的、极有价值的。"④正是广泛多样的兴趣,使梁启超觉得生活充实、精神饱满、不知疲倦,从来不知什么是烦恼。"我生平对于自己所作的事,总是做得津津有味,而且兴会淋漓,什么悲观咧,厌世咧,这种字面,我所用的字典里头可以说完全没有。"⑤兴趣使梁启超的生命如"朝旭升天,新荷出水",不断更新,始终保持着天真烂漫的童心,洋溢着青春的激情。

趣味的种类很多,但有低级高级之分。赌博、喝酒也有趣味,它刺激人的神经,能在短时间给人带来快乐,但负面作用大。赌钱赌输了,使人经济上蒙受损失不说,还会引起家庭不和;喝酒喝醉了,使人健康受到损害不说,还容易

---

①　张品兴主编:《梁启超全集》第 7 册,北京出版社 1999 年版,第 4013 页。
②　张品兴主编:《梁启超全集》第 7 册,北京出版社 1999 年版,第 4017 页。
③　张品兴主编:《梁启超全集》第 7 册,北京出版社 1999 年版,第 4014 页。
④　张品兴主编:《梁启超全集》第 10 册,北京出版社 1999 年版,第 6274 页。
⑤　张品兴主编:《梁启超全集》第 7 册,北京出版社 1999 年版,第 3963 页。

酒后乱性失德。因此,赌博、喝酒之类的趣味属低级趣味,真正能给人带来持久快乐的是那些高级趣味。在梁启超看来,"能为趣味之主体者,莫如下列几项:一、劳作;二、游戏;三、艺术;四、学问"①。因为劳作能创造物质财富,同时能活动筋骨,锻炼身体;游戏能愉悦身心,给人带来审美享受;艺术和学术能提高人的想象力与创造力,丰富人的精神生活,促进社会文明进步。

　　那么人们如何才能生活于趣味之中? 梁启超认为:首先,必须摒弃功利主义,对生活持"无所为而为"的态度。"无所为而为",就是不带任何功利目的,完全凭兴趣所为,因此可以称之为"生活的艺术化"。"小孩子为什么游戏? 为游戏而游戏;人为什么生活? 为生活而生活。"②"有所而为"则是带有鲜明的功利目的。"凡有所而为的事,都是以别一件事为目的而以这件事为手段,为达目的起见勉强用手段,目的达到时,手段便抛却。"③一个人做事如果带有强烈的功利目的,便没有任何趣味可言,因为他做事不是凭兴趣,而是处处考虑成败得失。"遇事先计划成功与失败,岂不是一世在疑惑之中? 遇事先怕失败,一面做,一面愁,岂不是一世在忧愁之中? 遇事先问失败了怎么样,岂不是一世在恐惧之中?"④一辈子活在疑惑、忧愁、恐惧之中,还有什么幸福可言? 他与囚徒生活有什么两样? 其次,不要事事都问"为什么"。在科学研究过程中,必须事事问一个"为什么",这样才能追根究底,穷本溯源,有所发现,有所创造。但在生活中,就没有必要处处追问"为什么"。在生活中如果处处追问"为什么",则索然无味了。比如:你问某人为什么要吃饭,他回答说:"因为饿";你再问:"为什么会饿?"他回答说:"因为生理需要"。你如果再追问下去:"人为什么有生理需要?"他就答不出来,甚至会觉得你的问题有点无聊。所以梁启超认为,在生活中如果处处追问"为什么",就会将趣味驱赶得无影无踪。"为什么是不能问的,如果事事问为什么,什么事都不能做了。"⑤再次,经常欣赏自然美景,多想想开心快乐的事。在梁启超看来,自然美是趣味产生的重要源泉。人们如果经常接触大自然,欣赏"水流花放,云卷月明,美景良

---

① 张品兴主编:《梁启超全集》第 7 册,北京出版社 1999 年版,第 4013 页。
② 张品兴主编:《梁启超全集》第 7 册,北京出版社 1999 年版,第 4013 页。
③ 张品兴主编:《梁启超全集》第 7 册,北京出版社 1999 年版,第 4013 页。
④ 张品兴主编:《梁启超全集》第 6 册,北京出版社 1999 年版,第 3413 页。
⑤ 张品兴主编:《梁启超全集》第 6 册,北京出版社 1999 年版,第 3415 页。

辰,赏心乐事,只要你在一刹那间领略出来,可以把一天的疲劳忽然恢复,把多少时的烦恼丢在九霄云外"①。此外在日常生活中,多想想开心快乐的事,少想那些烦心的事,也可以减轻痛苦,提高人们的生活乐趣。"人类心理,凡遇着快乐的事,把快乐状态归拢一想,越想便越有味;或别人替我指点出来,我的快乐程度也增加。"②最后,经常变换生活环境,开拓生活空间。梁启超指出:有两种生活是最没有趣味的,"第一种,我叫他做石缝的生活,挤得紧紧的没有丝毫开拓的余地,又好像披枷带锁,永远走不出监牢一步。第二种,我叫他做沙漠的生活,干透了没有一毫润泽,板死了没有一点变化,又好像蜡人一般没有一点血色"③。所谓"石缝的生活",就是生活范围过于狭窄,天天接触那些有限的事物;而"沙漠的生活",就是生活过于死板、单调、枯寂,没有任何色彩。在这样的环境下生活,自然会产生厌烦情绪,没有人生趣味。所以梁启超主张,必须经常变换生活环境,不断开拓生活空间,才能丰富人们的生活趣味,提升人们的生活质量。

如果说趣味是生活的本质,那么情感则是生活的动力。1923 年,学术界发生了一场人生观论战,论战双方主将为丁文江和张君劢。丁文江主张科学人生观,认为科学万能,人生的一切皆受科学支配;张君劢则认为科学不能解决人生问题,人生在很多时候受直觉、情感、意志所支配。梁启超发表《人生观与科学》一文,对丁文江和张君劢都进行了批评。他首先分析什么是"人生"和"人生观"。在梁启超看来,人生就是"人类从心界物界两方面调和结合而成的生活";而人生观则是"我们悬一种理想来完成这种生活"。④ 在人类生活中,凡属于物界范围的,由于受到物质法则支配,所以应该用科学方法解决;但对属于心界范围的,则科学无能为力。梁启超说:"人类生活,固然离不了理智;但不能说理智包括尽人类生活的全内容。此外还有极重要一部分——或者说是生活的原动力,就是情感。情感表出来的方向很多,内中最少有两件的的确确带有神秘性的,就是'爱'和'美'。科学帝国的版图和威权无论扩大到什么程度,这位'爱先生'和那位'美先生'依然永远保持他们那种

① 张品兴主编:《梁启超全集》第 7 册,北京出版社 1999 年版,第 4017 页。
② 张品兴主编:《梁启超全集》第 7 册,北京出版社 1999 年版,第 4017 页。
③ 张品兴主编:《梁启超全集》第 7 册,北京出版社 1999 年版,第 4017 页。
④ 张品兴主编:《梁启超全集》第 7 册,北京出版社 1999 年版,第 4169 页。

'上不臣天子下不友诸侯'的身份。"①在梁启超看来,情感具有两个特点:一是情感是生活的原动力,因此精神生活高于物质生活;二是情感、心理、审美、自由意志等精神领域具有自己的独立性,凡是涉及情感精神方面的问题,不宜用理智的手段和科学方法解决。

由于精神领域具有自己的独立性,精神生活高于物质生活,所以梁启超反对用理智来压抑情感。他向世人表白:"我是感情最富的人,我对于我的感情都不肯压抑,听其尽量发展。"②压抑情感就是压抑人性、践踏生命;让感情得到自由释放和尽量发展则是对个性和生命的尊重。梁启超还指出,虽然物质生活与精神生活不能分离,但精神生活更体现了人的本质,在人生中居于主体地位。"吾侪确信'人之所以异于禽兽者'在其有精神生活。但吾侪又确信人类精神生活不能离却物质生活而独立存在。吾侪又确信人类之物质生活,应以不妨碍精神生活之发展为限度……吾侪认物质生活不过为维持精神生活之一种手段,决不能以之占人生问题之主位。"③人生乐趣不在物质享受,而在精神快乐。"一个人在物质上的享用,只要能维持着生命就够了。至于快乐与否,全不是物质可以支配。能在困苦中求出快活,才真是会打算盘。"④梁启超信奉趣味主义人生观,强调精神生活的独立性,认为精神快乐才是人生最大的乐趣,明显受到古希腊罗马时期伊壁鸠鲁快乐主义人生哲学和文艺复兴时期启蒙人生哲学的影响,它说明梁启超对中西人生哲学是兼收并蓄、为我所用的。

第四节 职业神圣,责任永恒

主张趣味生活,并不意味着放弃人生责任。在梁启超看来,责任和自由、平等、人权一样,是与生俱来、不可推卸的。"人生于天地之间,各有责任。知

---

① 张品兴主编:《梁启超全集》第 7 册,北京出版社 1999 年版,第 4170 页。

② 张品兴主编:《梁启超全集》第 6 册,北京出版社 1999 年版,第 3411 页。

③ 张品兴主编:《梁启超全集》第 6 册,北京出版社 1999 年版,第 3694 页。

④ 吴荔明:《梁启超和他的儿女们》,见夏晓虹编:《追忆梁启超》,中国广播电视出版社 1997 年版,第 460 页。

责任者,大丈夫之始也;自放弃其责任,则是自放弃其所以为人之具也。"①谁放弃责任,谁就放弃了人之为人的资格。对人来说,生于一家,则有一家之责任;生于一国,则有一国之责任。如果人们放弃自己的人生责任,则家将不家、国将不国。

由于强调责任是与生俱来、不可推卸的,所以梁启超反对冷眼旁观的人生态度。所谓冷眼旁观,就是不把自己当主人,而把自己当客人,似乎一切与己无关,他们把"各人自扫门前雪,不管他人瓦上霜"、"济人利物非吾事,自有周公孔圣人"②作为自己的座右铭。冷眼旁观者从表面上看是冷漠,本质上则是自私,形式上是没有血性。梁启超警告冷眼旁观者,不要以为国家兴亡是政府和官员的事,与自己没有关系。作为国民的一分子,国家的兴亡与自己的命运休戚相关。"国之兴也,我辈实躬享其荣;国之亡也,我辈实亲尝其惨,欲避无可避,欲逃无可逃。"③天下兴亡,匹夫有责,每个公民都必须树立责任意识,自觉承担起改造社会、振兴国家的责任。"然而现在的社会,是必须改造的!不改造它,眼看它就此沉沦下去,这是我们的奇耻大辱!但是谁来改造他?一点不客气,是我辈!我辈不改造,谁来改造?"④改造社会要从自己做起,通过自己去影响他人。如果全体国民都能行动起来,群策群力,同仇敌忾,那么社会就会向好的方面变化,民族就有振兴的希望。梁启超希望人们不要以"我的力量太小"来推卸责任。在他看来,虽然人的能力有大小,力量有多少,但只要倾其所能、尽力而为,就算尽到了责任。

梁启超认为,虽然人人都应承担自己的社会责任,但青少年肩上的担子更重。"故今日之责任,不在他人,而全在我少年。少年智则国智,少年富则国富,少年强则国强,少年独立则国独立,少年自由则国自由,少年进步则国进步,少年胜于欧洲则国胜于欧洲,少年雄于地球则国雄于地球。"⑤

如何履行自己的人生责任?梁启超指出:一是辛勤劳动;二是爱岗敬业;

---

① 张品兴主编:《梁启超全集》第1册,北京出版社1999年版,第444页。

② 张品兴主编:《梁启超全集》第1册,北京出版社1999年版,第444页。

③ 张品兴主编:《梁启超全集》第1册,北京出版社1999年版,第446页。

④ 梁启超:《北海谈话记》,见文明国编:《梁启超自述》,人民日报出版社2011年版,第129页。

⑤ 张品兴主编:《梁启超全集》第1册,北京出版社1999年版,第411页。

三是毅力顽强。第一，辛勤劳动。劳动是生存的前提，人只有勤奋劳动，努力工作，才能生存发展，承担自己的社会责任。梁启超说："要想不做事，除非不做人。如果不能不做人，非做事不可。"①人要生活，就必须通过劳动去创造生活资料，以满足自己的衣食住行需要，因而"人生在世是天天要劳作的，劳作便是功德，不劳作便是罪恶"②。第二，爱岗敬业。职业是生存之本，如果没有正当职业，一个人便没有生活来源。更有甚者，饱食终日，无所用心，游手好闲，惹是生非，成为社会的"蛀虫"。对这些没有职业、不劳而获的懒人，梁启超十分鄙夷。有了职业以后，如果不安心本职工作，这山望到那山高，也是不行的。梁启超指出每个人都应该树立敬业精神。之所以要树立敬业精神，是因为"职业神圣"。他说："人类一面为生活而劳动，一面也是为劳动而生活。人类既不是上帝特地制来充当消化面包的机器，自然该个人因自己的地位和才力，认定一件事去做。凡可以名为一件事的，其性质都是可敬。只要把所从事的职业当做一件正经事来做，便是人生合理的生活。这叫做职业神圣。"③由于视职业为神圣，所以梁启超无论做什么事情，都十分严谨认真，生怕没有把事情做好。他认为，一个人如果对自己的职业不敬，"从学理方面说，便亵渎职业之神圣；从事实方面说，一定把事情做糟了，结果自己害自己。所以敬业主义，于人生最为必要，又于人生最为有利"④。第三，自信刚毅。一个人要承担自己的人生责任，实现自己的人生目标，没有自信、果敢、毅力是不行的。因为做任何事情都有阻力，而且事情越重大，目标越高远，阻力就越大。如果遇到困难阻力，就失去信心，退却逃避，则一事无成。梁启超说："凡是要从远处看，切不可以一时的起伏而灰心丧志，一定要有'定力'和'毅力'。"⑤所谓"定力"，就是有自信力。"人之能有自信力者，必其气象阔大，其胆识雄远，既注定一目的地，则必求贯达之而后已。"⑥有自信力的人，胸怀宽广，见识高远，意志坚定，不达目的决不罢休。所谓"毅力"，就是有恒心耐力，持之不懈地奋

---

① 张品兴主编：《梁启超全集》第6册，北京出版社1999年版，第3413页。
② 张品兴主编：《梁启超全集》第7册，北京出版社1999年版，第4020页。
③ 张品兴主编：《梁启超全集》第7册，北京出版社1999年版，第4019页。
④ 张品兴主编：《梁启超全集》第7册，北京出版社1999年版，第4020页。
⑤ 李任夫：《回忆梁启超先生》，见夏晓虹编：《追忆梁启超》，中国广播电视出版社1997年版，第417页。
⑥ 张品兴主编：《梁启超全集》第1册，北京出版社1999年版，第430页。

斗。"人的一生,都是从奋斗中过来的,这就是力与命的斗争。我们要相信力是可以战胜命的,一部历史,就是人类力命相斗的历史,所以才有今天的文明。所以遇到任何逆境,我都是乐观的,我是个乐观主义者。"①在梁启超看来,通过持之不懈的努力奋斗,人类可以改变自己的命运,推动社会历史前进,因此自信奋斗是人类乐观主义的力量源泉。

梁启超认为,人生观的根本问题是如何做人的问题。做个什么样的人?做人的标准是什么?梁启超将儒家的"三达德"与现代人类心理"知情意"相结合,把"智者不惑,仁者不忧,勇者不惧"作为现代人的做人标准。怎样做到"智者不惑"?梁启超指出,最重要是养成人们的判断力。"判断力"包括判别和决断两方面,也就是人们判别是非、形成主见、作出决策的能力。要养成判断力,必须具备三方面的素养:"第一步,最少须有相当的常识;进一步,对于自己要做的事须有专门的智识;再进一步,还要有遇事能断的智慧。"②也就是具备丰富的生活知识、扎实的专业知识、准确的判断能力、科学的决策能力。只有如此,才能称为"智者",方能做到"不惑"。怎样做到"仁者不忧"?梁启超认为,"仁者"之所以不忧,就是把自己与宇宙融为一体。在"仁者"看来,"宇宙即是人生,人生即是宇宙,我的人格和宇宙无二分别"③。在浩瀚的宇宙面前,个人是渺小的;在历史的长河中,人生是短暂的。斤斤计较于个人的功名利益,忧愁痛苦于个人的成败得失,根本就不必要,也不值得。所以他们能以豁达的心胸、审美的态度对待生活,"为学问而学问,为劳动而劳动",从不把学问、劳动作为手段,一切自然而然,随心所欲。可以说,"仁者"将个体人格升华为普遍人格,达到了一种艺术化的人生境界。怎样做到"勇者不惧"?梁启超认为,"勇者不惧"就是磨炼人的意志,使人的意志由薄弱变为坚强。在梁启超看来:"一个人的意志,由刚强变为薄弱极易,由薄弱返到刚强极难。"④倘若一个人意志薄弱,自己的事情不能自己做主,一辈子畏首畏尾,那真是太可怜了。如何磨炼自己的意志?梁启超指出:一是做到心地光明,一切

---

① 李任夫:《回忆梁启超先生》,见夏晓虹编:《追忆梁启超》,中国广播电视出版社1997年版,第417页。
② 张品兴主编:《梁启超全集》第7册,北京出版社1999年版,第4064页。
③ 张品兴主编:《梁启超全集》第7册,北京出版社1999年版,第4065页。
④ 张品兴主编:《梁启超全集》第7册,北京出版社1999年版,第4065页。

行为可公之于众;二是不被劣等欲望所牵制。如果"意志磨炼到家,自然是看着自己应做的事,一点不迟疑,扛起来便做,'虽千万人吾往矣'。这样才算顶天立地做一世人,绝不会有藏头躲尾、左支右绌的丑态。"①

梁启超虽然把儒家的"智者不惑,仁者不忧,勇者不惧"作为现代做人标准,把"智仁勇"三者交融合一视为理想人格境界,但对"智仁勇"进行了新的诠释。他用西方的"知情意"与儒家的"智仁勇"相互糅合,赋予其新的内涵外延。这样"智者不惑,仁者不忧,勇者不惧"就超越了儒家理想人格的范畴,具有现代理想人格的意蕴。这种现代理想人格具有融通中西方人生哲学的特点,体现了近代人生哲学从传统向现代的过渡。

---

① 张品兴主编:《梁启超全集》第 7 册,北京出版社 1999 年版,第 4066 页。

第七章　王国维的人生哲学

王国维（1877—1927 年），字静安，号观堂，浙江海宁人，中国近代最杰出的学者。他学贯中西，不但在哲学、文学、美学、教育学等方面做了许多开创性的工作，而且在甲骨文、殷周金文、汉晋竹简和西北史地的考证方面成就斐然，为中外人士所景仰。郭沫若说："他（王国维）遗留给我们的是他知识的产物，那好像一座崔巍的楼阁，在几千年旧学的城垒上，灿然放出一段异样的光辉。"①并称赞王国维的《宋元戏曲史》与鲁迅先生的《中国小说史略》同为"中国文艺史研究上的双璧"②。在中国近代，王国维是第一个借鉴西方社会科学研究方法、从纯粹哲学角度研究人生的学者，其人生哲学最富有学术性。他认为生活的本质就是痛苦，人生痛苦的根源在于人有欲望，由于人的欲望没有止境，因而人生将与痛苦相伴同行。在王国维看来，获得人生解脱的路径有三条：一是"美术"（艺术与审美）；二是"出世"（皈依宗教）；三是自杀。王国维深受叔本华人生哲学和庄禅思想影响，其人生哲学既有强烈的悲观色彩，又有将中西方文化相互融合的特征。为了体验自己的人生哲学，王国维在 50 岁的盛壮之年悄悄自沉于昆明湖，给世人留下一个千古之谜。

第一节　生活的本质就是痛苦

在王国维的一生中，对他影响最大的要数罗振玉和叔本华。罗振玉对王国维有知遇和提携之恩，没有罗振玉就没有王国维。1898 年，王国维从家乡

---

① 郭沫若：《中国古代社会研究》上册，河北教育出版社 2000 年版，第 8 页。
② 陈平原、王枫：《追忆王国维》，中国广播电视出版社 1997 年版，第 171 页。

海宁来到上海，担任《时务报》的书记员。稍后，为了学习外语，又进入罗振玉创办的东文学社学习日文和英文。在东文学社学习期间，罗振玉偶尔看到王国维的两句题诗："千秋壮观君知否，黑海东头望大秦"，觉得作者吐属非凡，"知为伟器，遂拔于侪类之中"①，并给予特别照顾。以后，不仅在学问上指点和提携他，而且在经济和生活上关心帮助他，两家长期生活在一起。辛亥革命后，罗振玉偕王国维东渡日本，此后，两人以先生互称，并结为儿女亲家。王国维对罗振玉一直感恩戴德，视为师友，保持了近30年的亲密交往关系。1926年5月，罗振玉60大寿，王国维不仅专程前往天津祝寿，而且写了两首祝寿诗，说罗振玉对自己是"百年知遇君无负"②。两人的抵牾是在该年的9月，王国维的大儿子王潜明因病去世，罗振玉指责王氏夫妇对儿媳照顾不周，并不顾女婿尸骨未寒，执意要带女儿回家，使王国维十分恼火。这件事虽然在一定程度上伤害了两人的友谊，但终其一生王国维对罗振玉是感激涕零的。

对王国维影响最大的另一个人是叔本华。如果说罗振玉主要是从学术和生活上帮助王国维，那么叔本华则主要是从人生观和精神上影响王国维；如果说罗振玉和王国维是亦师亦友，那么叔本华则是王国维的精神导师。叔本华的哲学思想影响了王国维的一生一世。在东文学社学习期间，王国维从日本籍老师田冈佐代治那里接触到康德、叔本华的哲学，产生了极大的兴趣。起初，王国维研读康德的哲学著作，虽不能完全读懂，但崇拜之情溢于言表，写诗赞曰："赤日中天，烛彼穷阴。丹凤在霄，百鸟皆喑。谷可如陵，山可为数。百岁千岁，公名不朽"③。由于康德著作过于艰深晦涩，他决定暂时放下康德，并把兴趣转移到叔本华身上。在阅读叔本华的著作时，王国维可谓与叔本华神理相接，佩服得五体投地。他特别喜欢《作为意志和表象的世界》一书，认为该书"思精而笔锐"，尤其倾心于叔本华有关"生存意志"的人生哲学，"其观察之精锐，与议论之犀利，亦未尝不心怡神释也"④。他感到叔本华的著作好像是专为自己写的，字字句句都说到自己的心坎上。从此在王国维的心中，形成了挥之不去的叔本华情结。

---

①　刘克苏：《失行孤雁——王国维别传》，人民文学出版社2002年版，第66页。

②　萧艾：《王国维诗词笺校》，湖南人民出版社1984年版，第106页。

③　萧艾：《王国维诗词笺校》，湖南人民出版社1984年版，第15页。

④　姚淦铭、王燕编：《王国维文集》第3卷，中国文史出版社1997年版，第469页。

　　叔本华的哲学宗旨是探索人的生存意义和生命价值问题。他认为，人为了生存，因此产生了"生存意志"。生存意志既是人的本质，也是人生痛苦的根源。"除非痛苦是生活直接而当下的对象，否则我们的生存便完全没有目的。举不胜举的痛苦渗透进世界的每一个角落，它们发源于与生命本身不可分离的需要和欲念。"①人的生存需要和欲望促使人们去劳动、工作和奋斗，但是一个欲望满足了，另一个欲望又接踵而至，所以人的欲望是永远也满足不了的。因此，"工作、忧虑、劳动、烦恼，几乎构成了一切人的漫长的生涯"②。即使人们能够满足自己一时的愿望，那么随之而来的又是无法排遣的空虚和厌倦。空虚和厌倦使人百无聊赖，是一种比没有获得欲望更大的痛苦。由于空虚和厌倦，"我们并没有从生存中获得欢悦"，因而"生存就其本质而言是毫无价值的"③，"归根到底，人生只是一种失望，甚至是一种欺骗"④。既然滚滚红尘不外是欲望、痛苦、空虚、厌倦、失望、欺骗，那么活在这个世界上还有什么意思呢？"我们的生活是如此悲惨，唯有死亡才是我们苦难的终结。"⑤

　　如何摆脱人生的痛苦？叔本华给人们指出了一条道路，就是通过自杀来结束苦难的生命。在叔本华看来，自杀并不是一种罪恶，或是一种逃避，而是人对自己生命的一种自由选择权利。"这个世界上的每一个人都无可非议的有权把握自己的生命和肉体。"⑥当一个人时刻面临肉体和精神痛苦，又不愿忍受这种肉体和精神痛苦的折磨；当一个人处在生不如死的境地，对生活的绝望远远超过了对死亡的恐惧，那么结束自己的生命未尝不是一件幸事，因为"在我们不幸的世俗生活中，死亡是上帝赐福于人的最好的礼物"⑦。在叔本华的人生哲学中，触目可见的是痛苦、空虚、厌倦、死亡等字眼，是一种彻头彻尾的悲观人生哲学。

　　然而，叔本华的悲观人生哲学，却引起了身处王朝末世、亲身经历世纪之交社会大变局，而自己又体质孱弱、性格忧郁，深陷于情感与理智、理想与现

①　[德]叔本华：《叔本华论说文集》，范进译，商务印书馆 2004 年版，第 415 页。
②　[德]叔本华：《叔本华论说文集》，范进译，商务印书馆 2004 年版，第 416 页。
③　[德]叔本华：《叔本华论说文集》，范进译，商务印书馆 2004 年版，第 434 页。
④　[德]叔本华：《叔本华论说文集》，范进译，商务印书馆 2004 年版，第 417 页。
⑤　[德]叔本华：《叔本华论说文集》，范进译，商务印书馆 2004 年版，第 425 页。
⑥　[德]叔本华：《叔本华论说文集》，范进译，商务印书馆 2004 年版，第 437 页。
⑦　[德]叔本华：《叔本华论说文集》，范进译，商务印书馆 2004 年版，第 438 页。

实、天才与自卑矛盾状态中的王国维的强烈共鸣。同时,王国维结合老庄哲学和佛教教义对之稍加改造,形成了自己的人生哲学,并在《红楼梦评论》中进行了系统的阐述。在《红楼梦评论》中,王国维首先援引老庄的人生哲学,认为人生最大的祸患在于人有自己的肉体生命和好逸恶劳的自然本性:《老子》曰:"人之大患,在我有身"。《庄子》曰:"大块载我以形,劳我以生。"忧患与劳苦之与生,相对待也久矣。夫生者,人人之所欲;忧患与劳苦者,人人之所恶也。① 人们为了满足自己的生存需要和好逸恶劳的本性,便产生了无休无止的欲望。正是这种无休无止的欲望,使人陷于痛苦的深渊中不能自拔,因此生活的本质就是痛苦。他说:"生活之本质何?'欲'而已矣。欲之为性无厌,而其原生于不足。不足之状态,苦痛是也。既偿一欲,则此欲以终。然欲之被偿者一,而不偿者什百。一欲既终,他欲随之。故究竟之慰藉,终不可得也。即使吾人之欲悉偿,而更无所欲之对象,倦厌之情即起而乘之。于是吾人自己之生活,若负之而不胜其重。故人生者,如钟表之摆,实往复于苦痛与倦厌之间者也。夫倦厌固可视为苦痛之一种,有能除去此二者,吾人谓之曰快乐。然当求其快乐也,吾人于固有之苦痛外,又不得不加以努力,而努力亦苦痛之一也。且快乐之后,其感苦痛也弥深。故苦痛而无回复之快乐者有之矣,未有快乐而不先之或继之以苦痛者也。又此苦痛与世界之文化俱增,而不由之而减。何则? 文化愈进,其知识弥广,其所欲弥多,又其感苦痛亦弥甚故也。然则人生之所欲,既无以逾于生活,而生活之性质,又不外乎苦痛,故欲与生活、与苦痛,三者一而已矣。"②

在王国维看来,欲望既是生活的本质,又是人生痛苦的根源。没有满足欲望,固然产生痛苦。但人的欲望是没有止境的,所以要彻底满足人的欲望是不可能的。要满足人的欲望,就要付出加倍的辛苦努力,而辛苦努力又是一种痛苦。即使暂时满足了人的某些欲望,人们又陷于厌倦和空虚的情绪,而厌倦和空虚则是人生的更大痛苦。王国维把人生的痛苦分为积极的痛苦和消极的痛苦。人们为满足自己生存欲望的努力是积极的痛苦,而厌倦和空虚则是消极的痛苦,消极的痛苦比积极的苦痛更加使人难堪。原因是:"积极的痛苦"是

① 参见姚淦铭、王燕编:《王国维文集》第1卷,中国文史出版社1997年版,第1页。
② 姚淦铭、王燕编:《王国维文集》第1卷,中国文史出版社1997年版,第2页。

人们为满足自己的生存欲望而努力,虽然没有什么崇高的理想和奋斗目标,然而毕竟有一种希望和动力。"空虚的痛苦"则是人们陷于厌倦和空虚无聊状态,人的生命在那里进行无谓的空转,是自己磨损自己、消耗自己、毁灭自己。因此,厌倦和空虚是人生的更大痛苦。总之,在王国维看来,人生就是在痛苦与厌倦之间循环往复,欲望、生活、痛苦是人生的三位一体。芸芸众生深陷于茫茫苦海之中,有没有减轻和解脱之法? 王国维认为,人生要获得解脱,不一定要采取自杀等结束自己生命的极端方式,还可以通过美术、出世等其他途径。

王国维所讲的"美术",与我们今天所讲的美术含义是不同的,它泛指一切文学艺术和审美活动。王国维认为,文学艺术的本质在于揭示"生活之欲"给人生造成的巨大痛苦,从而警醒人们拒绝"生活之欲",走上解脱之途。他说:"美术之务,在描写人生之苦痛与其解脱之道,而使吾侪冯生之徒于此桎梏之世界中,离此生活之欲之争斗,而得其暂时之平和,此一切美术之目的也。"①而文学艺术的目的之实现,又必须借助于审美活动,即美的欣赏。人们在欣赏美时,由于暂时忘怀了"生活之欲",超然于利害得失之外,所以能获得心灵的宁静和愉悦,并使人生的痛苦得以减轻。他指出:"苟一物焉,与吾人无利害之关系,而吾人之观之也,不观其关系,而但观其物;或吾人之心中,无丝毫生活之欲存,而其观物也,不视为与我有关系之物,而但视为外物。"②在审美活动中,人们产生优美和壮美两种感受。在欣赏优美时,我们的心灵趋于宁静之状态,从而暂时忘怀生活的痛苦;在欣赏壮美时,"生活之意志为之破裂,因之意志遁去"③,人们趋于崇高庄严的境界,使"生存意志"和"生活之欲"离形远遁,从而缓解人生痛苦。

文学艺术创作和审美活动虽然可以使人的痛苦得以缓解,但并不能从根本上使人得到解脱,要使人获得彻底的解脱,必须像《红楼梦》中的贾宝玉那样,飘然出世。王国维认为:"解脱之道,存于出世,而不存于自杀。"④之所以说解脱之道在于出世,是因为"出世者,拒绝一切生活之欲者也。彼知生活之

---

① 姚淦铭、王燕编:《王国维文集》第1卷,中国文史出版社1997年版,第9页。
② 姚淦铭、王燕编:《王国维文集》第1卷,中国文史出版社1997年版,第4页。
③ 姚淦铭、王燕编:《王国维文集》第1卷,中国文史出版社1997年版,第4页。
④ 姚淦铭、王燕编:《王国维文集》第1卷,中国文史出版社1997年版,第8页。

无所逃于苦痛,而求入于无生之域。当其终也,恒干虽存,固已形如槁木,而心如死灰矣。若生活之欲如故,但不满于现在之生活,而求主张之于异日,则死于此者,固不得无复生于彼,而苦海之流,又将以生活之欲而无穷。"①

王国维指出,不能把是否保持自己的肉体生命视为获得人生解脱的标志。出世虽然没有结束自己的肉体生命,但由于它在心理层面上做到了"形如槁木,心如死灰","拒绝一切生活之欲",所以能获得彻底的人生解脱。相反,自杀虽然在肉体上结束了自己的生命,但由于没有在心理上真正看破红尘,而是带着对滚滚红尘的无比眷恋死去的,这样的人虽然肉体死亡了,但精神和心理上仍将坠入川流不息的"生活之欲"中,不可能获得彻底的人生解脱。但不是任何人都能做到"出世",只有那些具有"非常之知力,而洞观宇宙人生之本质,始知生活与痛苦之不能相离"的"非常之人",才能"绝其生活之欲,而得解脱之道"②。这样的人物就是贾宝玉。从这里我们可以看出王国维人生哲学的特点:虽然基本观点是叔本华的悲观人生哲学,但又融合了佛教和道家人生哲学中的生死观、利欲观,因此是一种中西合璧的人生哲学。

第二节　"一事能狂便少年"

1904 年,王国维发表《红楼梦评论》时只有 27 岁。27 岁正是人生的花季时代,为什么王国维却厌倦人生,一头扑进叔本华的悲观人生哲学怀抱? 难道他生来就是多愁善感的"悲剧种子"吗?

其实,王国维在年轻时也有过豪情万丈、意气风发的时候。大约在 20 岁左右,王国维写了分咏中国全史的《咏史二十首》。这组咏史诗雄浑豪迈,有汉唐气象。请看第一和十二首:

　　回首西陲势渺茫,东迁种族几星霜?

　　何当踏破双芒屐,却向昆仑望故乡。

① 姚淦铭、王燕编:《王国维文集》第 1 卷,中国文史出版社 1997 年版,第 8 页。
② 姚淦铭、王燕编:《王国维文集》第 1 卷,中国文史出版社 1997 年版,第 8 页。

　　　西域纵横尽百城,张陈远略逊甘英。

　　　千秋壮观君知否? 黑海东头望大秦。

　　境界高古沉雄,气象辽阔博大,议论新奇超拔,谁能想到出自于一个弱冠青年之手?

　　1894 年的甲午海战,以清王朝失败、签订丧权辱国的《马关条约》而告结束。随后是 1898 年的“戊戌变法”和 1900 年的“八国联军”侵略中国。这是一个民族危机空前严重的时代,也是一个风云变幻的社会大变革时代。处于这个大变革时代的王国维,并没有把自己置身于时局之外,像当时许多热血青年一样,他以热切、深沉的目光关注着时局的变化。1898 年 2 月,一个偶然的机会,他到上海担任《时务报》的书记员。《时务报》是当时维新派鼓吹变法的重要阵地,主笔就是大名鼎鼎的梁启超。虽然王国维没有见到梁启超,《时务报》不久也被清政府取缔,但这毕竟是王国维人生道路上的一个转折点。他希望自己以此为起点,能够展翅高飞:“我身局斗室,我魂驰关山”;“欲从鸿鹄翔,铩羽不能遽”①。在《时务报》工作期间,受同事和环境影响,王国维关心时局,颇为忧国忧民,他在给同乡许同蔺的信中写道:“胶事了后,英俄起而争借款之事,一再,几至决裂。现闻政府拟兼借两国之债,或可稍纾目前之祸。总之,如圈牢羊豕,任其随时宰割而已。”②信中的“胶事”,是指 1897 年德国强占胶州湾。1895 年《马关条约》签订后,西方帝国主义掀起了瓜分中国的狂潮,中国像“圈牢羊豕”,任人“随时宰割”,对此王国维深为忧虑。1998 年 9 月,“戊戌变法”失败,“六君子”被杀。王国维听说这件事后义愤填膺:“今日出,闻吾邑士人论时事者,蔽罪亡人遗余力,实堪气杀。危亡在旦夕,尚不知病,并仇视医者,欲不死得乎。”③他认为清王朝病入膏肓,却讳疾忌医,甚至仇视和杀害“医者”,只能是加快死亡的步伐。王国维指出:不能把救亡图存的希望寄托在清政府的“变法”上,“常谓此刻欲望在上者变法,万万不能,惟有百姓竭力去做,做到一分就算一分”④。只有靠老百姓自己的努力,才能避免“亡国灭种”的命运。

----

①　萧艾:《王国维诗词笺校》,湖南人民出版社 1984 年版,第 6 页。
②　袁光英、刘寅生:《王国维年谱长编》,天津人民出版社 1996 年版,第 14 页。
③　袁光英、刘寅生:《王国维年谱长编》,天津人民出版社 1996 年版,第 20 页。
④　袁光英、刘寅生:《王国维年谱长编》,天津人民出版社 1996 年版,第 14 页。

像当时的大多数知识分子那样,王国维认为,要救亡图存,只有向西方学习,学习西方的科学技术和政治制度。然而要了解西学,首先必须掌握他们的语言。为了学习外语,王国维到上海不久,便进入罗振玉创办的东文学社,学习日语和英语。经过两年的学习,王国维的外语达到了较高的水平,已经能够翻译一些西方的学术著作。受当时科学救国思潮的影响,在 1900 年夏天,王国维开始翻译德国物理学家赫尔姆霍茨的《势力不灭论》(现译为"能量转化与守恒定律")。1902 年春,在罗振玉的支助下,他赴日留学,就读于东京物理学校,学习物理。但由于数学基础较差和对物理学不感兴趣,再加上脚气病复发,所以当年夏天就回国了。

1903 年夏,由罗振玉推荐,王国维到张謇创办的通州师范学堂担任心理学、哲学教师。虽然他开始陷于情感与理智、理想与现实、天才与自卑的矛盾中,内心世界比较苦闷,"人生过处惟存悔,知识增时只益疑"①。但毕竟是风华正茂的青年时代,"四时可爱惟春日,一事能狂便少年"②,所以在通州师范期间,他并不是整天都愁眉苦脸、心事重重。在那种幽静典雅的环境中,他"处处得幽赏,时时读异书。高吟惊户牖,清谈霏琼琚"③。研读康德、叔本华等西方哲人的"异书"使他心驰神往,而高声朗诵中国古代诗词更使他如醉如痴。有时,他偕二三友人,同游湖心亭,共登狼山塔,高谈彻夜,观渔火点点,看新月初上。"时与二三子,披草越林莽。清旷淡人虑,幽茜遗世网。归来倚小阁,坐待新月上。渔火散微星,暮钟发疏响。高谈达夜分,往往入遐想。"④虽没有闲云野鹤那样逍遥,但也还悠闲自在。"如此复不乐,问君意何如?"⑤

从上面的叙述可以看出,青年时代的王国维也还是一个热血男儿,有着自己的理想抱负,这反映在他对时局的关心和对"新学"的向往上。在通州师范和苏州师范任教期间,他也有心情愉悦、"不乐复何如"的时候。并不是完全像人们想象的那样,终日愁眉苦脸,表情冰冷,生来就是"悲剧种子"和痛苦化身,从来没有享受过人生乐趣。

---

① 萧艾:《王国维诗词笺校》,湖南人民出版社 1984 年版,第 17 页。
② 萧艾:《王国维诗词笺校》,湖南人民出版社 1984 年版,第 25 页。
③ 萧艾:《王国维诗词笺校》,湖南人民出版社 1984 年版,第 13 页。
④ 萧艾:《王国维诗词笺校》,湖南人民出版社 1984 年版,第 14 页。
⑤ 萧艾:《王国维诗词笺校》,湖南人民出版社 1984 年版,第 13 页。

第三节　"独上高楼,望尽天涯路"

问题在于:王国维为什么在二十七八岁的风华正茂之际,就与叔本华的悲观人生哲学心神相契、一拍即合,并终其一生形成挥之不去的叔本华情结? 要回答这个问题,必须从性格、身体、心灵矛盾和精神痛苦等方面去综合考察。

首先是性格方面的原因。王国维在《三十自序》中总结了自己的前半生。他说:"体素羸弱,性复忧郁,人生之问题日往复于吾前,自是始决从事于哲学"。王国维的童年是不幸的。他4岁时母亲去世,父亲在江苏溧阳做师爷,因此和一个年长5岁的姐姐相依为命,靠祖姑母和叔祖母抚养。直到王国维11岁时,父亲因奔丧回海宁,续娶继室叶氏,王国维才算有一个完整的家。由于从小就失去母爱,父亲又不在身边,长期生活在女人圈中,所以王国维小时候就性格胆小、孤僻、内向、忧郁,缺少阳刚之气。关于这一点,父亲王乃誉在日记中曾记述道:"可恨静儿之不才,学既不进,又不肯下问于人,而作事言谈,从不见如此畏缩拖沓。少年毫无英锐不羁,将来安望有成!"①由于性格胆小孤僻,再加上言辞木讷,不善与人沟通交流,所以王国维为人忠厚,从不与人争强好胜。另外就是把痛苦藏在心里,不会寻找某些合适的渠道来发泄自己。由于心里苦闷得不到及时宣泄,反过来又进一步加剧了性格上的忧郁。

其次是身体方面的原因。王国维从小就体质羸弱,再加上读书用功过度,因此各种疾病经常缠绕着他。最使他烦心的是严重的脚气病,脚气病发作时,不能下地行走,只能卧床休息。王国维在28岁之前,曾经两次脚气病发作,第一次是在1898年他进入东文学社不久,第二次是在1902年他到日本留学。两次脚气病都使他中断了学业,不仅影响到他读书,而且影响了他的前途,使他心理上十分痛苦。1904年春在通州师范学堂教书期间,他又得了一种名叫瘰疬的病,这种病影响进食,不能说话,更增加了他的烦恼。为此,他写了《病中即事》一诗,抒发自己的寂寞苦闷。诗云:

---

① 赵万里:《王静安先生年谱》,见《国学论丛》第一卷第3期,北平清华研究院1927年,第22页。

　　滴残春雨住无期,开尽园花卧不知。

　　因病废书增寂寞,强颜入世苦支离。

　　淅淅沥沥的春雨,使病中的王国维更增加了几分寂寞和烦闷,他想:以自己的病残之躯,何苦勉强支撑去"强颜入世"?不如早点消极退隐,聊以度日,打发余生。可见,体质羸弱和疾病缠身确实是王国维产生悲观主义人生哲学的一个原因。

　　然而,性格忧郁和疾病缠身只是王国维扑进叔本华悲观人生哲学怀抱的诱发性因素,真正的内因则是他陷于情感与理智、理想与现实、天才与自卑的心灵矛盾而无法自拔。

　　关于情感与理性的矛盾。王国维既是一个情感丰富细腻的诗人,又是一个具有严谨理性精神的学者。浓郁的情感使他形成敏锐的直觉和感情的冲动,而忧郁的性格又使他的情感具有一种悲天悯人的情怀。他悲悯钱塘江的辛苦:"辛苦钱塘江上水,日日西流,日日东趋海"[1];他感叹人生的聚少散多、离愁别恨:"门外青骢郭外舟,人生无奈是离愁"[2];妻子的去世和女儿的夭折,使他"黯黯伤离索",欲哭无泪,"何处高楼无可醉,谁家红袖不相怜。人间那信有华颠"[3]。然而王国维毕竟是一个具有深刻理性精神的学者,他既继承了乾嘉学派的严密考据方法,又接受了西方哲学重视实证的科学态度,因此他对学术精益求精,如不证据确凿,绝不轻易作出结论。对于他的严谨治学态度和深刻理性精神,陈寅恪先生在《王静安先生遗书序》中做了精辟地概括:"一曰取地下之实物与纸上之异文互相释证;二曰取异族之故书与吾国之旧籍互相补证;三曰取外来之观念与固有之材料互相参证。"

　　这种情感与理性的矛盾冲突,使王国维产生了诸多的人生困惑,并导致他在选择人生道路时左右为难。他说:"余之性质,欲为哲学家则感情苦多,而知力苦寡;欲为诗人,则又苦感情寡而理性多。诗歌乎?哲学乎?他日以何者终吾身,所不敢知,抑在二者之间乎?"[4]想做一个哲学家,感到自己缺乏理智而感情过于丰富;想做一个诗人,又感到自己感情不足而理性有余。究竟是从

---

① 萧艾:《王国维诗词笺校》,湖南人民出版社1984年版,第109页。

② 萧艾:《王国维诗词笺校》,湖南人民出版社1984年版,第9页。

③ 萧艾:《王国维诗词笺校》,湖南人民出版社1984年版,第126页。

④ 姚淦铭、王燕编:《王国维文集》第3卷,中国文史出版社1997年版,第473页。

事于哲学还是从事于文学？王国维处在深刻的两难选择中。由于"人生之问题日往复于吾前"，特别是叔本华的哲学使他心醉神驰，他决定投身于哲学研究，探究人生的意义和终极问题。然而，叔本华的哲学不仅使王国维陷入"生活之欲"的泥潭中不能自拔，而且叔本华哲学的内在矛盾更使王国维产生极大的失望。他感到哲学"可爱"者不"可信"、"可信"者不"可爱"，于是发出了"余疲于哲学有日矣"①的沉重感叹，决意放弃哲学而从事文学。但文学也不是那么好搞的，王国维常感到自己学力不足，没有文学天才，所以对文学能否成功始终抱着一种怀疑态度："然目与手不相谋，志与力不相副，此又后人之通病，故他日能为之与否，所不敢知；至为之而能成功与否，则愈不敢知矣。"②情感与理智的矛盾，使他陷入一种两难选择的困境和痛苦之中。

关于理想与现实的矛盾。王国维追求的理想主要是一种学术理想，即探索"宇宙之真理"。在《叔本华与尼采》一文中，他说："惟知力之最高者，其真正之价值，不存于实际，而存于理论，不存于主观，而存于客观，端端焉力索宇宙之真理而再现之……彼牺牲其一生之福祉，以殉其客观上之目的，虽欲少改焉而不能"。为了探索"宇宙之真理"，王国维可以牺牲自己一生之福祉，"虽欲少改焉而不能"，确实有"虽九死其犹未悔"的献身学术的崇高精神。在王国维看来，学术理想和"宇宙真理"之所以值得自己去献身，一是因为"真理者，天下万世之真理，而非一时之真理也"③，因此人们应该以"殉道"之精神，义无反顾去追求真理。二是应该抱着纯粹的目的、动机去进行学术研究，而不能夹杂任何功利目的和私心杂念。夹杂功利目的和私心杂念去进行学术研究，只能是对神圣学术的亵渎。

然而，当王国维用自己的学术理想去审视当时的学术界时，他发现自己的理想与现实存在着强烈的反差。像他这样以学术为目的、视学术为生命、为学术而献身的人如凤毛麟角，而绝大多数的人都唯利是图，他们把学术作为敲门砖，视为猎取功名利禄的手段。在《论近年之学术界》一文中，他批评严复翻译的《天演论》，不具有纯粹哲学之目的，而是借宣传进化论介绍西方的功利主义。他指责康有为的《孔子改制考》和谭嗣同的《仁学》，认为这些著作影射

① 姚淦铭、王燕编：《王国维文集》第3卷，中国文史出版社1997年版，第473页。
② 姚淦铭、王燕编：《王国维文集》第3卷，中国文史出版社1997年版，第474页。
③ 姚淦铭、王燕编：《王国维文集》第3卷，中国文史出版社1997年版，第6页。

现实,借学术来宣传自己的政治观点,"于学术非有固有之兴味,不过以之为政治上之手段"①。对当时学术界盛行的"哲学无用论",王国维更是据理驳斥,认为天下最崇高、最神圣的学术就是哲学与美学。他说:

> 天下有最神圣、最尊贵而无与于当世之用者,哲学与美术是已。天下之人嚣然谓之曰"无用",无损于哲学、美术之价值也。②

在王国维看来,哲学、美学虽不能创造直接的经济利益,满足人们的物质需要,但它能创造精神价值,满足人们的精神和审美需要。由于精神价值能够提高人民素质、复兴民族文化、振奋民族精神,所以作用更为持久深远。所以他在《文学与教育》一文中,甚至提出"生百政治家不如生一大文学家"的观点:

> 生百政治家不如生一大文学家,何则? 政治家与国民以物质上之利益,而文学家与以精神上之利益。……物质上之利益,一时的也;精神上之利益,永久的也。

应该说,王国维为学术献身的精神和捍卫学术纯洁性的努力是难能可贵的,他对当时学术功利性的批评也不无道理。但在那个风云激荡、民族危机日益深重、救亡图存压倒一切的社会环境下,学者们不可能躲在象牙塔中从事纯粹的学术研究。他们必须走出书斋,投身到救亡图存的时代洪流中,用自己的学术研究服务救国救民的现实需要。所以我们就不难理解:无论是康有为的启蒙派人生哲学,还是孙中山的革命派人生哲学,都带有强烈的政治目的和功利色彩。相反王国维主张的学术超功利性,则有点孤芳自赏,难以引起人们的普遍共鸣。这种时代环境决定了王国维只有"独上高楼,望尽天涯路",在学术研究的道路上踽踽独行了。

关于天才与自卑的矛盾。由于性格忧郁孤僻,所以王国维在为人和为学方面都比较谦逊,一般不喜欢出头露面,更很少锋芒毕露。但也有"偶尔露峥嵘"的时候。有时他以天才自许,颇为自负,对自己的才华、学识表现出强烈的自信。1906 年至 1907 年,王国维相继出版了《人间词》甲乙稿,两次都发表了托名山阴樊志厚而实际上出自于自己之手的序言。在《序言》中,他认为自

---

① 姚淦铭、王燕编:《王国维文集》第 3 卷,中国文史出版社 1997 年版,第 37 页。
② 姚淦铭、王燕编:《王国维文集》第 3 卷,中国文史出版社 1997 年版,第 6 页。

己的词作可以上追五代、北宋。他说:"及读君自所为词,则诚往复幽咽,动摇人心,快而沉、直而能曲,不屑屑于言词之事,而名句间出,殆往往度越前人。至其言近而旨远,意决而辞婉,自永叔(欧阳修)以后殆未有工如君者。君始为词时,亦不自意其如此,而卒如此者,天也,非人之所为也。"①他认为自己创作的诗词将欧阳修之"意"与秦观之"境"融合在一起,达到了"意境两忘,物我一体"的高度:"静安之词,大抵意深于欧(欧阳修)而境次于秦(秦观),至其合作……皆意境两忘,物我一体,高蹈乎八荒之表,而抗心乎千秋之间……此固君所得于天者独深,抑岂非致力于意境之效也?"②之所以取得如此成就,非人力所致,而是"得于天者独深",也就是说自己的创作才能,主要来自天赋。

　　正是认为自己才华是上天赋予的,所以王国维心向奇高,做什么事情都奔"第一流",不愿屈居第二。什么事情都奔"第一流",既能出大成就,又产生大烦恼。因为什么事情都想当"第一",谈何容易? 必然会碰到各种困难,如时间不够、精力不济、学识不足等等,即使天才也不例外。而且天才往往在心理上比较脆弱,容易从一个极端走向另一个极端,即从自命不凡走到自卑自弃。王国维就是如此。他认为如果研究哲学,自己"知力寡",智慧不够,充其量只能成为一个哲学史家,而不能成为一个哲学家。在王国维心目中,哲学史家已经属于"二流",自己又不甘心居于二流,因此决定告别哲学。如果研究文学,自己"感情寡",学力有所不足,最多只能创作一些简短精干的诗词,而不能从事于戏剧、小说等鸿篇巨制的创作。进入一流,苦于力不从心;居于二流,又不心甘情愿。处于天才与自卑的矛盾中,使王国维感到高不成、低不就,苦闷彷徨。他不由发出绝望的呼喊:"若夫深湛之思,创造之力,苟一日集于余躬,则俟诸天之所为欤! 俟诸天之所为欤!"③将深湛的思维和创造的伟力集于一身,恐怕上天不会如此垂青于他王国维。所以他只有扑进叔本华悲观人生哲学的怀抱,慰藉那颗疲惫不堪而伤痕累累的心。

---

① 萧艾:《王国维评传》,浙江文艺出版社1983年版,第62页。
② 萧艾:《王国维评传》,浙江文艺出版社1983年版,第63页。
③ 姚淦铭、王燕编:《王国维文集》第3卷,中国文史出版社1997年版,第474页。

第四节　"失行孤雁逆风飞"

在揭橥人生的本质就是痛苦,人生痛苦的根源在于人的生存意志和"生活之欲"后,王国维给人们指出了三条解脱路径:美术、出世和自杀。然而,"美术"只能暂时缓解人生痛苦,不能从根本上获得人生解脱。"出世"又必须具有大彻大悟的大智慧,他认为自己不具备那种大智慧。所以王国维别无选择,只有选择自杀来获得人生解脱。

1927年6月2日,王国维留下一纸遗书:"五十之年,只欠一死。经此世变,义无再辱。"①他自沉于昆明湖,以自己的生命来诠释自己的人生哲学。

其实,王国维并不认为自杀是获得人生解脱的最佳途径。相反在《红楼梦评论》中,他认为"解脱之道,存于出世,而不存于自杀"。在《教育小言十则》中,他指出自杀是意志薄弱的结果。"至自杀之事,吾人姑不论其善恶如何,但自心理学上观之,则非力不足以副其志,而入于绝望之域,必其意志之力不能制其一时之感情而后出此也。"那么,王国维为什么不选择"出世"而选择自杀? 原因大致有这么三个方面:第一,在王国维看来,并不是任何人都能做到"出世"的,只有那些具有"非常之知力,而洞观宇宙人生之本质"的大彻大悟之人,才能以"出世"来获得人生解脱,他认为自己还没有达到那种大彻大悟的境界。第二,对家庭和学术的眷恋,使王国维无法做到像佛教徒那样心如古井、飘然出世。王国维虽然对功名利禄比较淡泊,但并未看破红尘、六根清净。他是一个家庭责任感很强的人,面对一大堆尚未成年的子女,作为家庭顶梁柱的王国维,不可能为求得一己之心灵宁静而置全家老小生活于不顾。同时他又是一个视学术为生命的人,只要一息尚存,就不可能放弃他挚爱的学术研究。第三,他虽不主张自杀,但又认为在某种万般无奈的情况下,自杀未尝不是人们获得解脱的途径之一。"苟无此欲,则自杀亦未始非解脱之一者也。"②王国维在一首《浣溪沙》词中曾这样写道:"天末同云黯四垂,失行孤雁

---

① 袁光英、刘寅生:《王国维年谱长编》,天津人民出版社1996年版,第522页。
② 姚淦铭、王燕编:《王国维文集》第1卷,中国文史出版社1997年版,第8页。

逆风飞,江湖寥落尔安归?"①在浓云密布的天空,有一只离群失伴的"孤雁",正在艰难地"逆风而飞"。它要往哪里飞呢?还能飞多久呢?何处是它的栖息之地呢?我想,这只"逆风而飞"的"失行孤雁",既是在人生道路上踽踽独行的王国维的化身,又是他自杀的根本原因。

我们认为,处在新旧时代的交汇点上和风起云涌的时代大变革中,不是与时俱进,跟上时代的发展步伐,相反,躲进学术研究的"象牙之塔",疏远时代,远离现实,走向自我封闭和离群索居,变成一只"失行孤雁",并在内心世界中形成一种无法言说和难以排遣的孤独痛苦,是王国维自杀的重要原因。受到叔本华悲观人生哲学的影响,王国维在不到30岁就意志消沉,激情消退。在30岁以后创作的诗词中,你再也找不到"千秋壮观君知否?黑海东头望大秦"的沉雄阔大和激昂郁勃,相反触目可见的是描写个人的愁苦和感伤:"阅尽天涯离别苦,不道归来,零落花如许。……最是人间留不住,朱颜辞镜花辞树"②;他觉得人生的道路狭窄逼仄,"厚地高天,侧身颇觉平生左"③;人生就像蚕一样,一生忙忙碌碌,周而复始,"茫茫千万载,辗转周复始。嗟汝竟何为?草草阅生死。……劝君歌少息,人生亦如此!"④他甚至认为人间与地狱没有什么区别,"人间地狱真无间,死后泥洹枉自豪"⑤。王国维本来就性格内向,中年以后更是走向自我封闭,他躲进"象牙之塔",不问世事,亦很少与人交往。他一生的朋友不多,相知甚深的只有罗振玉、沈曾植、缪荃孙等寥寥数人,而这批人基本都是满清遗老。随着沈曾植、缪荃孙等人的去世,晚年与罗振玉的抵牾,王国维更加孤独,他几乎找不到可以倾吐自己苦闷的知己。本来就悲观厌世,再加上遗世独立,自我封闭,脱离时代,缺乏知己,这种无法排遣的人生孤独使王国维感到难以生活和支撑下去。

由于罗振玉的关系,王国维与末世的清王朝结下了不解之缘。一方面,他认为清皇室有恩于他,所以他不忍背负"君"恩;另一方面,他又对溥仪的作为和清皇室的复辟感到绝望。这种感恩与绝望的双重心理使王国维对清皇室陷

---

① 萧艾:《王国维诗词笺校》,湖南人民出版社1984年版,第136页。
② 萧艾:《王国维诗词笺校》,湖南人民出版社1984年版,第119页。
③ 萧艾:《王国维诗词笺校》,湖南人民出版社1984年版,第126页。
④ 萧艾:《王国维诗词笺校》,湖南人民出版社1984年版,第26页。
⑤ 萧艾:《王国维诗词笺校》,湖南人民出版社1984年版,第27页。

入弃之有所不忍、就之有所不能的矛盾痛苦,只有自杀才能把他从这种矛盾痛苦中解脱出来。1907 年,由于罗振玉的推荐,王国维担任清政府的学部总务司行走,随后又任学部图书局编辑,主管教科书的审定。辛亥革命爆发后,王国维以清遗民自居,随罗振玉东渡日本"避乱"。在日本期间,他写了很多歌颂和缅怀清王朝的诗词。在《送日本狩野博士游欧洲》一诗中,他把辛亥革命后的中国描写为"干戈满眼西风凉",诬蔑革命党人是"众雏得意稚且狂"①;在《颐和园词》中,他称颂慈禧太后"西宫才略称第一"②;获悉端方被革命军杀死的消息,他"对案辍食惨不欢,请为君歌蜀道难"③。1923 年 5 月,还是由于罗振玉的间接关系,升允推荐王国维为南书房行走,做起了文学侍从之臣。不久,溥仪加封王国维"赏五品衔,食五品俸",并可"在紫禁城骑马"。1924年 10 月,溥仪被冯玉祥赶出故宫,王国维鞍前马后,虔诚"护驾",几次想投水自尽。为了表示对清王朝的忠贞,他至死都拖着一条长长的辫子。从遗民的角度,王国维对溥仪忠心耿耿;但从学者的角度,他又深知清皇室是不可能复辟的。当时,国共合作、北伐战争气势如虹,席卷整个南方,很快将推进到北方。不要说清王朝的复辟成为泡影,就是北洋军阀的统治也气数已尽。同时,溥仪的"西化"和围绕在溥仪身边的遗老、政客们的钩心斗角也使王国维感到失望。这种既感恩又绝望的矛盾心理把王国维折磨得疲惫不堪,只要遇到某种外界因素的突然刺激,他就将结束自己的生命。我们既不能把王国维的死因完全归于"殉清",又不能说他的死与清皇室没有关系。导致王国维自杀的直接动机和诱因是老来丧子、至交失和以及对时局的恐惧。1926 年 9 月,儿子王潜明因病在上海去世。王潜明是家里的长子,已成家立业,还有一份不错的工作,现在突然撒手人寰,王国维白发人送黑发人,怎么不悲痛欲绝?雪上加霜的是,亲家罗振玉竟不顾几十年的交情,在女婿尸骨未寒之时,就把女儿带回天津。王国维不仅要承受丧子之痛,而且失去了相交几十年的挚友。要知道,罗振玉可是王国维相交最久、相知最深、患难与共的恩师和挚友,同时还是儿女亲家。对王国维来说,失友和丧子的打击同样沉重,这种双重打击使他脆弱的生命难以承受。

---

① 萧艾:《王国维诗词笺校》,湖南人民出版社 1984 年版,第 46 页。
② 萧艾:《王国维诗词笺校》,湖南人民出版社 1984 年版,第 41 页。
③ 萧艾:《王国维诗词笺校》,湖南人民出版社 1984 年版,第 47 页。

不仅如此,政治的狂风暴雨又呼啸而至。1927 年春,北伐军进军上海,基本上控制了南方地区,而且又挥师中原,准备统一全国。冯玉祥响应北伐,兵出潼关,并在 5 月占领河南大部分地区,兵锋直指华北。顿时,北京城内人心惶惶,王国维更是忧心如焚。王国维的忧心来自于两个方面:一是担心战火将使全家陷入动荡不安之中,自己几十年的藏书将付之一炬,学术研究也无法再继续下去。二是听说两湖学者叶德辉、王葆心被北伐军枪毙,他担心自己与清皇室的密切关系,可能将重蹈叶德辉、王葆心的覆辙。其实,王国维对死并不害怕,他害怕的是北伐军和青年学生对自己进行人格侮辱(如剪掉他的辫子)。"委蜕大难求净土,伤心最是近高楼"[1],虽然伤感凄惨,但为了"义无再辱",他决定趁北伐军尚未来到北京之前,结束自己的生命。因此,老来丧子、至交失和、对时局的恐惧以及不愿受到人格的侮辱,是王国维自杀的直接动机和诱发原因。

---

[1]　袁光英、刘寅生:《王国维年谱长编》,天津人民出版社 1996 年版,第 520 页。

下　编

中国现代人生哲学

第八章 中国现代人生哲学概述

中国现代人生哲学(1919—1949 年)虽然时间跨度只有 30 年,但内容之丰富、流派之多样、理论之系统,远远超越了传统人生哲学和近代人生哲学。

在中国共产党领导下,中国人民进行艰苦卓绝的反帝反封建革命,取得国家独立和民族解放,建立新中国,使半殖民地半封建的旧中国走上社会主义道路。这是中国现代人生哲学产生的历史背景。西方文化如潮水般涌入中国,民主科学、自由平等深入人心,古老的中国开始向现代蜕变;马克思主义在中国广泛传播,共产主义成为先进中国人的精神信仰;传统文化受到严重冲击,但仍表现出顽强生命力。这是中国现代人生哲学产生的文化背景。

以抗日战争爆发为分界线,中国现代人生哲学分为两个时期。1919—1937 年是中国现代人生哲学的发展繁荣时期:"五四"运动促进了现代西方人生哲学和马克思主义人生哲学在中国的传播;"科玄论战"使人生哲学成为学术界研究的"热点";20 年代末和 30 年代初,现代人生哲学获得短暂繁荣。1937—1949 年是中国现代人生哲学相对沉寂的时期:空前严重的民族危机和长期的战争环境,使人生哲学的研究暂时沉寂;为了指导抗日战争和从思想上武装共产党人,毛泽东把马克思主义人生哲学与中国革命和传统人生哲学相结合,创立了毛泽东人生哲学,毛泽东人生哲学的诞生标志着马克思主义人生哲学中国化走向成熟。

第一节 中国现代人生哲学的历史文化背景

一、中国现代人生哲学的历史背景

1919 年爆发的"五四"运动,是一次彻底的、不妥协的反帝反封建运动。

"五四"运动提高了工人阶级觉悟,促进了马克思主义在中国的传播,产生了一批具有初步共产主义思想的先进知识分子,拉开了中国革命的序幕。"五四"运动后,陈独秀、李大钊等人开始建党活动,在1921年7月成立中国共产党。中国共产党的成立是开天辟地的大事变,从此中国有了以马克思主义为指导的无产阶级政党,中国革命成为世界无产阶级革命的组成部分,中国跨入了新民主主义阶段。

中国共产党成立后,与孙中山为首的国民党合作,掀起了声势浩大的反对帝国主义、打倒封建军阀的运动,形成了如火如荼的大革命浪潮。1926年7月,广东革命政府誓师北伐。在共产党人和工人农民的积极配合下,北伐军势如破竹,短短几个月,就消灭了北洋军阀吴佩孚、孙传芳的主力,占领了长江以南的广大地区。由于以蒋介石为代表的国民党右派叛变革命,共产国际的错误指导,中共领导人陈独秀的妥协退让,轰轰烈烈的大革命归于失败。

大革命失败后,蒋介石投靠英美帝国主义,依靠大地主、大资产阶级,建立起反共反人民的独裁政权。中国共产党总结历史教训,开始了以武装的革命反对武装的反革命。以毛泽东为代表的中国共产党人,把马克思主义的基本原理与中国革命实际相结合,采取灵活机动的战略战术,粉碎了国民党军队的多次围剿,并初步探索出一条符合中国实际的革命道路,即开展土地革命,建立农村根据地,以农村包围城市,武装夺权政权。然而以王明为代表的左倾教条主义否认毛泽东的正确路线,中国革命再次遭到严重挫折。

1937年7月7日,日本帝国主义发动卢沟桥事变,妄图独霸中国,中华民族处于最危险的时候。为了救亡图存,国共两党再次携手,建立抗日民族统一战线。在抗日战争中,中华民族以大无畏的英雄气概和前赴后继的牺牲精神,与敌人血战到底,彻底打败了日本帝国主义。抗日战争的胜利,捍卫了民族独立,振奋了民族精神,提高了中国的国际地位。

抗战胜利后,蒋介石政府不顾全国人民和平建国的强烈愿望,撕毁和平协定,发动内战,中国共产党被迫进行自卫战争。在毛泽东领导下,人民解放军相继粉碎了国民党军队的全面进攻和重点进攻,并在1947年6月开始战略反攻。辽沈、平津、淮海三大战役,消灭了国民党军队主力,中国革命胜利在望。1949年10月1日,中华人民共和国成立。中国革命的胜利,改变了世界政治力量的对比,为中国建立社会主义制度,实现民族复兴创造了有利条件。

汹涌澎湃的革命洪流对中国现代人生哲学产生深远的影响。中国革命迫切需要马克思主义的指导,迫切需要用共产主义人生观教育党员干部和人民群众,迫切需要培养千千万万有理想、有信念、有道德的共产主义战士;而肥沃的中国革命土壤,则为马克思主义人生哲学的传播发展提供了广泛坚实的社会基础。

二、中国现代人生哲学的文化背景

中国现代是一个多元文化并存的时代,影响最大的是西方文化、传统文化和马克思主义,这些不同的文化相互竞争,取长补短,构成了中国现代人生哲学的文化背景。

(一)西方文化与中国现代人生哲学

辛亥革命和新文化运动,促进了西方文化在中国的传播。辛亥革命推翻了清王朝,建立了资产阶级民主共和国,为西方文化传播扫清了制度障碍。新文化运动对封建文化的批判,把人们从封建文化禁锢中解放出来,为西方文化传播扫清了文化障碍。20年代西方文化风靡一时,成为社会的主流文化。正如杜亚泉指出的:"近年以来,吾国人之羡慕西洋文明,无所不至,自军国大事以至日用细微,无不效法西洋,而于自国固有之文明,几不复致意。"[1]当时在中国流行的西方学术思潮,既有马克思主义和各种社会主义学说,又有自由主义、人道主义、实证主义、无政府主义,还有天赋人权论、进化论、罗素的分析哲学、杜威的实验哲学、柏格森的生命哲学,可谓五花八门,令人眼花缭乱。这些学术思潮百花齐放、百家争鸣,为中国现代人生哲学提供了丰富资源,并孕育出不同的人生哲学思想。如西方的自由思想、独立精神、天赋人权,产生了胡适的自由主义人生哲学,孕育了蔡元培思想自由、兼容并包的宽阔胸襟。达尔文的进化论,影响了整整一代中国人。陈独秀认为:进化既是自然规律,也是社会发展规律,"世界进化,骎骎未有己焉。其不能善变而与之俱进者,将见其不适环境之争存,而退归天然淘汰已耳。"[2]一个民族如果不适应世界的发展变化,就会被时代潮流淘汰,无法自立于世界民族之林。胡适在阅读《天演

---

① 许纪霖、田建业编:《杜亚泉文存》,上海教育出版社2003年版,第338页。
② 任建树选编:《陈独秀著作选》第1卷,上海人民出版社1993年版,第132页。

论》后,有感于赫胥黎的"适者生存,不进则退",将自己的名字改为"适之"。

（二）传统文化与中国现代人生哲学

新文化运动和"五四"运动对封建思想文化的猛烈批判,对传统文化产生了巨大冲击,使其社会地位迅速下降。然而传统文化毕竟历史悠久、底蕴丰厚、深深地植根于民众之中,因此不可能彻底退出历史舞台。由于传统文化具有良好的自我修复能力和自我发展功能,因此能在较短时间内医治自身创伤,重新复出。传统文化对中国现代人生哲学的影响就是形成了现代新儒家人生哲学。20世纪20年代初,以熊十力、张君劢、梁漱溟为代表的传统文化派,利用第一次世界大战重创欧洲物质文明,部分思想家对西方文明产生怀疑,希望从东方文明中寻求出路的机会,大力鼓吹复兴儒家文化。他们对孔子人生哲学和宋明理学进行重新挖掘,寻找那些具有普世价值、对现代人生有所启示的思想资源,创立了现代新儒家人生哲学。张君劢认为,欧洲人侧重以人力征服自然,刻意追求物质享受,致使西方社会物欲横流;中国人侧重内心生活修养,注重精神文明。要矫治西方片面强调物质文明的缺陷,只有从宋明理学中寻找良方。"诚欲求发聋振聩之药,惟在新宋学之复活。"[1]所谓"新宋学",就是在新的历史条件下发扬宋明理学的基本精神。复活"新宋学"就是复兴儒家文化,继承儒家讲求礼义廉耻的传统。张君劢主张把管子的"仓廪实而知礼节,衣食足而知荣辱"倒过来,改为"知礼节而后衣食足,知荣辱而后仓廪实"[2]。在张君劢看来,讲求礼义廉耻,将精神文明置于物质文明之上,这是他提倡"新宋学"的精微和要义所在。梁漱溟则主张弘扬孔子的人生哲学,认为孔子的人生哲学充满了和谐气氛和乐观精神。"《论语》全书无一苦字,从开篇的'学而时习之,不亦乐乎'到'仁者乐山,智者乐水';从'饭疏食饮水,曲肱而枕之,乐在其中'到'发愤忘食,乐以忘忧,不知老之将至',整部《论语》都贯穿着一种和乐的人生观,一种谨慎的乐观态度。"[3]这种追求内心和谐的人生哲学,更符合人的心理特征,给人们提供灵魂栖息之地。

---

① 张君劢:《再论人生观与科学并答丁在君》,见《科学与人生观》,岳麓书社2012年版,第80页。

② 张君劢:《再论人生观与科学并答丁在君》,见《科学与人生观》,岳麓书社2012年版,第81页。

③ 《梁漱溟全集》第7卷,山东人民出版社2005年版,第186页。

（三）马克思主义与中国现代人生哲学

"十月革命一声炮响,给我们送来了马克思列宁主义。"①十月革命后,李大钊、陈独秀等共产主义先驱开始在中国传播马克思主义。李大钊发表《我的马克思主义观》等文章,系统介绍马克思的唯物史观、政治经济学与科学社会主义。陈独秀则发表《谈政治》,大力宣传马克思的阶级斗争和剩余价值学说。马克思主义的传播对中国现代人生哲学的影响有:第一,促进了中国马克思主义人生哲学的诞生。随着马克思主义的传播,马克思主义人生哲学逐渐为中国人民所接受,共产主义人生观开始在中国扎根。中国共产党人将马克思主义人生哲学与中国革命和传统人生哲学相结合,创立了中国化的马克思主义人生哲学——毛泽东人生哲学。在毛泽东人生哲学哺育下,中国人民树立共产主义的世界观、人生观、价值观、道德观,发扬"一不怕苦,二不怕死"精神,取得了革命胜利。第二,为人们观察人生问题提供了唯物史观的科学方法。比如在分析人格独立时,陈独秀与传统人生哲学迥然不同。传统人生哲学一般把独立人格的丧失归结为个人的性格软弱和人格缺陷,而陈独秀则从物质生产和经济关系角度进行分析,指出:"故现代伦理学上之个人人格独立,与经济学上之个人财产独立,互相证明,其说遂至不可摇动,而社会风纪,物质文明,因此大进。"②在陈独秀看来,财产独立是人格独立的前提,没有独立的经济来源和财产支配权,就无法保持自己的独立人格。应该说,陈独秀的解释比传统人生哲学更加科学。

第二节　"科玄论战"及其影响

20世纪20年代初,中国思想界爆发了一场科学与人生观论战。论战双方是以梁启超、张君劢为代表的"玄学派"和以胡适、丁文江、吴稚晖为代表的"科学派",因而称之为"科玄论战"。论战结束时,陈独秀参与其中,他以唯物史观为指导,对科玄双方进行评价,阐述了马克思主义人生观。"科玄论战"

---

① 《毛泽东选集》第四卷,人民出版社1991年版,第1471页。

② 任建树选编:《陈独秀著作选》第1卷,上海人民出版社1993年版,第232页。

推动了中国现代人生哲学的发展。

一、"玄学派"的基本观点

人生观论战起始于 1923 年 2 月张君劢在清华大学发表的《人生观》演讲。在演讲中,张君劢断言"科学无论如何发达,而人生观问题之解决,决非科学所能为力。"[1]张君劢认为科学之所以不能解决人生观问题,是因为科学与人生观相比有五点根本区别:"第一,科学为客观的,人生观为主观的;第二,科学为论理的方法所支配,而人生观则起于直觉;第三,科学可以以分析方法下手,而人生观则为综合的;第四,科学为因果律所支配,而人生观则为自由意志的;第五,科学起于对象之相同现象,而人生观起于人格之单一性。"[2]人生观的主观性、直觉性、综合性、自由意志、单一性,决定了不同的人有不同的人生观。更重要的是,人生观"皆以我为中心,或关于我以外之物,或关于我以外之人,东西万国,上下古今,无一定之解决者,则以此类问题,皆关于人生,而人生为活的,故不如死物质之易以一例相绳也。"[3]在张君劢看来,人生观的研究对象是具有直觉、情感、自由、意志的人,人是"活"的;而科学研究的是物质,物质是"死"的,所以科学对人生问题无能为力。

梁启超比张君劢要高明一些,他在《人生观与科学》一文中,既批评张君劢的"科学不能解决人生观问题",指出"人生问题,有大部分是可以——而且必要用科学方法来解决的"[4];认为"人生关涉理智方面的事项,绝对要用科学方法来解决"[5]。又不同意丁文江的"科学万能论",指出科学不能解决情感问题,认为情感方面的事情绝对超科学。在梁启超看来,"人类生活,固然离不开理智,但不能说理智包括尽人类生活的全内容。此外还有极重要的一部分——或者可以说是生活的原动力,就是'情感'。情感表现出来的方向很多。内中最少有两件的的确确带有神秘性的,就是'爱'和'美'。'科学帝国'的版图和威权无论扩大到什么程度,这位'爱先生'和那位'美先生'依然

① 张君劢:《人生观》,见《科学与人生观》,岳麓书社 2012 年版,第 6 页。
② 张君劢:《人生观》,见《科学与人生观》,岳麓书社 2012 年版,第 3—5 页。
③ 张君劢:《人生观》,见《科学与人生观》,岳麓书社 2012 年版,第 1 页。
④ 张品兴主编:《梁启超全集》第 7 册,北京出版社 1999 年版,第 4169 页。
⑤ 张品兴主编:《梁启超全集》第 7 册,北京出版社 1999 年版,第 4170 页。

永远保持他们那种'上不臣天子下不友诸侯'的身份。"①梁启超认为,情感具有神秘性,如果用科学去研究分析爱情、审美、道德、宗教等精神现象,不是痴人说梦,就是"把人生弄成死的没有价值了"。表面上梁启超对张君劢、丁文江不偏不倚,实际上是偏向张君劢的。

声援张君劢的还有著名学者林宰平,他发表《读丁在君的"玄学与科学"》一文,批评科学派在论战中态度霸道,不允许别人有说话的权利;主张严格区分科学与科学方法,认为在研究中运用科学方法,不等于本身就是科学;同时对丁文江的"存疑唯心论"和经验联想进行了批判,认为科学主义的"经验"实际上并不可靠;最后阐述了自己对"科学与人生观关系"的看法,一方面同意"科学方法有益于人生观",另一方面又反对"人生完全为科学所支配"。②

二、"科学派"的基本观点

玄学派关于科学不能解决人生观问题的观点,引起了科学派的反对。丁文江率先发表《玄学与科学——评张君劢的人生观》一文,批驳张君劢的人生观。在文章中,丁文江阐述了自己的观点:第一,科学精神是最高尚的人生观。丁文江认为,科学与教育一样,都是人生修养的工具。研究科学的人,以追求真理为天职,深刻了解宇宙、生物、心理的关系,因而热爱生活,洞察人生。"只有拿望远镜仰察过天空的虚漠,用显微镜俯视过生物的幽微的人,方能参领得透彻,又岂是枯坐谈禅、妄言玄理的人所能梦见。"③第二,科学是解决人生问题的唯一方法。针对张君劢的"人生观没有统一标准",丁文江指出:人生观现在没有统一,并不意味着永久不能统一。分辨"是非真伪,除去科学方法,还有什么方法?"④针对张君劢的"人生观不为论理学和因果律所支配",丁文江说:"凡不可以用论理学批评研究的,不是真知识";只要"你说的现象是真的,决逃不出科学的范围"。⑤ 第三,"欧洲文化破产的责任"不在科学。

---

① 张品兴主编:《梁启超全集》第7册,北京出版社1999年版,第4170页。
② 林宰平:《读丁在君的"玄学与科学"》,见《科学与人生观》,岳麓书社2012年版,第136页。
③ 丁文江:《玄学与科学》,见《科学与人生观》,岳麓书社2012年版,第20页。
④ 丁文江:《玄学与科学》,见《科学与人生观》,岳麓书社2012年版,第9页。
⑤ 丁文江:《玄学与科学》,见《科学与人生观》,岳麓书社2012年版,第16页。

丁文江不同意"欧洲文化破产"的观点。退一步说,即使"欧洲文化破产"责任也不在科学,"因为破产的大原因是国际战争。对于战争最应该负责的人是政治家同教育家"①。

在人生观论战之初,胡适因在杭州养病,并未参与。1923 年 5 月,胡适发表小品文《孙行者与张君劢》,用调侃的口吻,把张君劢比喻为孙悟空,把科学和逻辑比喻为如来佛,认为张君劢纵然有天大的本领,不管如何折腾,"仍旧不曾跳出赛先生(科学)和罗辑先生(逻辑)的手心里!"②在《科学与人生观·序》中,胡适指出要解决"科学与人生观的关系"问题,前提是界定科学人生观的概念、内涵、外延,而不是纠缠于科学能否解决人生观问题。为此,胡适将科学人生观的内容概括为:在宇宙中,空间无穷之大,时间无穷之长;宇宙及其万物的运行变迁皆是自然的,没有超自然的主宰和造物者;生物进化遵循弱肉强食、适者生存原则;人是动物的一种,人与动物只有程度差异,并无种类区别;人的一切心理现象都是有原因的;人类社会道德礼教的变迁原因,可以用科学方法加以分析;物质不是静的死的,而是动的活的;个人"小我"是要死灭的,人类"大我"是不死不朽的,"为全种万世而生活,就是最高的宗教"③。胡适并没有对科学人生观下一个准确定义,只不过为科学人生观规定一个大致的"轮廓"。由于内容庞杂,有十条之多,故被人讥笑为"胡适十诫"。

对玄学派批判最力的是吴稚晖。他在《太平洋》杂志发表《一个新信仰的宇宙观及人生观》,洋洋洒洒,6 万多字。吴稚晖认为,物质资料是人生存的基础,因此从事人生观研究,必须解决三件事情:第一,清风明月的吃饭人生观;第二,神工鬼斧的生小孩人生观;第三,覆天载地的招呼朋友人生观。④ 要解决这三件事情,只有靠科学和物质文明进步。为此他强调"七个坚信":我是坚信精神离不了物质;我是坚信宇宙都是暂局;我断定古人不及今人,今人又不及后人;由于人类获取知识能力不断进步,因此无论善恶也同样进化;我信物质文明愈进步,品物愈备,人类的合一,愈有倾向,复杂之疑难,亦愈易解决;

①　丁文江:《玄学与科学》,见《科学与人生观》,岳麓书社 2012 年版,第 21 页。

②　胡适:《孙行者与张君劢》,见《科学与人生观》,岳麓书社 2012 年版,第 86 页。

③　胡适:《科学与人生观序》,见《科学与人生观》,岳麓书社 2012 年版,第 22—23 页。

④　参见吴稚晖:《一个新信仰的宇宙观及人生观》,见《科学与人生观》,岳麓书社 2012 年版,第 312 页。

我信道德乃文化的结晶,未有文化高而道德反低下者;我信宇宙一切,皆可以科学解说。①"七个坚信"概括起来就是两条:一是坚信人类物质文明不断进化;二是坚信科学可以解释宇宙人生的一切现象。

三、唯物史观的基本观点

1923年12月,人生观论战接近尾声,上海亚东图书馆汪孟邹将论战双方的文章以《科学与人生观》的书名结集出版,请陈独秀作序。他以唯物史观为指导,对科玄双方进行评价。陈独秀认为,张君劢列举的九项人生观,只能说明人生观的差异性,不能得出人生观具有神秘性、科学无法解释人生观问题的结论。在陈独秀看来,不同的人之所以有不同的人生观,是因为他们生活在不同的时代与不同的社会环境中。"他们如此不同的人生观,都是他们所遭客观的环境造成的,决不是天外飞来主观的意志造成的。"②人生观与客观环境具有因果关系,对此社会科学完全可以加以分析,给人们作出合理的说明。对梁启超指出的情感具有神秘性,科学无法解释孝子割股疗亲、程婴代人而死、田横自杀等现象,陈独秀认为,这些现象"乃是农业的宗法社会封建时代之道德传说及一切社会的暗示所铸而成"③,在工业资本主义社会,就不会产生如此的"情感和自由意志"。陈独秀也不同意丁文江的"存疑的唯心论"和把欧洲大战的责任归咎于玄学家。在陈独秀看来,对那些尚未发现的物质固然可以存疑,但对那些鼓吹"超物质而独立存在并且可以支配物质的什么心、什么神灵与上帝,我们已无疑可存了"④。这些"超物质"的东西,不过是唯心主义的主观臆想,现实世界根本就不存在。至于欧洲大战爆发的原因,主要是英德两个帝国主义国家出于争霸世界和争夺势力范围的需要。最后陈独秀阐述了马克思主义唯物史观的基本原理:"我们相信只有客观的物质原因可以变动社会,可以解释历史,可以支配人生观,这便是唯物的历史观。"⑤陈独秀认为,

---

①　参见吴稚晖:《一个新信仰的宇宙观及人生观》,见《科学与人生观》,岳麓书社2012年版,第345—357页。

②　陈独秀:《科学与人生观序》,见《科学与人生观》,岳麓书社2012年版,第3页。

③　陈独秀:《科学与人生观序》,见《科学与人生观》,岳麓书社2012年版,第5页。

④　陈独秀:《科学与人生观序》,见《科学与人生观》,岳麓书社2012年版,第6页。

⑤　陈独秀:《科学与人生观序》,见《科学与人生观》,岳麓书社2012年版,第7页。

在纷繁复杂的人生现象和形形色色的价值取向背后,其实都掩藏着深层的物质原因。支配人生观、价值观的不是人们的主观意志、思想动机,也不是所谓的"科学方法"与"科学精神",而是社会的物质生产方式和人们的经济利益。只有马克思的唯物史观,才能对人生现象作出科学合理的说明解释。

四、"科玄论战"对中国现代人生哲学的影响

"科玄论战"唤起了国人对人生问题的关注,澄清了某些人生问题的认识,促进了马克思主义人生哲学的传播,对中国现代人生哲学产生了深远影响。

第一,"科玄论战"掀起了中国现代研究人生问题的热潮。1923 年爆发的"科玄论战",使当时学术界的三大流派都卷入其中。虽然论战之初是围绕科学与人生观的关系进行的,但很快就超出了这个范围,拓展到其他人生问题。如:什么是科学的人生观? 科学对人生观有何作用? 人生观的指导思想是什么? 如何处理物质与精神的关系? 如何建立科学合理的人生观? 上述人生问题的讨论引起了国人极大兴趣,无论是研究社会科学的学者,还是研究自然科学的科学家,都热情参与到这场论战中,纷纷在报刊杂志上撰文发表自己的看法。清华、北大等大学,则邀请名家举办人生观讲座,组织学生开展人生观讨论。由于专家学者和青年学生的广泛参与,很快形成了一个全国性的研究热潮,为中国现代人生哲学的发展繁荣奠定了基础。

第二,"科玄论战"澄清了人们对科学与人生观的模糊认识。在科学与人生观关系上,科玄双方各有所长,也各有所短。科学派弘扬科学精神,认为在中国这样一个经济落后、民智未开的国家,发展科学是提高国民素质、实现民族自强的唯一路径。在科学派看来,科学与人生息息相关,只有树立科学人生观,用科学精神指导人生,用科学方法分析人生,才能从根本上解决人生观问题。然而科学派夸大了科学的作用,认为科学可以解决人生的一切问题,没有考虑人生问题的复杂性,忽视了人生的精神属性和价值追求。科学派的缺陷恰恰是玄学派的长处,玄学派分析了科学与人生观的区别,指出科学不是万能的,科学有其局限性,强调人生观的特殊性,认为人生观主要是解决人的精神问题,因此不能用科学代替人生观的研究。玄学派还提醒国人在发展科学的过程中,不要重蹈西方"科学万能论"的覆辙,这无疑有其合理性。但玄学派

对科学的理解过于狭窄,仅仅把科学理解为自然科学,把人文社会科学排除在科学之外;另外,将科学与人生观截然对立,只看到两者的区别,没有看到两者的联系。

第三,"科玄论战"促进了马克思主义人生哲学的传播。在"科玄论战"中,陈独秀以唯物史观为指导,对各种人生现象作出科学解释,为人们观察、分析、解决人生问题提供了思想武器,初步显示了马克思主义人生哲学的先进性和生命力。"科玄论战"提高了马克思主义人生哲学的地位和影响,不少青年学生开始信仰马克思主义,树立共产主义人生观,积极投身于大革命的洪流。

第三节　中国现代人生哲学的繁荣

20 世纪 20 年代末与 30 年代初,中国现代人生哲学进入了"百花齐放,百家争鸣"的繁荣时期,产生了马克思主义人生哲学、自由主义人生哲学、现代新儒家人生哲学等学术流派。但抗日战争爆发,结束了中国现代人生哲学的短暂繁荣。

一、马克思主义人生哲学

"五四"运动后,陈独秀、李大钊将马克思主义人生哲学介绍到中国,他们用初步掌握的唯物史观,分析解释现实人生问题,创立了中国早期马克思主义人生哲学。中国早期马克思主义人生哲学的基本观点有:第一,把追求真理、实现国家独立和民族解放作为自己的人生理想。李大钊认为追求真理是人生的最高理想,"人生最高之理想,在求达于真理"[1],这个真理就是马克思主义。追求马克思主义的目的在于投身救国救民、民族解放的伟大事业。"钊自束发受书,即矢志努力于民族解放之事业。"[2]第二,强调人生价值在于服务社会、造福他人和不断创造新生活。陈独秀认为实现人生价值,必须"内图个性之发展,外图贡献于人群"[3]。"内图个性之发展",就是破除束缚,解放个性,

---

[1]　《李大钊文集》上卷,人民出版社 1984 年版,第 446 页。
[2]　《李大钊文集》下卷,人民出版社 1984 年版,第 893 页。
[3]　任建树选编:《陈独秀著作选》第 1 卷,上海人民出版社 1993 年版,第 186 页。

形成独立人格;"外图贡献于其群",就是服务社会,奉献他人,承担社会责任,即把个人价值与社会价值统一起来。李大钊指出,人生价值在于不断创造新生活:"人生最有趣味的事情,就是送旧迎新;因为人类最高的欲求,是在时时创造新生活。"①第三,指出劳动是人生幸福的源泉。陈独秀指出,劳动创造世界、创造幸福。"欲享受幸福之一日,不可不一日尽力之劳动;欲享受一生之幸福,不可不尽力劳动以终其身。劳动者,获得幸福之唯一法门也。"②第四,主张积极向上、奋斗进取的人生态度。李大钊号召青年人以积极向上的人生态度,战胜前进道路上的艰难险阻。他说:"青年之字典,无困难之字;青年之口头,无障碍之语;惟知跃进,惟知雄飞,惟知本其自由之精神,奇僻之思想,锐敏之直觉,活泼之生命,以创造环境,征服历史。"③陈独秀认为奋斗是人生天职,"人之生也,应战胜恶社会,而不可为恶社会所征服;应超出恶社会,进冒险苦斗之兵,而不可逃遁恶社会,作退避安闲之想。"④陈独秀、李大钊以唯物史观为指导,对人生理想、人生价值、人生幸福、人生态度等重大人生问题作出了马克思主义的初步回答,为马克思主义人生哲学的理论化、系统化、中国化奠定了扎实基础。

二、自由主义人生哲学

自由主义人生哲学反映了从欧美留学归国,崇尚人格独立、精神自由的知识分子的人生观,代表人物是胡适。自由主义人生哲学的基本观点有:第一,追求自由和捍卫自由主义精神。在胡适看来,自由是生命的本质特征,也是理想的生存状态,因此自由比生命更重要。追求自由、获得自由、捍卫自由既是人生的基本权利,也是人生的价值所在。自由主义精神表现为独立精神和怀疑精神。独立精神就是"不倚傍任何党派,不迷信任何成见,用负责任的言论来发表我们各人思考的结果"⑤。独立精神的核心是独立思考,"不肯把别人

---

① 《李大钊文集》上卷,人民出版社 1984 年版,第 606 页。
② 任建树选编:《陈独秀著作选》第 1 卷,上海人民出版社 1993 年版,第 195 页。
③ 《李大钊文集》上卷,人民出版社 1984 年版,第 179 页。
④ 任建树选编:《陈独秀著作选》第 1 卷,上海人民出版社 1993 年版,第 132 页。
⑤ 《胡适文集》第 2 卷,人民文学出版社 1998 年版,第 205 页。

的耳朵当耳朵,不肯把别人的眼睛当眼睛,不肯把别人的脑力当自己的脑力"①,任何事情以自己的观察思考作出判断。怀疑精神就是"不信任一切没有充分证据的东西"②,遇事多问几个为什么,从而避免自己陷入习惯和盲目状态。胡适认为,只有大胆怀疑,才能激发人的创造欲望,推动社会进步。但大胆怀疑建立在"小心求证"的基础上,必须将创新精神与求实态度结合起来。第二,自由的前提是容忍。胡适指出,容忍就是"自己要争自由,同时便想到别人的自由,自己的自由不但须以不侵犯他人的自由为界限,并且还须进一步要求绝大多数人的自由"③。一个人只有尊重别人的自由才能享受自己的自由,因此自由的前提是容忍,没有容忍就没有自由。容忍的最高境界就是养成容忍异己的雅量,如果不能容忍异己者,就不配谈论自由。第三,主张"社会不朽论"。胡适认为,个人与社会历史不可分离。从历史的纵向来说,"个人造成历史,历史也造成个人";从社会的横向来说,"个人造成社会,社会也造成个人"④,因此个人应对社会承担某种责任。个体如果牢记自己的社会责任,多做有益社会的事情,就可以超越个体生命的有限性,趋于"社会不朽"。第四,标榜"健全的个人主义"。"健全的个人主义"包括培育自由独立人格和充分发展个人才能两方面。培育自由独立人格有两个条件:"第一,使个人有自由意志;第二,须使个人担干系,负责任。"⑤也就是赋予个人自由选择权,同时对自己的行为承担责任。充分发展个人才能就是不断提升自己的能力,"把自己这块材料铸造成器"⑥,成为一个对国家对社会的有用之人。

三、现代新儒家人生哲学

20世纪20—30年代,以张君劢、熊十力、梁漱溟为代表的传统文化派,创立了现代新儒家人生哲学。在熊十力、梁漱溟看来,只有继承儒家文化,弘扬孔子人生哲学,才能应对西方人生哲学的挑战,创造具有民族特色的现代人生

① 《胡适文集》第2卷,人民文学出版社1998年版,第206页。
② 欧阳哲生主编:《胡适·告诫人生》,九州图书出版社1998年版,第459页。
③ 姜义华主编:《胡适学术文集·哲学与文化》,中华书局2001年版,第197页。
④ 欧阳哲生主编:《胡适·告诫人生》,九州图书出版社1998年版,第5页。
⑤ 《胡适文集》第2卷,人民文学出版社1998年版,第30页。
⑥ 欧阳哲生主编:《胡适·告诫人生》,九州图书出版社1998年版,第125页。

哲学。现代新儒家人生哲学的基本观点有:第一,复兴儒家文化和孔子人生哲学。现代新儒家高度推崇儒家文化和孔子人生哲学。熊十力认为,儒学是中华民族的民族魂,"儒家祖述尧舜,宪章文武,其道之大,则范围天地之化而无过,曲成万物而不遗,所谓致广大而尽精微,极高明而道中庸,又诸子百家所自出,本为中华民族的中心思想。"①只有复兴儒学,弘扬孔子的人生哲学,才能使人们理解人生的意义和价值。"识得孔氏意思,便悟得人生有无上崇高的价值,无限丰富的意义,尤其是对于世界,不会有空幻的感想,而自有改造的勇气。"②第二,主张顺其自然和非功利的人生态度。梁漱溟认为,西方人把追求物质享受作为人生目的,以计算的态度对待人生,导致功利主义的人生观;印度人把欲望视为人生痛苦的根源,否定一切众生,以悲观的态度对待人生,导致禁欲主义的人生观。这两种人生态度都违背了人的本性,都不是合理的人生观。因为"人类的本性不是贪婪,也不是禁欲,不是驰逐于外,也不是清静自守。人类的本性是很自然、很条顺、很活泼,如流水似的流了前去"③。由于人的本性是顺其自然,因此合理的人生态度就是顺应人的本性,使人生活在自然、纯真、流畅的状态。只有儒家不计利害得失的人生观才是合理的人生观。"孔子的唯一重要的态度就是不计较利害,这是儒家最显著与人不同的态度,直到后来不失,并且演成中国人的风尚,为中国文化之特异彩色。"④第三,主张快乐主义的人生哲学。现代新儒家对"孔颜乐处"津津乐道,赞赏孔子、颜回在"一箪食,一瓢饮,处陋巷"的艰苦条件下,依然"不改其乐",始终保持精神的愉悦。从"孔颜乐处"得到启示,梁漱溟认为孔子人生哲学的真谛在快乐,是一种快乐主义的人生哲学,只有从快乐入手,才能理解孔子人生哲学。因此人生的最大幸福不是追求功名利禄和物质财富,而是保持生机盎然的状态,舒展自己的生命活力,以乐观的心态对待生活,以喜悦的心情享受人生。"总而言之,找个地方把自家的力气用在里头,让他发挥尽致。这样便是人生的美满,这样就有了人生的价值,这样就有了人生的乐趣。"⑤第四,塑造现代

---

① 《熊十力全集》第6卷,湖北教育出版社2001年版,第958页。
② 《熊十力全集》第6卷,湖北教育出版社2001年版,第348页。
③ 《梁漱溟全集》第4卷,山东人民出版社2005年版,第690页。
④ 《梁漱溟全集》第1卷,山东人民出版社2005年版,第458页。
⑤ 《梁漱溟全集》第4卷,山东人民出版社2005年版,第694页。

"圣贤人格"。现代新儒家主张在继承传统圣贤人格的基础上,适应现代社会发展,塑造现代圣贤人格。熊十力指出,现代圣贤人格既要成己成物、内圣外王,但如果不具备西方文明的独立、自由、平等精神,就谈不上现代圣贤人格。梁漱溟认为,现代圣贤人格应具备崇高的道德素质、独立思考的精神、明辨是非的能力、真诚不欺的品格、力行不辍的意志和宽容待人的气度。蔡元培、陶行知就是现代圣贤人格的化身。蔡元培的现代圣贤人格表现在他的兼容并包,这种兼容并包不是出于人为的做作,而是出于他的真性情和大气量。① 陶行知的现代圣贤人格表现在其朴勇卓绝和踏实沉毅,"当今天这个好话说尽的世界,一切只见说不见做,越显得陶先生朴勇卓绝,任何人都落在他后边。你只见众人随着他走,受他感动鼓舞而向前;不是吗? 他不唯勇往,而且踏实沉毅。"②

第四节 毛泽东人生哲学的诞生

20世纪40年代,毛泽东创立了以"为人民服务"为核心的人生哲学体系。毛泽东人生哲学是马克思主义人生哲学中国化的产物,也是中国共产党集体智慧的结晶。毛泽东人生哲学丰富发展了马克思主义人生哲学,对中国革命发挥了重要指导作用。中国共产党用毛泽东人生哲学武装全党,用共产主义人生观教育人民,为中国革命提供了坚强的领导核心和强大的精神动力。

一、毛泽东人生哲学的基本内容

以"为人民服务"为核心,毛泽东建构了自己的人生哲学体系,其基本内容包括:第一,"为人民服务"是共产党人的人生目的。毛泽东认为,作为无产阶级先锋队战士的共产党人,应把全心全意为人民服务和为中国最广大人民群众谋幸福作为自己的人生目的。"我们的共产党和共产党所领导的八路军、新四军,是革命的队伍",这个队伍的性质"完全是为着解放人民的,是彻

---

① 参见《梁漱溟全集》第6卷,山东人民出版社2005年版,第331页。
② 《梁漱溟全集》第6卷,山东人民出版社2005年版,第632页。

底地为人民利益工作的"。① 为人民服务的实质是人民的利益高于一切,个人利益服从人民利益。"共产党人的一切言论行动,必须以合乎最广大人民群众的最大利益,为最广大人民群众所拥护为最高标准。"②也就是共产党人应树立全心全意为人民服务的人生观,把为人民谋利益作为自己的人生追求。第二,"毫不利己,专门利人"是共产党人的人生准则。为人民服务不能停留在口头上,必须落实到行动上。为此,毛泽东号召全体共产党员向白求恩学习,树立"毫不利己,专门利人"的精神。毛泽东认为,"毫不利己,专门利人"主要表现在三方面:一是毫无自私自利之心,从来不替自己打算;二是对工作极端负责任;三是对同志对人民极端热情。③ 第三,"一辈子做好事,不做坏事"是共产党人的做人标准。在给吴玉章 60 寿辰的祝词中,毛泽东高度赞扬吴玉章同志"一辈子做好事,不做坏事"。他说:"一个人做点好事并不难,难的是一辈子做好事,不做坏事。一贯的有益于广大群众,一贯的有益于青年,一贯的有益于革命,艰苦奋斗几十年如一日,这才是最难最难的啊!"④要坚持一辈子做好事,必须有顽强的毅力,将"为人民服务"上升为一种道德自觉,内化为自己的生活习惯和行为方式。第四,"做一个有益人民的人"是共产党人的人生境界。在《纪念白求恩》中,毛泽东把人生归纳为五种不同的境界,即"高尚的人、纯粹的人、有道德的人、脱离低级趣味的人、有益于人民的人"⑤。毛泽东认为,对普通老百姓来讲,只要成为一个纯粹的、脱离低级趣味和有道德的人就可以;但对共产党人来讲,则应提出更高的要求,努力"做一个有益人民的人"。所谓"有益于人民的人",就是抛弃自己的个人利益,全心全意为人民服务,甚至可以为人民的利益牺牲自己的生命。第五,"愚公精神"是共产党人实现人生目标的精神动力。毛泽东认为,共产党人要克服前进道路上的艰难困苦,取得革命的胜利,必须弘扬愚公精神。首先是学习愚公克服困难的决心和战胜困难的勇气;其次是学习愚公"挖山不止"的顽强毅力;再次是学习愚公死而后已、前赴后继的自我牺牲精神。在毛泽东看来,

---

① 《毛泽东选集》第三卷,人民出版社 1991 年版,第 1004 页。
② 《毛泽东选集》第三卷,人民出版社 1991 年版,第 1096 页。
③ 《毛泽东选集》第二卷,人民出版社 1991 年版,第 659 页。
④ 《毛泽东文集》第二卷,人民出版社 1993 年版,第 261 页。
⑤ 《毛泽东选集》第二卷,人民出版社 1991 年版,第 660 页。

如果全党同志都继承发扬愚公精神,我们就能"打败日本侵略者,解放全国人民,建立一个新民主主义的中国"①。

二、刘少奇对毛泽东人生哲学的贡献

刘少奇对毛泽东人生哲学的贡献就是系统论述了共产党员的人生修养。刘少奇强调:共产党员要从一个幼稚的革命者成长为一个成熟的革命者,必须加强人生修养,锻炼自己的意志品格,提高自己的水平能力。"革命者在革命斗争中的主观努力和修养,对于改造和提高革命者自己,是完全必需的,决不可少的。"②在刘少奇看来,共产党员应加强三个方面的修养:首先是马列主义理论修养。"马克思列宁主义的理论,是我们观察一切现象、处理一切问题的武器。"③共产党员只有加强马列主义的理论修养,才能保持清醒的政治头脑,站稳无产阶级立场,在复杂环境中不迷失前进方向。其次是无产阶级思想意识修养。刘少奇认为,人的言论行动是受到自己思想意识支配的,因此每个共产党员都必须加强无产阶级思想意识的修养,"用无产阶级的思想意识去同自己的各种非无产阶级思想意识进行斗争;用共产主义世界观去同自己的各种非共产主义世界观进行斗争;用无产阶级的、人民的、党的利益高于一切的原则去同自己的个人主义思想进行斗争。"④再次是共产主义道德修养。刘少奇指出,作为工人阶级先锋队战士、立志为共产主义奋斗终生的共产党员,必须加强共产主义道德修养。共产主义道德的最高表现就是:"为了党的、无产阶级的、民族解放和人类解放的事业,能够毫不犹豫地牺牲个人利益,甚至牺牲自己的生命。"⑤刘少奇认为,共产党员人生修养的最高境界就是"慎独"。所谓"慎独"就是在个人独处和无人监督的情况下,仍然以共产党员的标准要求自己,始终保持高尚的道德情操。"即使在他个人独立工作、无人监督、有做各种坏事可能的时候,他能够慎独,不做任何坏事。"⑥要做到"慎独",必须

---

① 《毛泽东选集》第三卷,人民出版社 1991 年版,第 1101 页。
② 《刘少奇选集》上卷,人民出版社 1985 年版,第 100 页。
③ 《刘少奇选集》上卷,人民出版社 1985 年版,第 116 页。
④ 《刘少奇选集》上卷,人民出版社 1985 年版,第 121 页。
⑤ 《刘少奇选集》上卷,人民出版社 1985 年版,第 131 页。
⑥ 《刘少奇选集》上卷,人民出版社 1985 年版,第 133 页。

加强自我约束和自我监督。

三、毛泽东人生哲学的历史贡献

(一)丰富发展了马克思主义人生哲学

毛泽东丰富发展了马克思主义人生哲学。具体表现在:首次提出共产党人应树立"为人民服务"的人生观,把实现共产主义作为自己的人生理想,把全心全意为人民服务作为自己的人生目的,把为人民谋利益作为自己的人生价值。毛泽东还对如何践行"为人民服务"的人生观进行了论述。他指出,共产党人只有加强马克思主义学习,提高自己的理论修养和思想觉悟,才能增强为人民服务的自觉性;只有加强集体主义教育,才能自觉地把人民利益放在第一位,正确处理个人价值与社会价值的关系;只有加强共产主义道德修养,才能毫不利己,专门利人,一辈子做好事,不做坏事;只有树立"为人民利益而死,死得其所"的生死观,才能在危难时刻挺身而出,为革命事业牺牲自己的个人生命。在马克思主义人生哲学史上,毛泽东第一次将共产主义人生观具体化,为共产主义人生观确立了价值取向、行为规范、做人标准、修养途径。从此共产主义人生观不再是抽象的概念,而具有充实的内容和可以衡量的标准。

(二)初步实现马克思主义人生哲学中国化

在中国现代人生哲学中,陈独秀、李大钊最早将马克思主义人生哲学传播到中国,并尝试用唯物史观解释各种人生现象,他们是马克思主义人生哲学中国化的奠基人。但由于李大钊在1927年被奉系军阀张作霖杀害,陈独秀在1929年被开除出党,因此实现马克思主义人生哲学中国化的任务落到了毛泽东肩上。为了战胜强大的敌人,应对艰苦卓绝的战争环境,毛泽东把加强党的建设、造就一支高素质的党员队伍提到议事日程。毛泽东认为,要建设一支高素质的党员队伍,必须对全党开展一次深入的马克思主义人生哲学教育,用共产主义人生观教育党员,使全党树立正确的世界观、人生观、价值观。毛泽东运用马克思主义人生哲学基本原理,结合中国革命和党员思想实际,撰写了《反对自由主义》、《纪念白求恩》、《为人民服务》、《愚公移山》等一系列关于人生哲学的文章,创立了以"为人民服务"为核心的人生哲学体系。毛泽东人生哲学的诞生,初步实现了马克思主义人生哲学的中国化。

（三）推动了中国革命和社会主义建设

毛泽东人生哲学的最大特点就是与中国革命和广大群众相结合,用马克思主义人生哲学武装全党全国人民,使之转化成巨大的精神力量,推动了中国革命和社会主义建设。毛泽东认为,只有加强对党员的共产主义理想信念教育,才能保持党的先进性和纯洁性,增强党的凝聚力和战斗力,共产主义的理想信念是我们党的力量源泉。用毛泽东人生哲学武装起来的中国共产党人,胸怀共产主义的远大理想和中国革命必胜的坚定信念,发扬"一不怕苦,二不怕死"的革命精神,战胜了强大的敌人和恶劣的环境,克服了各种难以想象的困难,取得了中国革命胜利。毛泽东认为,共产党人要获得人民群众的支持拥护,必须牢固树立"为人民服务"的人生观,全心全意为人民谋利益。中国共产党人以毛泽东人生哲学为指导,保持来自人民、服务人民的政治本色,始终把人民利益放在第一位,自觉地维护群众利益。人民群众真心实意的信赖、拥护、支持、帮助,是我们党永远立于不败之地的根本保证。毛泽东认为,马克思主义人生哲学只有深入群众,为群众所接受,变成他们的实际行动,才能产生改造世界、改造社会的作用。20世纪50—60年代,我们党结合社会主义改造和移风易俗,在群众中广泛宣传共产主义人生观,产生了非常好的效果,不仅提高了人民群众的思想觉悟、道德素质、精神境界,涌现出一批雷锋、焦裕禄、王进喜式的共产主义战士,而且整个社会风清气正,和谐友爱,人们的精神风貌焕然一新,成为新中国社会风气最好的历史时期。

第九章　蔡元培的人生哲学

蔡元培(1868—1940 年),字鹤卿,号子民,浙江绍兴人,中国现代著名的资产阶级革命家、教育家和社会活动家。本书之所以把蔡元培放在中国现代人生哲学部分进行介绍,而把比蔡元培出生更晚的梁启超、王国维置于中国近代人生哲学的内容之中,是基于这样一种考虑:梁启超、王国维由于去世较早,其人生经历和社会影响主要发生在近代;而蔡元培去世较晚,其人生经历和社会影响主要发生在现代。在中国现代史,蔡元培是个富有传奇色彩的人物,其人生道路经历了从翰林学士到反清斗士、从教育总长到半工半读留学生、从国民党元老到民权领袖三次巨变。在人生哲学方面,蔡元培以教育救国、道德救国为己任,毕生致力于提高国民的道德文化素质;他认为人生价值在于承担自己的责任义务,而不是追求个人的权利欲望;他小事以圆,大事以方,待人接物极为谦逊,但每临大事不苟且,原则问题不迁就,不与卑鄙污浊者为伍;他胸襟宽阔,气度恢弘,主张思想自由,兼容并包。在蔡元培身上,既有中国传统圣贤气象,又有西方自由平等博爱思想。蔡元培的学问人格深受世人推崇,毛泽东誉之为"学界泰斗,人世楷模"。①

第一节　风雨如晦,鸡鸣不已

1868 年 1 月 11 日,蔡元培出生于浙江绍兴。早年丧父,靠母亲含辛茹苦抚养长大。蔡元培天性聪颖,刻苦好学,10 岁左右就能阅读《史记》、《汉书》、《文史通义》等书籍。14 岁时,他拜王懋修先生为师,研究宋明理学,并习作八

---

① 重庆《新华日报》1940 年 3 月 8 日。

股文。蔡元培在科举道路上一帆风顺,17 岁中秀才,23 岁中举人,26 岁中进士,28 岁升补为翰林院编修。光绪皇帝老师、户部尚书翁同龢对蔡元培赞赏有加,誉为"隽才"。蔡元培名震京城,成为"朝野争相接纳"①的青年名士。

　　然而蔡元培并未沉浸在科场的春风得意中,他始终关注着时局的变化,对国家的积贫积弱和民族危机的不断加深忧心忡忡。就在蔡元培任翰林院编修不久,中日甲午战争爆发,战争以中国失败,清政府签订丧权辱国的《马关条约》宣告结束。中国在甲午战争中的失败极大地刺激了蔡元培,他开始思索中国失败的原因。在蔡元培看来,中国在甲午战争中的失败并不是中国器不如人,关键是政治制度腐朽和国民素质低下。要改变中国落后挨打的局面,就要向西方学习。从此蔡元培对西学表现出极大的热情,"朝士竞言西学,子民始涉猎译本书"②。在任京官期间,康有为、梁启超领导的维新变法风起云涌,但蔡元培没有参与其中,原因是认为康梁"不先培养革新之人才,而欲以少数人弋取政权,排斥顽旧,不能不情见势绌"③。在蔡元培看来,如果不大量培养人才,普及科学文化,提高国民素质,仅仅靠上层活动,或通过皇帝下几道圣谕,是不可能革命成功的。不过戊戌变法的失败,也使蔡元培看清了清王朝的腐朽反动面目,他感到清王朝无药可救,于是毅然抛弃功名,委身教育,投入到资产阶级民主革命的洪流中。

　　1898 年秋,蔡元培回到故乡,担任绍兴中西学堂监督。学校教员分新旧两派,新派教员宣传进化论,旧派教员则鼓吹尊孔读经。蔡元培因支持新派教员,受到旧派教员忌恨和封建守旧势力排挤,他愤而辞职。1901 年,蔡元培到上海担任南洋公学特班总教习,并相继发起成立爱国女学、爱国学社和中国教育会,并被推举为爱国学社社长和中国教育会会长。以爱国学社和中国教育会为阵地,蔡元培积极开展革命宣传。"每周率学社社员至张园,开会演说,倡言革命,震动全国。"④他还在《苏报》等报刊发表评论,揭露清政府专制卖国,因而受到清政府的通缉。1903 年,蔡元培领导的中国教育会与东京留日学生遥相呼应,发起了拒法拒俄运动,他主编《俄事警闻》、《警钟日报》等报

①　罗家伦:《逝者如斯集》,台北传记文学出版社 1967 年版,第 80 页。
②　《蔡孑民先生言行录》,广西师范大学出版社 2005 年版,第 2 页。
③　《蔡孑民先生言行录》,广西师范大学出版社 2005 年版,第 3 页。
④　蒋维乔:《中国教育会之回忆》,《东方杂志》第 33 卷第 1 期,1936 年 1 月 1 日。

刊,以"抵御外侮,恢复国权"为号召,呼吁国民提高警惕,反对帝国主义瓜分中国的阴谋,维护中华民族的独立和国家的主权完整。

受俄国虚无党影响,蔡元培认为暴动和暗杀是促使革命早日成功的重要手段。因此当何海樵介绍他参加暗杀团时,蔡元培欣然同意。他为暗杀团成员租赁房屋、购买仪器和化学药品,试制炸药,准备北上刺杀西太后。1904年冬,蔡元培联络章炳麟、陶成章、徐锡麟等人,成立光复会,被推举为会长。光复会、兴中会、华兴会是当时3个著名的革命团体,是不久后成立的中国同盟会的主要力量。1905年8月,孙中山在东京成为同盟会。蔡元培不仅是同盟会的最早会员,而且被孙中山任命为上海分会会长。创立光复会,加入同盟会,标志着蔡元培成为一名资产阶级革命家,实现了人生道路上的一次飞跃。

但蔡元培毕竟是个书生,诚如他自己所言,长于治学而拙于治事,在他脑海里萦绕的是学术,心中涌动的是教育救国的理想。他渴望到西方学习现代科学文化,考察他们先进的教育制度。1907年6月,蔡元培以不惑之年踏上了赴欧留学的旅途,过起了半工半读的生活。他在德国莱比锡大学学习哲学、文学、美学等课程,撰写了《中国伦理学史》、《中学修身教科书》等著作,翻译了泡尔生的《伦理学原理》,取得了一批学术成果。

辛亥革命胜利后,蔡元培被孙中山任命为中华民国临时政府教育总长。在教育总长任上,蔡元培开始实施自己教育救国、道德救国的理想。1912年2月,蔡元培发表《对于新教育之意见》,提出应把军国民教育、实利主义教育、公民道德教育、世界观教育、美感教育作为今后之教育方针。在上述五项教育中,应以"公民道德为中坚,盖世界观及美育皆所以完成道德,而军国民教育及实利主义,则必以道德为根本"[①]。他认为尊孔与信仰自由相违背,因而反对尊孔读经,主张小学废除读经,大学取消经科。他主持召开全国临时教育会议,制订新的学制,规定小学4年,高小3年,中学4年,大学本科4年。通过这些改革,蔡元培基本奠定了中国现代教育制度的雏形。蔡元培还十分重视道德对改良社会风气的作用,与李石曾、吴稚晖等人发起成立"进德会",主张"以人道主义去君权之专制,以科学知识去神权之迷信"[②],强调会员应做到不

---

① 《教育杂志》第4卷第6号,1912年9月10日。

② 高平叔编:《蔡元培全集》第3卷,中华书局1984年版,第137页。

狎妓、不置婢妾、不赌博,实行男女平等、婚姻自由。

由于不满袁世凯的封建专制统治,蔡元培于 1912 年 7 月辞去教育总长,再度赴德国留学。1915 年年底,袁世凯因复辟帝制,在全国人民的唾骂声中死去,黎元洪继任总统。1916 年秋,北京政府教育部聘请蔡元培任北京大学校长。出任校长不久,蔡元培对北大进行了大刀阔斧的整顿改革。第一,转变学生思想观念。蔡元培指出,大学乃研究高深学问之机关,不是官僚的培养所,学生"当以研究学术为天职,不当以大学为升官发财为阶梯"①。第二,充实教师队伍,主张思想自由,兼容并包。他聘请一批有学术造诣、热心教育事业的新派教员来校任教,认为各种学说只要言之成理,持之有故,皆可以自由发展。第三,调整学科,改革学制。扩充文理科,将商科并入法科,把工科与北洋大学合并,实行选科制。第四,鼓励学术研究,提倡社团活动。在蔡元培支持下,北京大学先后成立新闻研究会、哲学研究会、化学研究会、音乐会、体育会等学术社团组织,学校的学术研究风气日益浓厚。第五,提倡教授治校,民主办校。他仿照西方大学制度,设立评议会,组织教授会,调动了教职工的积极性,提高了行政效率和教学质量。通过上述整顿改革,北京大学面貌焕然一新,从一个封建势力占统治地位、腐败丛生的旧式大学,变为一个具有现代教育制度、民主和科学占主导地位的新型大学。北京大学在社会上声誉鹊起,"各省士子莫不闻风兴起,担簦负笈,相属于道,二十二行省皆有来学者"②。

蔡元培不仅是个革命家、教育家,还是著名的社会活动家。他在北京大学的一系列社会活动,有力地推动了中国现代社会的进程。一是推动新文化运动的传播。蔡元培任北京大学校长不久,就聘请陈独秀、胡适、李大钊等一批新派教员到北大任教。这批新派知识分子齐聚北京大学,使北大成为宣传新思想、新文化的中心。更重要的是,蔡元培提倡的思想自由、兼容并包主张,客观上为新文化的传播创造了有利条件,对新文化运动起到了保护促进作用。二是支持学生爱国运动。"五四"爱国运动之所以由北大发端,北大学生之所以成为"五四"运动的领头羊,与蔡元培密切相关。蔡元培获悉北京政府将在丧权辱国的《凡尔赛和约》签字消息后,马上告诉北大学生代表,从而燃起了

① 《蔡孑民先生言行录》,广西师范大学出版社 2005 年版,第 13 页。
② 公时:《北京大学之成立及其沿革》,《东方杂志》第 16 卷第 3 号,1919 年 3 月 1 日。

"五四"运动的导火索;北大学生到天安门广场游行示威,得到了蔡元培的首肯和支持;北大学生被捕后,又是蔡元培四处奔走,积极营救。如果没有蔡元培的大力支持,北大不可能成为"五四"运动的策源地,被捕的北大学生也不能在短期内得到释放。三是支持马克思主义研究,欢迎社会主义,同情劳工运动。蔡元培不信仰马克思主义,也不赞成无产阶级专政,但他具有兼容并包的气度,认为大学应容许各种学术思潮相互争鸣。马克思主义和社会主义作为一种学术思潮,同样可以研究和宣传。因此在北京大学成立"马克思学说研究会"时,蔡元培不仅同意在《北京大学日刊》上刊登《通告》,而且出席成立大会,发表演讲,并特意调拨两间房子作为研究会的活动场所。蔡元培对俄国十月革命持欢迎态度,提出"以俄为师",认为"俄国革命为吾人之前驱"①,"相信由此以后,世界上必发生极大之变化"②。他对工农大众的命运寄以深切的同情,提出"劳工神圣"的口号。正是由于蔡元培的同意、默许和支持,所以在20世纪20年代初,北大成为传播宣传马克思主义的重要基地,并为中国共产党输送了一批领导骨干。

1923年1月,蔡元培因罗文干案愤然辞职,并发表著名的"不合作宣言"。蔡元培之所以辞职,一是痛感当权者"一天一天的堕落,议员的投票,看津贴的有无;阁员的位置,禀军阀的意旨;法律是舞文的工具,选举是金钱的决赛;不计是非,止计利害;不要人格,止要权利"③。二是讲述自己做北大校长后,"不知道一天要见多少不愿见的人,说多少不愿说的话,看多少不愿看的信。想每天腾出一两点钟读读书,竟做不到,实在苦痛极了"④。此后,蔡元培告别北大,再次赴欧,一面著述,一面协助李石曾办理华法教育会和里昂中法大学事务。1926年2月,他回到上海。

在1927年大革命时期,蔡元培在政治上有过一段短暂的曲折,附和了蒋介石的"清党反共"政策。但蔡元培不久就清醒过来,逐渐认清了蒋介石的真实面目,并与以蒋介石为代表的国民党右派分道扬镳,成为国民党左派领袖。在行政职务上,他辞去本兼各职,仅留任中央研究院院长。蔡元培之所以担任

---

① 《在欢迎来京的苏俄代表越飞的招待会上致词》,《民国日报》1922年8月23日。
② 《在庆祝十月革命五周年举行的招待会上讲话》,《民国日报》1922年11月20日。
③ 高平叔编:《蔡元培全集》第4卷,中华书局1984年版,第312页。
④ 高平叔编:《蔡元培全集》第4卷,中华书局1984年版,第312页。

中央研究院院长,源于他对科学研究的强烈兴趣和高度重视。蔡元培认为,一个国家要强大,一个民族要自立于世界民族之林,必须大力发展科学文化教育事业。因为"教育文化为一国立国之本,而科学研究尤为一切事业之基础"①。蔡元培在经费短缺、人员缺乏、社会环境动荡不安的条件下,筹建中央研究院,成立物理、化学、工程、地质、天文、气象、历史语言、心理、社会科学9个研究所,聘请了一批著名科学家和学者为研究员,开展了卓有成效的研究工作,有的研究成果达到了世界先进水平:如历史语言研究所考古工作者对安阳殷墟的发掘,地质研究所李四光对庐山地质的考察,天文研究所修筑紫金山天文台等等。蔡元培对推动中国现代科学技术发展作出了重要贡献。

晚年的蔡元培在致力于发展科学文化教育的同时,还积极投身到反对蒋介石的专制独裁和支持抗日救亡运动中。1927年,以蒋介石为代表的国民党新军阀建立了南京政权,为巩固自己的统治地位,实行专制独裁,将共产党人、进步青年投入于血泊和监狱中。1932年12月,国民党北平特务机关以共产党嫌疑的罪名逮捕进步教授许德珩、侯外庐等人,蔡元培获悉后,当即致电蒋介石,指责他"摧残法治,蹂躏民权,莫此为甚"②,要求迅速予以释放。为保障广大民众的基本人权,特别是营救那些被关押的"政治犯",蔡元培和宋庆龄、杨杏佛等人于1932年12月在上海发起成立中国民权保障同盟,先后营救了共产国际驻中国工作人员牛兰夫妇,共产党人陈赓、廖承志,作家丁玲、潘梓年等人。杨杏佛被暗杀后,蔡元培不顾国民党特务威胁,亲自到万国殡仪馆主祭和致悼词。鲁迅逝世后,他不顾国民党当局的反对,担任鲁迅治丧委员会主席。在白色恐怖笼罩的年代,蔡元培置个人生命安危于度外,为保障人民的民主自由权利,与蒋介石的专制独裁作斗争,其勇气和人格,令人钦佩。

"九一八"事变后,日本帝国主义侵略中国的野心昭然若揭,中华民族到了最危险的时候。蔡元培不顾年事已高,积极参加抗日救亡活动。他讽刺蒋介石的不抵抗政策:"养兵千日知何用,大敌当前喑不声。"③1933年5月,他在上海青年会发表《日本对华政策》的演讲。在演讲中,蔡元培历数日本近代以来的侵华罪行,号召人们擦亮眼睛,对日本侵略保持高度警惕,随时做好保

---

① 《蔡元培言行录》,上海广益书局1932年版,第74页。
② 高平叔编:《蔡元培全集》第6卷,中华书局1988年版,第229页。
③ 高平叔编:《蔡元培全集》第6卷,中华书局1988年版,第235页。

家卫国的准备。"西安事变"后,他积极促成国共两党第二次合作,认为国共两党重新合作,共赴国难,"为国家民族之大幸"①。全面抗战爆发后,蔡元培移居香港。居港期间,他仍十分关心国事,担任国际反侵略运动大会中国分会名誉主席。他以《满江红》为词牌,创作会歌:"公理昭彰,战胜强权在今日。概不问,领土大小,军容嬴诎。文化同肩维护任,武装合组抵抗术。把野心军阀尽排除,齐努力。"②歌词洋溢着强烈的爱国热情,充满着抗战必胜的信心。

1940 年 3 月 5 日,蔡元培病逝于香港。弥留之际,他仍断断续续地说:"我们要以道德救国,学术救国。"③蔡元培追求真理,与时俱进,提倡教育救国、学术救国、道德救国,为中华民族的独立自由和中国现代科学文化教育事业的发展作出了不可磨灭的贡献。

第二节　人生在世,义务为先

在中国近现代学者中,蔡元培是第一个论述人生观问题的。他在 1913 年发表的《世界观与人生观》一文中指出:"世界无涯涘也,而吾人乃于其中占有数尺之地位;世界无终始也,而吾人乃于其中占有数十年之寿命;世界之迁流如是其繁变也,而吾人乃于其中占有少许之历史。以吾人之一生较之世界,其大小久暂之相去,既不可以数量计;而吾人一生,又决不能有几微遁出于世界以外。则吾人非先有一世界观,决无所容喙于人生观。"④既然世界无限而人生有限,人生只有短短的几十年,因此在人短暂的一生中,不应过分考虑和追求一己之利益,而应该为推动人类进步、实现大众利益而贡献自己的力量。

在蔡元培看来,人生最重要的是处理两大关系:一是群己关系;二是权利与义务关系。在《华工学校讲义》中,他对群己关系进行了论述:群者,公共之利益也;己者,个人之利益也。从群己力量大小看,群众的力量大,个人的力量小。"吾人之生活于世界也亦然。孤立而自营,则冻馁且或难免,合众人之力

---

① 吴玉章:《纪念蔡孑民先生》,《中国文化》第 1 卷第 2 期,1940 年 4 月 15 日。
② 高平叔编:《蔡元培全集》第 7 卷,中华书局 1989 年版,第 255 页。
③ 陈平原、郑勇编:《追忆蔡元培》,中国广播电视出版社 1997 年版,第 352 页。
④ 高平叔编:《蔡元培全集》第 2 卷,中华书局 1984 年版,第 288 页。

以营之,而幸福之生涯,文明之事业,始有可言。"①由于个人力量渺小,因此个人价值小于群体价值。人生在世,首先必须"合群",将个人融入到群体中,与群体同呼吸、共命运。当群体利益和公共利益受到威胁时,个人应挺身而出,舍己为群。之所以要舍己为群,原因有二:一是"己在群中,群亡则己随之而亡"。如果"舍己以救群,群果不亡,己亦未必亡也"②。也就是说,没有群体就没有个人,如舍己为群,则既可保全群体,又能维持个人生存。二是"立于群之地位,以观群中之一人,其价值必小于众人所合之群。牺牲其一而可以济众,何惮不为?"③由于个人利益小于公共利益,个人价值小于群体价值,如果牺牲个人利益能保护公共利益,对于个人来讲是值得的,应该义无反顾而为之。

在论述权利与义务关系时,蔡元培首先对权利与义务进行了界定。他认为:"权利者,为所有权、自卫权等,凡有利于己者,皆属之";而"义务则几尽吾力而有益于社会者,皆属之"。④ 换言之,凡有利于自己的事情都属于权利,而把自己的力量贡献给社会则属于义务。从社会进化史的角度看,义务的内涵则更深刻,"人类之义务,为群伦不为小己,为将来不为现在,为精神之愉快而非为体魄之享受"⑤。如何处理权利与义务的关系? 在普通人看来,权利与义务是对等的,"以为既尽某种义务,则可以要求某种权利;既享某种权利,则不可不尽某种义务"⑥。这种视权利与义务为对等的观点看上去公平公正,似乎无可厚非,但在蔡元培看来,这种将权利与义务对等实际上是把等价交换原则引进到道德领域,过于计较个人权利,缺乏对社会对他人的奉献精神,因而是一种人生的低境界。蔡元培从意识程度、范围广狭、时效久暂三方面分析,权利与义务并非完全对等。从意识之程度看,"权利之意识,较为幼稚;而义务之意识,较为高尚也";从范围的广狭看,"权利之范围狭,而义务之范围广也";从时效久暂看,"权利之时效短,而义务之时效长也"⑦。 因此,人生乃

① 高平叔编:《蔡元培全集》第 2 卷,中华书局 1984 年版,第 420 页。
② 高平叔编:《蔡元培全集》第 2 卷,中华书局 1984 年版,第 421 页。
③ 高平叔编:《蔡元培全集》第 2 卷,中华书局 1984 年版,第 421 页。
④ 高平叔编:《蔡元培全集》第 3 卷,中华书局 1984 年版,第 363 页。
⑤ 高平叔编:《蔡元培全集》第 2 卷,中华书局 1984 年版,第 290 页。
⑥ 高平叔编:《蔡元培全集》第 3 卷,中华书局 1984 年版,第 363 页。
⑦ 高平叔编:《蔡元培全集》第 3 卷,中华书局 1984 年版,第 364 页。

"权利轻而义务重,且人类实为义务而生存"①。针对社会上某些人"有权利始有义务,惟奴隶有义务而无权利"的责难,蔡元培指出:"权利由义务而生,无义务外之权利。人生而为人,有几十年之生命,即有几十年之义务。"②蔡元培认为,只有那些以义务为重、权利为轻,任劳任怨履行自己义务的人,才是一个高尚的人。

人不仅要履行义务,而且要承担责任。在蔡元培看来,人生应该承担三方面的责任:一是对于国家的责任。"中国今日,外则强邻四逼,已沦于次殖民地的地位;内则政治紊乱,民穷财匮,国家的前途实在太危险了。"③青年人要以天下为己任,承担救国救民的责任,争取国家独立和民族解放。二是对于社会的责任。"我们中国的社会,是一个很老的社会,一切组织形式及风俗习惯,大都陈旧不堪,违反现代精神而应当改良。"④作为青年人,应承担起改良社会的责任,带头移风易俗,使中国尽快走向现代文明。三是对于家庭的责任。人的生命是父母赋予的,由父母含辛茹苦地拉扯养大,受到家庭无微不至的关心照顾。长大成人后,应承担起孝敬父母、回报家庭的责任。对于大学生来讲,还要多承担一份学术上的责任。而"做学术的第一件事就要读书。读书从浅近方面说,是要增加个人的知识和能力,预备在社会上做一个有用的人才;从远大的方面说,就是精研学理,对于社会国家和人类作最有价值的贡献。"⑤

以是履行义务还是享受权利为标准,蔡元培把社会上的人分为三类:第一类是尽力多而报酬少,这是最好的人;第二类是尽力与报酬相当,这是中等好人;第三类是未尝尽力却多享受报酬,这是最下等的人。这种不愿出力却享受报酬的人,实际上就是只讲权利、不讲义务的个人主义者。对这种自私自利之人,蔡元培是瞧不起的。

从义务重而权利轻出发,蔡元培指出人应该"勤俭"。他说:"义务为主,

① 高平叔编:《蔡元培全集》第3卷,中华书局1984年版,第364页。
② 高平叔编:《蔡元培全集》第2卷,中华书局1984年版,第300页。
③ 高平叔编:《蔡元培全集》第5卷,中华书局1988年版,第479页。
④ 高平叔编:《蔡元培全集》第5卷,中华书局1988年版,第480页。
⑤ 高平叔编:《蔡元培全集》第5卷,中华书局1988年版,第479页。

则以多为贵,故人不可以不勤;权利为从,则适可而止,故人不可以不俭。"①之所以要"勤俭",是因为勤俭是人安身立命之本,也是人们履行义务、承担责任的前提。"勤"者,勤奋也。勤才能获得正当收入,自己养活自己,不依赖他人,保持人格独立和人身自由;勤还是社会安定的基础,因为"一夫不耕,或受之饥;一女不织,或受之寒"②,如果大家都处于饥寒冻馁状态,社会就会动乱。人不仅要"勤",而且要"俭"。"俭"者,俭朴也,就是生活上精打细算,不奢侈浪费。一个人能保持俭朴,就可以无往不宜,在任何环境下都能生存。反之如果习于奢侈,"非美衣不衣,非美食不食,一旦遇世乱,美衣美食不可得,遇粗粝不下咽,得布素不温暖"③,就无法生存。正是强调人生必须勤俭,所以蔡元培对克勤克俭的劳苦大众寄以深切的同情,对那些不劳而获的剥削阶级寄生虫给予愤怒的谴责。"我们要自己认识劳工的价值!劳工神圣!我们不要羡慕那凭借遗产的纨绔儿!不要羡慕那卖国营私的官吏!不要羡慕那克扣军饷的军官!不要羡慕那操纵票价的商人!不要羡慕那领干脩的古文咨议!不要羡慕那出售选举票的议员!他们虽然奢侈点,但是良心上不及我们的平安多了!"④

第三节 无所不容,有所不为

胡元倓先生曾以"无所不容,有所不为"形容蔡元培的气度人格。"无所不容"是指蔡元培胸襟宽、气度大、思想开通,宽以待人;"有所不为"是指蔡元培不苟且、不畏缩、倔强刚毅,严于律己。

谈到蔡元培的无所不容,人们首先会想到他在北京大学实行的思想自由、兼容并包。蔡元培出任校长前,北京大学是个封建思想占统治地位、专制色彩浓厚的旧式官僚机构,教员不研究学术,学生汲汲于升官发财,有的甚至出入八大胡同,干起赌博嫖妓的勾当,校园内乌烟瘴气,没有一丝国立大学的气象。

① 高平叔编:《蔡元培全集》第3卷,中华书局1984年版,第365页。
② 高平叔编:《蔡元培全集》第2卷,中华书局1984年版,第299页。
③ 高平叔编:《蔡元培全集》第2卷,中华书局1984年版,第299页。
④ 高平叔编:《蔡元培全集》第3卷,中华书局1984年版,第219页。

为彻底改变这种状况,蔡元培任校长后,一方面对北大的旧体制进行大刀阔斧改革,另一方面实行思想自由、兼容并包的办学方针。他邀请不同政治派别和学术观点的教员来校任教,鼓励他们自由研究,百家争鸣,也允许学生自由选课。在蔡元培的支持下,北大各派学者云集,学风发生了巨大变化。诚如马寅初先生所说:"当时在北大,以言党派,国民党有先生及王宠惠诸氏,共产党有李大钊、陈独秀诸氏,被目为无政府主义者有李石曾氏,憧憬于君主立宪发辫长垂者有辜鸿铭氏;以言文学,新派有胡适、钱玄同、吴虞诸氏,旧派有黄季刚、刘师培、林损诸氏。先生于各派兼容并蓄,绝无偏袒。"①蔡元培实行思想自由、兼容并包的办学方针,基于以下三点原因:一是体现蔡元培容纳异己的民主作风和尊重他人的自由精神。"一己之学说,不得束缚他人;而他人之学说,亦不束缚一己。"②既不束缚他人又不被他人所缚,既尊重他人学说也尊重自己观点,这是真正的学术民主和学术自由。二是体现了蔡元培厚德载物、一视同仁的无私胸怀。"万物并育而不相害,道并行而不相悖。"③大自然尚且能包容万物,人作为万物之灵,应该有更加宏大的气度。三是有利于百家争鸣,推动学术的发展。"各国大学,哲学之唯心论与唯物论,文学、美术之理想派与写实派,计学之干涉论与放任论,伦理学之动机论与功利论,宇宙论之乐天观与厌世观,常樊然并峙于其中,此思想自由之通则。"④各种不同乃至对立的学术观点,不仅不会限制对方的存在,而且可起到相反相成、相互补充、相互促进的作用。

在平时待人接物和工作生活中,蔡元培同样是无所不容。凡是与蔡元培有过接触,特别是与他相知较深的人,都对蔡元培的宽厚性格有着深刻印象。蒋梦麟曾这样评价蔡元培的性格:"先生日常性情温和,如冬日之可爱,无疾言厉色。处事接物,恬淡从容。无论遇达官贵人或引车卖浆之流,态度如一。"⑤蔡元培在与人交往时,总是和颜悦色,慢声细语,犹如冬日的暖阳,给人温暖的感觉。他尊重别人的自尊心,对学生和下属从不疾言厉色地批评,而是

---

① 《蔡元培先生纪念集》,中华书局 1984 年版,第 62 页。
② 高平叔编:《蔡元培全集》第 3 卷,中华书局 1984 年版,第 51 页。
③ 高平叔编:《蔡元培全集》第 3 卷,中华书局 1984 年版,第 211 页。
④ 高平叔编:《蔡元培全集》第 3 卷,中华书局 1984 年版,第 211 页。
⑤ 陈平原、郑勇编:《追忆蔡元培》,中国广播电视出版社 1997 年版,第 120 页。

循循善诱,进行耐心的说服教育。作为社会名流,蔡元培在待人接物中,从不以名人自居,也不厚此薄彼,无论是达官贵人还是平民百姓,均一视同仁。1917 年 1 月 4 日,蔡元培到北大上任。校门口,一排校工排好队,毕恭毕敬地向新上任的校长鞠躬敬礼。但令校工们没有想到的是,这位新任校长竟迅速下车向他们走来,脱下礼帽,向他们鞠躬回礼。蔡元培不仅向校工脱帽敬礼,而且不坐轿和不坐人力车。"孑民最不喜坐轿,以为以人异人,既不人道,且以两人或三四人代一人之步,亦太不经济也。人力车较为经济矣,然目视其伛偻喘汗之状,实大不忍。"①蔡元培不坐轿和不坐人力车,是因为坐轿和坐人力车把自己的舒适建立在别人劳累的基础上,违反了人道主义与平等精神。

在日常工作中,蔡元培也是虚怀若谷,从善如流,发扬民主。在担任北大校长时,蔡元培提倡教授治校,民主办校,组织教授会,凡是学校的重大事情,一律先由教授会讨论通过,然后交给评议会执行。他鼓励别人提出不同意见,只要你的意见有道理,就虚心接受。据顾颉刚回忆,他在北大读书时,有一次向蔡元培建议,将北大"中国哲学系"改为"哲学系",这样可以涵盖世界各国的哲学。蔡先生不因他人微言轻而拒绝他的建议,相反认为顾颉刚的建议很好,马上采纳。他允许别人犯错误,对犯错误的人不歧视,仍一如既往地关心帮助。他在北大的一个学生,曾在讲义风波中带头闹事,受到他的批评。毕业后,这个学生一时没找到合适的工作,请求蔡元培帮忙。蔡元培不计前嫌,介绍他到中国公学教书。

这种无所不容的精神,源自于蔡元培中西合璧的文化结构和道德修养。蔡元培有着深厚的中国传统圣贤修养,仁民爱物,认为"人皆可以为尧舜",相信每个人都可以成为好人。"先生心目中无恶人,喜与人以做好人的机会,先生相信人人可以做好人。先生非不知人有好恶之别,但视恶人为不过未达到好人之境地而已。若一旦放下屠刀,即便成佛。俗语说:'宰相肚里好撑船。'古语:'有容乃大。'此先生之所以量大如海,百川归之而不觉其盈。"②这种悲天悯人的慈悲精神和民胞物与的博大胸襟,使他量大如海,包容万物。此外,西方文化精神对形成蔡元培的气度胸襟不无关系。他多次赴欧留学,潜心研

① 《蔡孑民先生言行录》,广西师范大学出版社 2005 年版,第 16 页。
② 陈平原、郑勇编:《追忆蔡元培》,中国广播电视出版社 1997 年版,第 411 页。

究西方哲学、伦理学、美学、宗教，西方文化精神无疑对他产生了深刻影响，并积淀为深层心理文化结构。此外，蔡元培在德国、法国生活了十多年，长期受到法兰西的科学、民主、自由、人权思想的熏陶。中西两种文化道德修养集于一身，熔铸了蔡元培真正的宽容精神。

蔡元培虽秉持宽容精神和信奉中庸之道，但绝不是放弃原则的好好先生，也不是没有主见、人云亦云之人。诚如蒋梦麟所言："先生之中庸，是白刃可蹈之中庸，而非无举刺之中庸"；"但一遇大事，则刚强之性立见，发言作文，不肯苟同。"①也就是说，在蔡元培身上，还有倔强刚毅、有所不为的一面。这种有所不为表现在：每临大事不糊涂，危难时刻不畏缩，原则问题不迁就，卑鄙污浊者不与为伍，恶势力面前不妥协。

蔡元培一生曾多次辞职。1912 年辞去中华民国教育总长，1919 年和1923 年几次要求辞去北大校长，1928 年辞去国民政府监察院院长。蔡元培之所以多次辞职，是用辞职来抗议黑暗势力的摧残压迫，表明自己不与卑鄙污浊者为伍的气节人格。1919 年 5 月，蔡元培因支持北大学生参加"五四"运动受到北京政府和封建守旧势力的忌恨，为了保护学生，他主动辞职，并在报纸上发表声明："吾倦矣！'杀君马者道旁儿，民亦劳止，迄可小休。'我欲小休矣。"②一个"倦"字，显示了蔡元培对北洋政府和封建守旧势力的厌恶。1923 年 1 月，为抗议罗文干案，蔡元培再次辞去北大校长。在辞职信中，蔡元培抨击了北京政府的政治黑暗，表达了自己不与腐败官僚同流合污，助桀为虐的坚定态度，"数月以来，报章所记，耳目所及，举凡政治界所有最卑污之罪恶，最无耻之行为，无不呈现于中国。……元培目击时艰，痛心于政治清明之无望，不忍为同流合污之苟安；尤不忍于此种教育当局之下，支持教育残局，以招国人与天良之谴责。惟有奉身而退以谢教育界及国人。"③1928 年 10 月，国民党政府改组，设立行政院、立法院、司法院、考试院、监察院五院，蔡元培被提名为监察院院长。他多次致函蒋介石，坚辞不授。在蔡元培看来，监察制度在民主国家中有相当作用，但在豺狼当道、安问狐狸的局势下有什么可为？蔡元培是用辞职表达自己对蒋介石专制独裁的不满。

---

① 陈平原、郑勇编：《追忆蔡元培》，中国广播电视出版社 1997 年版，第 120 页。
② 高平叔编：《蔡元培全集》第 3 卷，中华书局 1984 年版，第 294 页。
③ 高平叔编：《蔡元培全集》第 4 卷，中华书局 1984 年版，第 309 页。

傅斯年曾用"临艰危而不惧，有大难而不惑"①来形容蔡元培的有所不为。"临艰危而不惧"是指蔡元培在艰危之际不退缩，敢于挺身而出，临危受命，具有强烈的担当精神。1916年秋，蔡元培被北京政府教育部聘任为北大校长，于11月初从法国回到上海。对蔡元培是否去北大任职，上海的同盟会员有不同看法。大部分人不赞成蔡元培北上，马君武尤其反对。马君武认为北大太腐败，各种关系盘根错节，很难进行有效的整顿，搞得不好，不仅铩羽而归，而且有损自己名声。也有少数人提出不同看法。既然知道北大腐败，更应进去整顿，即使失败，也算尽了一份心。蔡元培经过反复考虑，采纳了后一种意见。在蔡元培看来，正是因为北京帝王思想浓厚、封建势力根深蒂固，越需要人去传播革命思想；正是因为北大腐败，越需要人去整顿。北大作为唯一的国立大学，若整顿成功，将产生全国性影响。个人的声誉事小，国家的前途事大。于是毅然北上，体现出临危受命的巨大勇气和知难而进的人生态度。1922年秋，北大发生讲义费风波，部分不明真相的学生包围总务主任沈士远的办公室，要求他取消讲义费。蔡元培闻声从校长室出来，向学生解释："收讲义费是校务会议决定的，我是校长，有理由尽管对我说，与沈先生无关。"然而少数学生不听解释，继续纠缠沈士远。蔡元培勃然大怒，大声呼喊："我是从手枪炸弹中历练出来的，你们有手枪炸弹尽不妨拿出来对付我，我在维持校规的大前提下，绝对不会畏缩退步。"②此举显示了蔡元培危急关头不退缩、勇于担当的负责精神，说明他有金刚怒目式的另一面。

"有大难而不惑"是指蔡元培在关系国家命运和民族气节的大事面前不糊涂，有主见。蔡元培是晚清进士，并被授予翰林院编修，清王朝对蔡元培可谓皇恩浩荡。按理蔡元培应心存感激，做一个死心塌地的保皇派。然而戊戌变法的失败，使蔡元培看清了清王朝腐朽反动的真面目，他认识到不推翻清王朝就不能求得中国的独立、自由、进步。于是他毅然抛弃愚忠的传统观念，积极投身资产阶级民主革命，成为埋葬清王朝的掘墓人。在国民党高层中，蔡元培与汪精卫颇有交情，但在对日态度上，两人却立场相左。汪精卫是国民党内亲日派的代表人物，而蔡元培是坚定的抗日分子。为此蔡元培多次以老友身

---

① 陈平原、郑勇编:《追忆蔡元培》,中国广播电视出版社1997年版,第189页。
② 陈平原、郑勇编:《追忆蔡元培》,中国广播电视出版社1997年版,第17页。

份,规劝汪精卫改变亲日立场。1934 年某日,蔡元培因事到南京,汪精卫设宴款待。席间,蔡元培对主人说:"关于中日的事情,我们应该坚定,应该以大无畏精神抵抗;只要我们抵抗,我们的后辈也抵抗,中国一定有出路。一面说着,一面两行热泪已经流到杯中了。主人极不安,举座无不感动。"①从上面两件事情可以看出,蔡元培确实是大事面前不糊涂,始终保持清醒的头脑。

第四节　安贫乐道,清正廉洁

在一般人看来,蔡元培既是社会名流,又历任要职,肯定是家财万贯,衣食无忧。但出人意料的是,蔡元培去世时,无一间屋,无一寸土,医药费是赊欠医院的,衣物棺木等安葬费用,是由王云五先生垫付的。

蔡元培为何如此清贫? 个中原因在于他清正廉洁、克己奉公。他一生投身革命和教育事业,想的是如何为国家和大众服务,而不是个人的升官发财。他历任教育总长、北大校长、中央研究院院长,曾担任过几十个社会兼职,要发财致富,易如反掌。但蔡元培两袖清风,一身正气,不以权谋私,不贪污受贿,不借自己的社会声誉敛取钱财。他担任多种社会兼职,从不收取兼职费;他为别人写书评序言,从不收取润笔费。在蔡元培看来,只要能促进中国社会事业发展和学术进步,自己辛苦一点是值得的,如果收取兼职费、润笔费,那就染上了铜臭味。除了正常的薪俸之外,他从不多拿一分钱。据李济回忆:蔡元培在担任中央研究院院长期间,由于应酬多,开销大,每月薪水都入不敷出。经办人员考虑到他的特殊情况,在一次发薪时,特意给他增加了二百元。蔡先生发现后,不仅当场把多给的钱退回去,而且告诫经办人员,"一切要按规定办理,生活苦些不要紧,但守法必须要严格做到。"②

蔡元培一生为革命东奔西走,常常居无定所,席不暇暖。即使在稍微安定的北京大学时期和晚年定居在上海,仍是租房居住,直到晚年,依然没有一幢自己的房子。由于没有固定住所,他的书籍分别寄存在北京、上海、南京等地。

---

①　陈平原、郑勇编:《追忆蔡元培》,中国广播电视出版社 1997 年版,第 80 页。

②　陈平原、郑勇编:《追忆蔡元培》,中国广播电视出版社 1997 年版,第 407 页。

为了使蔡元培晚年有一个安身之处,1935 年 9 月,在蔡元培 70 岁寿辰前夕,他的朋友和学生蒋梦麟、胡适、王星拱、丁西林、罗家伦等人,决定集资为他建造一幢房子,作为献给他 70 岁生日的贺礼,以表达"社会对一位终身尽忠于国家和文化而不及其私的公民是不会忘记的"。蔡元培得知后,竟"惭悚得很","伯夷筑室,供陈仲子居住,仲子怎么敢当呢?"但又不好拂了诸君的好意,因此只有"誓以余年,尽力于对国家对文化的义务",以"报答诸君子的厚意"①。由于不久抗战爆发,蒋梦麟等人集资建房的愿望未能实现。

蔡元培的清贫,还因为他乐善好施、助人为乐。蔡元培具有深厚的同情心,看不得别人受苦,每当看到别人受苦,往往倾其所有,解囊相助。在北京大学,他拿每月 600 元的校长高薪,这个数目在当时很可观,全家可以吃穿不愁,生活富裕。但蔡元培全家日子仍过得紧紧巴巴,原因在于他经常给社团组织捐款和接济北大生病去世、生活困难的教职工。北京大学世界语学院、工读互助团成立,蔡元培带头捐款;杨昌济等先生不幸去世,为办理后事、救助遗孤,他又慷慨解囊。以一人之力解众人之困,且唯一的经济来源是个人薪俸,当然捉襟见肘,难怪蔡元培要节衣缩食,蔡夫人要一分钱当两分钱用。

受儒家安贫乐道思想熏陶,蔡元培的人生目标不是追求个人的升官发财,而是造福社会;所向往的人生境界不是物质生活的富裕,而是精神生活的充实。在蔡元培看来,只要每天有工作、有书读就是幸福的,并把这种"日日作工,日日求学"的生活称之为"新生活"。蔡元培认为,只要"日日作工",就能使社会财富不断增加;只要"日日求学",就能使人的"眼光一日一日地远大起来,心地一日一日地平和起来,生活上无形中增进许多幸福"②。由于把工作学习视为人生幸福,所以蔡元培对物质生活没有什么追求,过的是简单朴素的平民生活。他的学生段锡朋回忆道:"有一次走过校长室门前,一个小饭铺伙计,提着菜篮,说是送饭给校长吃。我就打开盖子看了看:一样儿木须炒肉,一样儿醋熘白菜,和几个馒头。我们当穷学生的总以为校长每饭所用,虽不是山珍海味,总亦离不了三盘四碗。谁知道竟是这样,其实他老先生一生都是这样。"③

① 高平叔编:《蔡元培全集》第 7 卷,中华书局 1989 年版,第 1 页。
② 《蔡孑民先生言行录》,广西师范大学出版社 2005 年版,第 234 页。
③ 陈平原、郑勇编:《追忆蔡元培》,中国广播电视出版社 1997 年版,第 227 页。

　　蔡元培对清贫的物质生活安之若素,对科学知识、学术研究、高雅艺术和道德修养却乐此不疲,显示出丰富的精神追求和高尚的人生境界。为了学习西方科学文化知识,他在不惑之年远渡重洋,赴欧留学。他把自己一生献给学术研究事业,涉猎了哲学、伦理学、教育学、美学、民族学、宗教学等人文社会科学,特别是伦理学和美学研究,在当时学术界居领先地位。他主张以美育代宗教,号召人们追求美的人生。在蔡元培看来,美具有普遍性和超越性两大特点,美育具有涵养德性、陶冶情操、提升精神境界等功能。"若为涵养德性,则莫如提倡美育。盖人类之恶,率起于自私自利。美术有超越性,置一身之利害于度外。又有普遍性,独乐乐不如与人乐乐,与寡乐乐不如与众乐乐。"①他认为艺术和审美可以丰富人的生活,提升人的道德修养水平,塑造健全的人格。"青年们! 如果领略高尚的音乐,听到靡靡之音,就觉得逆耳了;能了解纯洁的雕刻与图画,见到肉感的电影,就觉得污目了;能景仰崇闳的建筑、幽雅的园林,遇到混乱的跳舞场,就觉得不堪涉足了;能玩味真正的文学,翻到猥鄙的作品,就觉得不能卒读了。"②蔡元培不仅教育青年人追求高尚的精神生活,自己更是身体力行,趋于尽善尽美的人生境界。

---

① 《蔡孑民先生言行录》,广西师范大学出版社 2005 年版,第 17 页。
② 高平叔编:《蔡元培全集》第 6 卷,中华书局 1988 年版,第 491 页。

第十章　陈独秀的人生哲学

陈独秀(1879—1942 年),字仲甫,安徽怀宁人。陈独秀是中国现代史一位举足轻重的人物,既是新文化运动的旗手,"五四"运动的总司令,又是中国共产党的主要创始人,在传播马克思主义、推动现代中国历史进程方面作出了重大贡献。陈独秀对中国现代人生哲学也功不可没:一方面他以西方的民主科学思想和进化论为武器,对传统人生哲学进行大刀阔斧的批判;另一方面他广泛传播马克思主义,并根据初步掌握的唯物史观,对人生意义、人生价值、人生态度、理想人格等人生问题进行探索,对马克思主义人生哲学中国化进行了有益的尝试。从某种意义上讲,陈独秀的人生哲学不仅预示着马克思主义人生哲学中国化的肇始,而且宣告了中国现代人生哲学的诞生。陈独秀以如火的激情、大无畏的气概、与时俱进的精神引领时代前进,使自己成为"永远的新青年";但倔强刚毅的性格、狂放自负的气质,又使他成为"终身的反对派"。陈独秀的人生道路可谓大起大落,既有如日中天的辉煌,又有孤独落寞的辛酸。

第一节　"一身为人类之桥"

"人生在世,究竟为的什么? 究竟应该怎样?"[1]在《人生真义》一文中,陈独秀就人生意义问题向人们发出了追问。他认为这个问题很难回答,但又必须回答,否则"糊糊涂涂过了一生,岂不是太无意识吗?"[2]

---

[1]　任建树选编:《陈独秀著作选》第 1 卷,上海人民出版社 1993 年版,第 345 页。
[2]　任建树选编:《陈独秀著作选》第 1 卷,上海人民出版社 1993 年版,第 345 页。

　　对人生意义的问题,宗教、哲学、科学都力图作出自己的回答。在佛教看来,世界本为幻相,人生即是虚无,人生的本质就是痛苦,因此人生没有意义。哲学则因流派不同而对人生意义有不同的看法:儒家把追求内圣外王视为人生的最高境界;道家把顺应自然、知足常乐作为人生幸福;墨子把牺牲自己、服务他人视为人生义务;尼采把成为"超人"和个人意志的完全自由作为人生目的。科学则把人生视为自然现象,认为人的生死、苦乐、善恶皆受自然法则支配。

　　陈独秀对宗教、哲学、科学三种人生观进行了评述。陈独秀指出:佛教关于人生就是虚无、人生没有意义的看法是自相矛盾的。一方面认为"无明"是众生生灭的原因,另一方面又认为"无明"本身不灭,这是自相矛盾的。陈独秀认为人只要活在世上,就必然会思考生命的意义与价值,"究竟为的什什,应该怎样才是"①。在陈独秀看来,儒家的"正心、修身、齐家、治国、平天下,只算是人生的一种行为和事业,不能包括人生全体的真义"②,儒家对人生意义的理解比较狭窄,消解了人生的丰富性;道家把顺应自然、知足常乐视为人生幸福,自己固然是"快活得很",但"这种快活的幸福"会弱化人生的进取精神,导致社会的退化,因而是不足取的;墨子把牺牲自己、服务他人作为人生义务,这种人生境界固然高尚,但由于"是为他人而生,不是为自己而生,决非个人生存的根本理由",因而"也未免太偏"③;尼采过于强调自我,必然与社会发生冲突,因而在现实社会中是行不通的。科学认为人的生死、苦乐、善恶皆受自然法则支配,具有很大的合理性。对于个人来说,"人是必死的",但整个民族人类"是不容易死的",特别是"全民族全人类所创的文明事业",将"留在世界上,写在历史上,传到后代"④,也就是说,人类创造的文明是永恒存在的。

　　在评述宗教、哲学、科学的人生观之后,陈独秀认为"人生真义"有九个方面:(1)人生在世,个人是生灭无常的,社会是真实存在的。(2)社会的文明幸福,是个人造成的,也是个人应该享受的。(3)社会是个人集成的,除去个人,便没有社会,所以个人的意志和快乐,是应该尊重的。(4)社会是个人的总寿

---

① 任建树选编:《陈独秀著作选》第 1 卷,上海人民出版社 1993 年版,第 346 页。
② 任建树选编:《陈独秀著作选》第 1 卷,上海人民出版社 1993 年版,第 346 页。
③ 任建树选编:《陈独秀著作选》第 1 卷,上海人民出版社 1993 年版,第 346 页。
④ 任建树选编:《陈独秀著作选》第 1 卷,上海人民出版社 1993 年版,第 346 页。

命,社会解散,个人死后便没有连续的记忆和知觉,所以社会的组织和秩序,是应该尊重的。(5)执行意志,满足欲望,是个人生存的根本理由,始终不变的。(6)一切宗教、法律、道德、政治,不过是维持社会不得已的方法,非个人所以乐生的原意,可以随着时势变更的。(7)人生幸福,是人生自身出力造成的,非是上帝所赐,也不是听其自然所能成就的。(8)个人之在社会,好像细胞之在人身,生灭无常,新陈代谢,本是理所当然,丝毫不足恐怖。(9)要享幸福,莫怕痛苦,现在个人的痛苦,有时可以造成未来个人的幸福。① 在列举九条"人生真义"之后,陈独秀概括说:"总而言之,人生在世,究竟为的什么? 究竟应该怎样? 我敢说道:个人生存的时候,当努力造成幸福,享受幸福;并且留在社会上,后来的个人也能够享受。递相授受,以至无穷。"②

　　陈独秀对人生意义的论述,核心是正确处理个人价值与社会价值的关系:第一,个人价值具有相对独立性。社会应尊重个人意志和享受幸福的权利,无论是社会的文明还是人生的幸福,都是"人生自身出力造成的",因此"也是个人应该享受的";第二,不能将个人价值凌驾于社会价值之上。个人在满足欲望和享受幸福时,应该尊重"社会的组织和秩序",因为社会是由个人集合形成的,如果社会解体,个人也无法生存;第三,要将个人价值与社会价值结合起来。个人不仅要努力创造幸福,而且应该将幸福贡献社会,惠及子孙后代,这样才能将人类的文明幸福"递相授受,以至无穷"。此外陈独秀还论述了生与死、幸福与痛苦的关系。在生与死的问题上,人们必须明白:个人的生命是"生灭无常的",新陈代谢是人生的自然规律,因此人们应该坦然面对死亡,不必对死亡过分恐惧。在处理幸福与痛苦的关系时,陈独秀告诫人们:要享受幸福,就不能害怕痛苦,因为幸福要靠奋斗去创造,在奋斗的过程中必然要经历很多痛苦,没有痛苦就没有幸福,幸福孕育在痛苦之中。

　　在陈独秀看来,人生意义基于对人生幸福的理解。在《新青年》一文中,他指出青年应明确两大问题:"第一,当明人生归宿问题。"人生只有数十寒暑,要使人生过得丰富充实,必须"内图个性之发展,外图贡献于其群"③。所谓"内图个性之发展",就是锻炼自己的意志,提升自己的素质,形成自由独立

---

① 参见任建树选编:《陈独秀著作选》第 1 卷,上海人民出版社 1993 年版,第 347 页。
② 任建树选编:《陈独秀著作选》第 1 卷,上海人民出版社 1993 年版,第 347 页。
③ 任建树选编:《陈独秀著作选》第 1 卷,上海人民出版社 1993 年版,第 186 页。

之人格;而"外图贡献于其群",则是人们应该积极承担自己的社会责任,服务社会,奉献他人。如何服务社会、奉献他人? 就是做一个默默无闻的"造桥人",持续不断地为人类"造桥"。"我们生存在这大海中之一切努力,与其说是过渡,不如说是造桥。自古迄今人人不断的努力,都像是工程师和小工在那里不断地造桥。"①通过一代又一代人的不断努力,就可以"使这桥一天长似一天,行人一天方便一天"②。必要的时候,还可以把自己的身体当"桥",让人类从自己身上通过。这种默默无闻的"造桥"和"一身为人类之桥"的奉献精神,是对人生价值的生动诠释。人生在世,既要"内图个性之发展",实现自己的个人价值;又要"外图贡献于其群",实现自己的社会价值。只有将个人价值与社会价值相统一,人生才有意义。

"第二,当明人生幸福问题。"陈独秀指出,青年在人生幸福问题上应树立五种观念:"一曰毕生幸福,悉于青年时代造其因;二曰幸福内容,以强健之身体正当之职业称实之名誉为最要,而发财不与焉;三曰不以个人幸福损害国家社会;四曰自身幸福,应以自力造之,不可依赖他人;五曰不以现在暂时之幸福,易将来永久之痛苦。"③在上述五种幸福观念中,陈独秀指出:第一,人生幸福奠基于青年时期,因此青年是人生最重要的奋斗阶段。第二,幸福内容包括强健的身体、正当的职业、良好的声誉三方面。身体是人生之本,没有健康的身体,一切都是镜花水月;正当的职业是人们生存的基本保障;良好的声誉则是人们安身立命的保证。第三,人们在追求幸福时,不能损害国家、民族、社会、他人的利益。第四,幸福要靠自己去创造,而且主要是靠劳动去创造。"欲享受幸福之一日,不可不一日尽力之劳动;欲享受一生之幸福,不可不尽力劳动以终其身。劳动者,获得幸福之唯一法门也。"④第五,要处理好短期幸福与长期幸福的关系。人生不能目光短浅,为追求短期幸福而牺牲长期幸福,甚至贪图眼前幸福而带来长期痛苦,相反人生应该志存高远,努力追求长期幸福。

从人的自然本性出发,陈独秀主张人们追求幸福,认为趋乐避苦是人的天

---

① 《独秀文存》,安徽人民出版社1987年版,第617页。
② 《独秀文存》,安徽人民出版社1987年版,第617页。
③ 任建树选编:《陈独秀著作选》第1卷,上海人民出版社1993年版,第186页。
④ 任建树选编:《陈独秀著作选》第1卷,上海人民出版社1993年版,第195页。

则。"人之生也,求幸福而避痛苦,乃当然之天则。"①但他反对把追求当官发财作为人生目的,"一若做官发财为人生唯一之目的,人间种种善行,凡不利此目的者,一切牺牲之而无所顾惜;人间种种罪恶,凡有利此目的者,一切奉行之而无所忌惮"②。因为人们一旦把当官发财视为人生目的,就会把理想、道德、良心、正义丢在脑后,甚至唯利是图,不择手段。不仅如此,追求当官发财、功名富贵还是我国人才缺少、国家衰弱的重要原因。"我们中国人,从出娘胎一直到进棺材,只知道混自己的功名富贵,至于国家的治乱,有用的学问,一概不管,这便是人才缺少,国家衰弱的原因。"③陈独秀大声疾呼,作为一个20世纪的新青年,必须杜绝当官发财的思想。

陈独秀对人生意义、人生价值、人生幸福的阐述,与马克思主义人生哲学的基本观点、基本立场是相互吻合的。它预示着马克思主义人生哲学中国化开局良好,发展前途不可限量。

第二节　"青年如初春朝日"

不破不立,只有首先对传统人生哲学中的消极层面,特别是国民劣根性进行批判,才能为构建现代人生哲学和新型人格扫清障碍。陈独秀以西方民主科学思想为武器,对传统人格进行分析批判,指出传统人格有以下三方面消极因素:

1.奴隶人格。在陈独秀看来,中国传统人格的最大弊端就是奴隶人格。"以其是非荣辱,听命他人,不以自身为本位,则个人独立平等之人格,消灭无存,其一切善恶行为,势不能诉之自身意志而课以功过。"④奴隶人格的特点是没有自己的独立思考、独立意志和担当精神,一切听命于他人,把自己作为君主、家族、他人的附属品。陈独秀指出,导致中国人奴隶人格的原因是宗法社会和儒家的纲常名教。中国古代社会是一个宗法社会,强调封建等级,讲究尊

---

① 任建树选编:《陈独秀著作选》第1卷,上海人民出版社1993年版,第186页。
② 任建树选编:《陈独秀著作选》第1卷,上海人民出版社1993年版,第185页。
③ 任建树选编:《陈独秀著作选》第1卷,上海人民出版社1993年版,第89页。
④ 任建树选编:《陈独秀著作选》第1卷,上海人民出版社1993年版,第131页。

尊亲亲。"宗法社会,以家族为本位,而个人无权利,一家之人,听命家长。"①宗法制度造成了四个方面的恶果:"一曰损坏个人独立自尊之人格;一曰窒碍个人意思之自由;一曰剥夺个人法律上平等之权利;一曰养成依赖性戕贼个人之生产力。"②宗法制度和家族本位使个人对家族形成了浓厚的依赖性,后辈必须绝对服从长辈,个体必须服从群体,因而将个人的独立人格和自由意志消弭于无形。儒家的纲常名教,也是扼杀独立人格的罪魁祸首。"儒者三纲之说为一切道德政治之大原:君为臣纲,则民于君为附属品,而无独立自主之人格矣;父为子纲,则子于父为附属品,而无独立自主之人格矣;夫为妻纲,则妻于夫为附属品,而无独立自主之人格矣。率天下之男女,为臣、为子、为妻,而不见有一独立自主之人者,三纲之说为之也。"③

2.退隐人格。在陈独秀看来,缺乏冒险苦斗精神,消极退隐也是中国传统人格的缺陷之一。"吾人所第一痛心者,乃在抵抗力薄弱之贤人君子。其始也未尝无推到一时之概,澄清天下之志,然一遇艰难,辄自沮丧:上者愤世自杀;次者厌世逃禅;又其次者,嫉俗隐遁;又其次者,酒博自沉。"④由于缺少百折不挠的意志和冒险苦斗精神,所以一些人在民族危亡的关头,不是挺身而出、拔剑而起,抗击外敌,而是苟且偷生、得过且过,甚至甘当亡国奴,"盖中国人之性质,只争生死,不争荣辱,但求偷生苟活于世上,灭国为奴皆甘心受之"⑤;有些人则不问国事、明哲保身,"只保身家,不问国事,以国家之兴衰治乱,皆政府之责,人民何必干预"⑥;还有些人则干脆消极隐遁,逃归禅林。陈独秀指出,中国人之所以缺少冒险敢为的精神,形成退隐人格,思想渊源在于孔子、老子。"吾国旧说,最尊莫如孔、老。一则崇封建之礼教,尚谦让以弱民性;一则以雌退柔弱为教,不为天下先。吾民冒险敢为之风,于焉以斩。"⑦

3.保守性格。保守性格的特点是思想僵化,因循守旧,安于现状,不思进取,畏惧变化,复古迷信,甚至扼杀新事物成长,抗拒时代前进。"举凡残民害

---

① 任建树选编:《陈独秀著作选》第1卷,上海人民出版社1993年版,第166页。
② 任建树选编:《陈独秀著作选》第1卷,上海人民出版社1993年版,第167页。
③ 任建树选编:《陈独秀著作选》第1卷,上海人民出版社1993年版,第172页。
④ 任建树选编:《陈独秀著作选》第1卷,上海人民出版社1993年版,第153页。
⑤ 任建树选编:《陈独秀著作选》第1卷,上海人民出版社1993年版,第14页。
⑥ 任建树选编:《陈独秀著作选》第1卷,上海人民出版社1993年版,第16页。
⑦ 任建树选编:《陈独秀著作选》第1卷,上海人民出版社1993年版,第162页。

理之妖言,率能征之故训,而不可谓诬,谬种流传,岂自今始! 固有之伦理、法律、学术、礼俗,无一非封建制度之遗,持较晰种之所为,以并世之人,而思想差迟,几及千载;尊重二十四朝之历史性,而不作改进之图。"①陈独秀认为,这种复古保守的民族性格,将"驱吾民于二十世纪之世界以外,纳之奴隶牛马黑暗沟中而已"②。也就是说,中华民族将远远被世界潮流抛在后面,中国人民将永远处在当牛做马的奴隶地位。

在批判传统人格消极层面的同时,陈独秀热切地呼唤新型理想人格的诞生,并把理想人格寄托在"新青年"身上。陈独秀之所以把理想人格寄托在"新青年"身上,是因为青年人具有新鲜活泼之生命,"青年如初春,如朝日,如百卉之萌动,如利刃之新发于硎,人生最可宝贵之时期也"③;青年人还是社会生机活力的源泉,"青年之于社会,犹新鲜活泼细胞之在人身"④。因此,民族、国家、社会进步的希望唯在青年。陈独秀认为,青年要承担起振兴国家、改造社会的神圣使命,必须具备两个条件:一是形成强健的体魄。陈独秀指出:健全人格必须建立在强健体魄的基础上,如果身体虚弱,精神萎靡,是不可能形成健全人格的。由于我国不重视体育教育,因而青年人的体质普遍孱弱。"余每见吾国曾受教育之青年,手无缚鸡之力,心无一夫之雄;白面纤腰,妩媚若处子;畏寒祛热,柔弱如病夫。"⑤这种状况引起了陈独秀的强烈担忧:"以如此心身薄弱之国民,将何以任重而致远乎?"⑥要提高青年人的体质,应大力实施"兽性教育":"兽性之特长谓何? 曰,意志顽狠,善斗不屈也;曰,体魄强健,力抗自然也;曰,信赖本能,不依他为活也;曰,顺性率真,不饰伪自文也。"⑦"兽性教育"的目的在于培养青年人的意志和体质。二是锻造全新的人格。所谓全新人格,就是陈独秀概括的"人生六义":自主的而非奴隶的;进步的而非保守的;进取的而非退隐的;世界的而非锁国的;实利的而非虚文的;科学的而非想象的。

---

① 任建树选编:《陈独秀著作选》第1卷,上海人民出版社1993年版,第131页。
② 任建树选编:《陈独秀著作选》第1卷,上海人民出版社1993年版,第131页。
③ 任建树选编:《陈独秀著作选》第1卷,上海人民出版社1993年版,第129页。
④ 任建树选编:《陈独秀著作选》第1卷,上海人民出版社1993年版,第129页。
⑤ 任建树选编:《陈独秀著作选》第1卷,上海人民出版社1993年版,第146页。
⑥ 任建树选编:《陈独秀著作选》第1卷,上海人民出版社1993年版,第146页。
⑦ 任建树选编:《陈独秀著作选》第1卷,上海人民出版社1993年版,第146页。

在"人生六义"中,最重要的是第一义,即"自主的而非奴隶的"。也就是形成自主人格,摒弃奴隶人格。陈独秀号召青年人从奴隶人格中解放出来:"我有手足,自谋温饱;我有口舌,自陈好恶;我有心思,自崇所信;决不任他人之越殂,亦不应主我而奴他人;盖自认为独立自主之人格以上,一切操行,一切权利,一切信仰,唯有听命各自固有之智能,断无盲从隶属他人之理。"①自主人格的特点是有自己的主见,自己的事情自己做主,不依附他人,也不随波逐流。自主人格的表现是独立思考、独立意志、独立担当。信奉自主人格者,既不做他人的奴隶,也不奴役别人,因为奴役别人,就是剥夺他人的自主人格。然而个人的独立人格是建立在个人财产独立的基础上,"故现代伦理学上之个人人格独立,与经济学上之个人财产独立,互相证明,其说遂至不可摇动,而社会风纪,物质文明,因此大进"②。这个观点是符合唯物史观的。一个人如果没有自己的经济来源,不能独立支配自己的财产,是无法保持自己独立人格的,它犹如"人在屋檐下,不得不低头"。陈独秀用这个观点分析中国古代做儿子和做妻子的之所以没有独立人格,一个重要原因就是做儿子和做妻子的没有自己独立的经济来源,做儿子的依赖父母,做妻子的依赖丈夫,所以父母之于子女、丈夫之于妻子,皆有绝对之威权。因此陈独秀认为,财产独立是人格独立的前提。

"进步的而非保守的",就是人们要顺应世界发展变化的潮流,与时俱进,摒弃故步自封的保守性格。"世界进化,骎骎未有已焉。其不能善变而与之俱进者,将见其不适环境之争存,而退归天然淘汰已耳。"③适者生存,不进则退。一个国家和民族,如果不适应世界的发展变化潮流,就会被时代的发展所淘汰,无法自立于世界民族之林。个人如果不适应于激烈的社会竞争,就没有自己的生存立足之地。

"进取的而非退隐的",就是树立奋斗进取精神,勇敢迎接各种人生挑战,摒弃消极无为的退隐人格。"人之生也,应战胜恶社会,而不可为恶社会所征服;应超出恶社会,进冒险苦斗之兵,而不可逃遁恶社会,作退避安闲之想。"④

---

① 任建树选编:《陈独秀著作选》第1卷,上海人民出版社1993年版,第130页。
② 任建树选编:《陈独秀著作选》第1卷,上海人民出版社1993年版,第232页。
③ 任建树选编:《陈独秀著作选》第1卷,上海人民出版社1993年版,第132页。
④ 任建树选编:《陈独秀著作选》第1卷,上海人民出版社1993年版,第132页。

人们要在恶劣的自然环境和激烈的生存竞争中获得发展,就必须努力奋斗。"国人须知奋斗乃人生之职,苟安为召乱之媒。"①要奋斗,必须具有坚韧的意志和顽强的毅力,陈独秀把它比喻为"抵抗力"。他说:"审是人生行径,无时无事,不在剧烈战斗之中,一旦丧失其抵抗力,降服而已,灭亡而已,生存且不保,遑云进化! 盖失其精神之抵抗力,已无人格之可言;失其身体之抵抗力,求为行尸走肉,且不可得也!"②没有百折不挠的意志毅力,不仅一事无成,而且将使人格丧失殆尽,变成一钱不值的行尸走肉。

"世界的而非锁国的",就是树立开放意识,世界眼光,打破闭关锁国状态。陈独秀认为,在 20 世纪的今天,由于交通通信的发达,世界各国联系日益紧密,处于牵一发动全身的状态,不可能再闭关锁国。闭关锁国势必落后挨打;相反,"投一国于世界潮流之中,笃旧者固速其危亡,善变者反因以竞进"③,青年人要顺应世界潮流的发展趋势,树立开放意识,努力学习世界知识。"国民而无世界智识,其国将何以图存于世界之中?"④应该指出的是,早在 1915 年,陈独秀就判断 20 世纪是开放的世界,并且鼓励青年人树立开放意识,放眼世界,胸怀全球,确实是开时代风气之先,具有高瞻远瞩的预见性。

"实利的而非虚文的",就是崇尚实际,注重实用,摒弃虚幻不实和繁文缛节。"物之不切于实用者,虽金玉圭璋,不如布粟粪土? 若事之无利于个人或社会现实生活者,皆虚文也,诳人之事也。诳人之事,虽祖宗之所遗留,圣贤之所垂教,政府之所提倡,社会之所崇尚,皆一文不值也。"⑤陈独秀强调经世致用,有益民生,抨击不切实际、坐而论道的虚浮之风,意在告诫青年人要面对现实,脚踏实地,以求真务实的精神和扎实细致的作风做好工作,这样才能事业有成,不虚度人生。

"科学的而非想象的",就是学习科学知识,尊重科学精神,摒弃主观武断的凭空想象。陈独秀指出:近代欧洲之所以日新月异,皆科学之力,一事一物,无不诉之科学法则;而中国古代社会,统治阶级长期不重视科学,甚至把科学

---

① 任建树选编:《陈独秀著作选》第 1 卷,上海人民出版社 1993 年版,第 152 页。
② 任建树选编:《陈独秀著作选》第 1 卷,上海人民出版社 1993 年版,第 151 页。
③ 任建树选编:《陈独秀著作选》第 1 卷,上海人民出版社 1993 年版,第 133 页。
④ 任建树选编:《陈独秀著作选》第 1 卷,上海人民出版社 1993 年版,第 133 页。
⑤ 任建树选编:《陈独秀著作选》第 1 卷,上海人民出版社 1993 年版,第 134 页。

视为奇技淫巧,以至于宗教迷信盛行,道术方士充斥。如何改变这种状况？唯一的途径是依靠科学。"国人而欲脱蒙昧时代,羞为浅化之民也,则急起直追,当以科学与人权并重。"①为此,陈独秀提出了"以科学代宗教"的口号,目的就是培养青年人的科学信仰和科学精神。

第三节   "沧溟何辽阔,龙性岂易训"

章士钊曾这样评价陈独秀的性格:"不羁之马,奋力驰去。不峻之坂不上,回头之草不啮,气尽途绝,行同凡马踣。"②陈独秀从南京出狱后亦赋诗明志:"沧溟何辽阔,龙性岂易驯。"③不受羁勒之马与桀骜不驯之龙,都是对陈独秀独特个性的形象写照。

一、倔强刚毅,宁折不弯

在中国现代史上,陈独秀的个性倔强是出了名的。他认准的道理、决定的事情任何人都无法改变,哪怕因此遭到打击报复或流血断头也在所不顾。这种倔强性格和叛逆精神在陈独秀的少年时代就已显露出来,他在《实庵自传》中写道:小时候祖父要他背《四书五经》,因背不出,常遭到祖父的打骂,然而无论祖父如何打骂,陈独秀总是一声不哭,致使祖父非常愤怒伤感,骂道:"这个小东西将来长大成人,必定是一个杀人不眨眼的凶恶强盗,真是家门不幸!"④祖父的打骂没有使陈独秀屈服,相反形成了他的叛逆心理,"一直到现在,我还是不怕打,不怕杀"⑤,这种叛逆心理促使他选择了一条荆棘丛生、坎坷不平的革命之路。

不怕挫折和失败是陈独秀倔强刚毅性格的显著特征。无论处境如何险恶,生活如何艰苦,道路如何曲折,都不能动摇陈独秀对真理的追求和对革命

---

① 任建树选编:《陈独秀著作选》第1卷,上海人民出版社1993年版,第135页。
② 转引自任建树:《陈独秀大传》,上海人民出版社1999年版,第672页。
③ 任建树选编:《陈独秀著作选》第3卷,上海人民出版社1993年版,第405页。
④ 任建树选编:《陈独秀著作选》第3卷,上海人民出版社1993年版,第415页。
⑤ 任建树选编:《陈独秀著作选》第3卷,上海人民出版社1993年版,第415页。

事业的信念。为了探索救国救民的真理,他先后于 1901 年、1902 年、1914 年三次东渡日本。在日本,陈独秀如饥似渴地学习西方先进的社会科学知识,尤其是天赋人权理论、自由平等思想和科学民主精神。回国后,他又创办《国民日日报》、《安徽俗话报》等报刊杂志,宣传资产阶级革命思想。在芜湖创办《安徽俗话报》期间,他寄居在科学图书社楼上,身兼编辑、撰稿、油印、发行等各项工作,每天忙得不亦乐乎,有时甚至食不果腹,连换洗衣服都没有。然而艰难的生活没有动摇陈独秀的革命信念,他"日夜梦想革命大业",以至于"何物臭虫,虽布满吾衣被,亦不自觉"①。从 1913 年"二次革命"失败,到 1937 年抗日战争爆发,陈独秀先后 5 次被捕,四进牢房。长期的牢狱生活没有销蚀他的革命意志,相反他愈挫愈奋、屡仆屡起,陈独秀以监狱做研究室,或同敌人进行面对面斗争,或在监狱从事学术研究。他鼓励年轻的革命者:"青年要立志出了研究室就入监狱,出了监狱就入研究室,这才是人生最高尚优美的生活。"②

陈独秀的倔强刚毅还表现在不惧权势高压上。"八七"会议总结了大革命失败的教训,改组了中央领导机关,撤销了陈独秀的中共中央总书记职务,决定用武装的革命反对武装的反革命。但由于共产国际代表罗明纳兹的坚持,在会议通过的决议中,却刻意回避共产国际在指导中国革命中的错误,把大革命失败的责任全部推给陈独秀。对大革命的失败,陈独秀进行了深刻反省,"我坚决的认为,中国革命过去的失败,客观上原因是次要的,主要是党的机会主义之错误,即对资产阶级的国民党政策之错误。当时中央负责同志尤其是我,都应该公开的勇敢的承认过去这种政策毫无疑义的是彻头彻尾的错误了。"③"党若根据我过去这样的错误,更或者因为我坚持过去的错误路线,对于我有任何严厉的处分,我都诚恳的接受,而没有半句话可说。"④因此他心甘情愿地接受同志们的批评,对撤销他的总书记职务也没有半句怨言。但对共产国际和斯大林刻意回避自己在指导中国革命中的错误,把大革命失败责任全部推到他身上的这种不公正做法,陈独秀则极为反感。当瞿秋白、李维汉

---

①　任建树选编:《陈独秀著作选》第 2 卷,上海人民出版社 1993 年版,第 335 页。

②　任建树选编:《陈独秀著作选》第 2 卷,上海人民出版社 1993 年版,第 21 页。

③　任建树选编:《陈独秀著作选》第 3 卷,上海人民出版社 1993 年版,第 86 页。

④　任建树选编:《陈独秀著作选》第 3 卷,上海人民出版社 1993 年版,第 94 页。

到他家传达共产国际指示,要他去莫斯科学习反省时,陈独秀坚决拒绝:"不去,坚决不去。大革命失败了,我作为总书记,我是有责任,而共产国际更有责任,我只是国际指示的一个忠实执行者而已。要我写悔过书,过从何来,如何悔之,我不明白,他们为什么不要斯大林悔过呢? 我是执行他的训令的。他悔过我就悔过,要我做替罪羊,于情于理都说不通。现在要我到苏联学习,我去学什么? 学中国革命问题? 中国的问题为什么要去请教外国人,苏联的问题斯大林为什么不来请教中国人? 我不去给他们当反面教员。要反省,我在中国反省,绝不去莫斯科!"①由于陈独秀这种刚直不阿的性格,不怕政治高压和打击报复,这为他后来被开除党籍埋下了伏笔。

二、坦诚真率,光明磊落

由于陈独秀性情坦荡,率性而行,因而在为人处世上,光明磊落,从来不搞阴谋诡计。他不说假话,也不说违心之话;与人交往时,喜怒形于色,不知掩饰自己;争论问题时,开诚布公,把观点摆在桌面上;在大是大非面前,坚持原则,不怕得罪人。对陈独秀的性格和为人,鲁迅先生曾经做了一个形象的比喻:"假如将韬略比作一间仓库罢,独秀先生的是外面竖一面大旗,上书道:'内皆武器,来者小心!'但那门却开着,里面有几支枪,几把刀,一目了然,用不着设法提防。"②

1909 年,陈独秀在浙江陆军小学任教,初次拜访同事沈尹默。一进门,尚未寒暄,陈独秀就大声说:"我叫陈仲甫,昨天在刘三家看到你写的诗,诗作得很好,其字俗入骨。"③初次见面,就毫无顾忌地评价沈尹默作品,直陈优劣得失,丝毫不顾及作者的感受,这一方面说明了陈独秀的性情坦荡,另一方面也反映了陈独秀在为人处世方面确实比较幼稚。

党的六大前后,根据共产国际指示,按照"党的指导机关工人化"的方针,中央对各级领导机关进行了改组,一批工人出身的党员进入中央委员会和中央政治局,向忠发当选为党的总书记。在这种历史背景下,一批知识分子出身的、资历较老的党员,如彭述之、郑超麟、尹宽、何资深、汪泽楷等人,要么被撤

① 濮清泉:《我所知道的陈独秀》,见《文史资料选辑》第 71 辑,中华书局 1980 年版。
② 《鲁迅全集》第 6 卷,人民文学出版社 1981 年版,第 56 页。
③ 转引自朱文华:《陈独秀评传》,青岛出版社 2005 年版,第 46 页。

职,要么被调离重要领导岗位。这些人怀着对共产国际和以向忠发、李立三为首的中央的不满,聚集到上海,组织小团体,秘密进行反党活动。他们打着"陈独秀派"的旗号,为陈独秀鸣冤叫屈,力图恢复陈独秀的总书记职务。彭述之等人本以为陈独秀会加入他们的组织,做他们的头,却想不到碰了一鼻子灰,被陈独秀断然拒绝:"我不参加你们的秘密活动,不搞暗中串联!我的主张和言行没有见不得人的,都应见诸天日,公之于众。"陈独秀之所以断然拒绝加入彭述之等人的小组织,一是作为一个老党员,他还有起码的政治纪律,他不想另立一个"新党"来分裂自己亲手创立的中国共产党;二是他不愿意通过组织小团体等不正当活动来恢复自己的领导权,这与他的性格不相符合。陈独秀是个性格坦荡、光明磊落之人,在他担任中共中央总书记期间,对党内同志都一视同仁,从不厚此薄彼,更不拉帮结派。即使在被开除党籍之后,也是公开组织反对派,公开声明自己的政治主张。对此,李维汉评价道:陈独秀是我党早期犯错误领导人中少数几个不搞阴谋的人。

三、孤高自负,狂放不羁

在陈独秀的性格中,既有倔强刚毅、宁折不弯的一面,也有孤高自负、狂放不羁的一面。陈独秀的孤高自负表现在:一是独断专行,我行我素。他对自己的胆识、才华、能力十分自信,因此往往独断专行,听不进别人的意见。这种独断专行的作风早在辛亥革命时期就已表现出来。1911年,陈独秀出任安徽省都督府秘书长,"每逢开会讨论问题,只听他一人发言,并坚持自己的主张";"有人劝他不要坚持己见,言论不要过激,他则坚持改革需要大刀阔斧,拖延不得"。[①] 在担任中共中央总书记时,陈独秀的独断专行更加严重。在主持党内会议或讨论问题时,他不是贯彻执行党内民主,允许并鼓励发表不同意见,而是坚持个人的主张,倘若有人反对他,竟会站起身来拂袖而去。二是性情暴躁,言辞峻切。陈独秀脾气暴躁,喜怒无常,常常以粗暴的态度对待同志,动辄拍桌子,摔凳子,疾言厉色地批评下属。由于为人苛严,不能容人,因此极易伤害同志,别人很难与他共事,李达就是因为受不了陈独秀的独断专行、态度粗暴而脱离中共的。三是把个人的面子看得太重。1937年8月,陈独秀出狱后

---

① 　贾兴权:《陈独秀传》,山东人民出版社1998年版,第55页。

想回党工作,并派罗汉赴延安与中央联系。中共中央欢迎陈独秀回到党的怀抱,并委托董必武代表中央找陈独秀谈话,希望他写个书面检讨,承认自己参加托派的错误。陈独秀当即拒绝:"回党工作固我所愿,不过唯书面检讨恐难从命","现在大敌当前,我不计较过去的是是非非,主动向你们伸出友谊之手,可你们非要我陈某人写个书面检讨,才能回党工作,这岂不是证明我过去坚持的主张都是错了吗? 我绝不能做无原则的让步"。① 这种过分看重自己面子,而放弃改正错误、回党工作机会的行为,实际上也是孤高自负的表现。

陈独秀是秀才出身,身上保留着封建文人的某些痕迹,这些封建文人痕迹与西方平等自由思想相结合,使陈独秀形成了狂放不羁、风流倜傥、不拘小节的个性。这种狂放不羁主要表现在他对女性和婚姻的态度上。陈独秀一生有过 4 次婚姻。第一次是在 1897 年,陈独秀中秀才后,根据父母之命、媒妁之言,与高晓岚结为夫妻。由于没有爱情基础,再加上思想、性格、文化的巨大差距,所以婚姻关系名存实亡。第二次是在 1909 年,陈独秀和妻妹高君曼自由恋爱,私奔杭州,公开同居。但到 1924 年左右,他们的婚姻出现了危机,主要原因是陈独秀情不专一,出现外遇。第三次是在 1926 年,陈独秀与一个叫施芝英的女医生一见钟情,并秘密同居,直到 1927 年 3 月才分手。第四次是1930 年,陈独秀隐居在上海岳州路永兴里,与青年女工潘兰珍结为患难夫妻,直到陈独秀去世。在这 4 次婚姻之外,陈独秀还有过出入秦楼楚馆的记录。他在北京大学任教时,就因嫖妓被撤销文科学长的职务,并被守旧派用来作为攻击新思潮的武器。陈独秀之所以在女性和婚姻问题上存在不严肃、不检点的地方,主要原因有:第一,陈独秀曾是封建婚姻制度的牺牲品,对封建婚姻的罪恶和痛苦有着深切感受,因此走上了反叛封建婚姻的道路,大力宣传恋爱自由和婚姻自主,并身体力行。第二,陈独秀受到资产阶级人性论的影响,认为男女之爱不过是自然的生理需要,没有必要把它看得很神圣,"男女之事,不过在生活上和吃饭穿衣饮酒吸烟同样的需要与消遣而已,顽固老辈看做伦理道德大问题,幻想青年看做神圣事业,都是错了";"世界上本来没有'恋爱'这纯东西,男女问题不过是生理上自然的要求,有何神圣可言,偶然游戏消遣则

---

① 包惠僧:《我所知道的陈独秀》,见《中共党史资料》(内部资料)1979 年第 8 期。

可"。① 但无论陈独秀有着怎样的指导思想,也不管他如何为之辩解,陈独秀这种对爱情婚姻不专心、不严肃的态度是错误的,有损于他的人格和形象。

第四节　"身处艰难气若虹"

王森然先生在《近代二十家评传》中,高度赞誉陈独秀为"一代之骄子,当世之怪杰"。陈独秀被人视为"一代怪杰",一方面是他有渊博的学识、横溢的才华;另一方面是陈独秀具有豪放的气质、澎湃的激情、旺盛的斗志、视死如归的精神和贫贱不移、威武不屈的人格。

一、"推倒一时豪杰,扩拓万古心胸"

1903 年,陈独秀为芜湖科学图书社撰写一副对联,"推倒一时豪杰,扩拓万古心胸",这副对联气势磅礴,展现了陈独秀吞吐天地的英雄气概和熔铸古今的宽阔胸襟。

陈独秀是个文人,具有文人的清高,却没有文人的软弱,眉宇之间跃动着一股英姿勃发、豪情万丈的气概。与一般文人只考虑个人的身家性命不同,陈独秀早在青年时代就以天下为己任,时刻关心国家安危,精心研究军事、地理知识。1897 年,18 岁的陈独秀撰写了一篇洋洋万言的《扬子江形势论略》,文章分析了长江沿线的地理概况和应当注意的布防重点,并特别提醒清政府加强对长江口崇明、宝山、川沙一带的防卫,"崇宝沙为咽喉扼要,无论如何需费,如何经营,此防断不可弛。果然如法布置,迨至大敌当前,方有把握总论全江大局"②,如果长江口的防务固若金汤,即使西方列强的铁甲再强,"亦不容其越雷池一步矣"。他渴望驰驱于杀敌报国的战场,把西方列强逐出国门,实现中华民族的独立自由,"驰驱甘入荆棘地,顾盼莫非羊豕群。男子立身唯一剑,不知事败与功成。"③他鄙视那些龟缩在家的男人,"英雄第一伤心事,不赴

---

① 沈寂、朱晓凯选编:《陈独秀人生哲语》,安徽人民出版社 1995 年版,第 239 页。
② 任建树选编:《陈独秀著作选》第 1 卷,上海人民出版社 1993 年版,第 12 页。
③ 任建树选编:《陈独秀著作选》第 1 卷,上海人民出版社 1993 年版,第 21 页。

沙场为国亡。"①

　　陈独秀是个激情如火之人,具有澎湃的革命激情和旺盛的战斗意志,从不向邪恶势力屈服。20世纪初,在日本接受孙中山的资产阶级革命思想后,陈独秀就成为一个职业革命家。在严重的白色恐怖下,他在安徽、上海等地创办报纸,宣传革命思想,启发民众觉悟;他组织安徽爱国会、"岳王会"等革命团体,从事推翻清王朝的革命活动,为此多次遭到通缉追捕,不得不亡命日本。在创办《新青年》、宣传新文化的过程中,他以勇猛无畏的精神,高举民主科学两面大旗,向封建专制和各种旧思想、旧文化、旧道德公开宣战,"有不顾迂儒之毁誉,明目张胆以与十八妖魔宣战者乎? 予愿拖四十二生的大炮,为之前驱!"②"我们现在认定只有这两位先生(科学与民主),可以救治中国政治上、道德上、学术上、思想上一切的黑暗。若因为拥护这两位先生,一切政府的压迫,社会的攻击笑骂,就是断头流血,都不推辞。"③

　　作为一个政治家和职业革命家,陈独秀一生曾5次被捕、4次被监禁,多次与死亡擦身而过,但陈独秀把个人的生死置之度外,表现出一种大义凛然、视死如归的精神。二次革命失败后,陈独秀由安庆潜往上海,在芜湖被投靠袁世凯的叛军查获。叛军装模作样地审问他,准备在张贴布告、公布他的"罪行"后再枪毙他。在此生死之际,陈独秀毫不畏惧,相反他催促叛军:"要枪决,就快点罢"。后因革命军及时赶到,陈独秀才免遭毒手。1932年10月,因叛徒出卖,陈独秀在上海被国民党逮捕,他知道蒋介石不会放过他,自己难逃一死。但陈独秀处变不惊,在由上海押往南京的火车上,他"酣睡达旦",车到南京还未醒来。当押解特务把他叫醒,陈独秀还慢慢地伸伸胳膊,打着哈欠。这种置生死于度外,"仰不愧于天,俯不怍于人"的境界,在当时传为美谈。

　　陈独秀具有宽阔的胸襟,这种宽阔胸襟表现在两方面:一是顾全大局,以国家民族利益为重,不计较个人得失恩怨。抗日战争爆发后,民族矛盾上升为主要矛盾,党派矛盾、阶级矛盾下降为次要矛盾。为了同仇敌忾,抵御外侮,陈独秀决定捐弃前嫌,与蒋介石合作抗日。他说:"值此大敌当前、民族危亡之

---

①　任建树选编:《陈独秀著作选》第1卷,上海人民出版社1993年版,第20页。
②　任建树选编:《陈独秀著作选》第1卷,上海人民出版社1993年版,第263页。
③　任建树选编:《陈独秀著作选》第1卷,上海人民出版社1993年版,第443页。

际，既然国家需要国共二次合作，共同抗日，我定以大局为重，抗战期间，绝不反蒋就是了。"①本来，陈独秀与蒋介石有不共戴天之仇，但在民族存亡之秋，他搁置自己的个人恩怨，将个人得失服从民族大义，显示出宽阔的政治家胸怀。二是乐观旷达，对革命事业和人类未来充满信心。陈独秀一生屡经磨难，即使在身陷囹圄、个人生死未卜的时候，也从未动摇过革命的信念，依然保持着乐观旷达的情怀。在被关押南京老虎桥监狱期间，他写诗明志，"海底乱尘终有日，山头化石岂无时。"②新陈代谢，沧海桑田，历史是公正的，革命终将胜利，自己必然会获得自由。1937 年 9 月，陈独秀从监狱获释不久，与胡适、傅斯年等谈论世界局势。傅斯年对人类的前途很悲观，认为"我们人类恐怕到了最后的命运"。陈独秀则不然，他乐观地认为："'山重水复疑无路，柳暗花明又一村'，此时各色的黑暗现象，只是人类进化大流中一个短时间的逆流，光明就在我们的前面，丝毫用不着悲观。"他还鼓励胡适和傅斯年："即使全世界都陷入了黑暗，只要我们几个不向黑暗附和、屈服、投降，便能够自信有拨云雾而见青天的力量。"③为此，他提出"我们断然有救"的口号。陈独秀的乐观精神，对坚定当时知识界的抗日信心，产生了一定的作用。

二、威武不屈，贫贱不移

孟子把"富贵不能淫，贫贱不能移，威武不能屈"的人称之为"大丈夫"，因为他们将气节情操和人格尊严置于个体生命之上。陈独秀就是这种富贵不能淫、贫贱不能移、威武不能屈的人。

富贵不能淫。1937 年 8 月，陈独秀从南京出狱。鉴于陈独秀在社会上的声望，更重要的是想利用陈独秀为自己今后分化瓦解共产党服务，蒋介石对陈独秀表现出异乎寻常的兴趣。先是派夫人宋美龄前往探望，以示关怀。接着授意陈立夫、陈果夫兄弟出面设宴款待，请陈独秀的好友胡适和当年北京大学的学生朱家骅、傅斯年、包惠僧等作陪。宴会上，陈果夫转达蒋介石的委托，请陈独秀担任国民政府劳动部长，不料被他当场拒绝。他对陈果夫说："陈先生，请你转告鄙人对蒋先生的谢意。只是鄙人一向独往独来惯了，如今年事已

---

① 　包惠僧：《我所知道的陈独秀》，见《中共党史资料》（内部资料）1979 年第 5 期。

② 　《陈独秀诗存》，安徽教育出版社 2006 年版，第 180 页。

③ 　任建树选编：《陈独秀著作选》第 3 卷，上海人民出版社 1993 年版，第 480 页。

高,思想落伍,恐难以胜任。"朱家骅见陈独秀拒绝担任劳动部长,便把他拉到一边,低声说:"鄙人也受委员长委托,想请先生出面再组建一个新的共产党,并供给 10 万元经费和国民参政会 5 个名额。"陈独秀听说后摇头道:"我创建中共至今不悔。现在要我再组建什么新的共产党,岂不是证明我过去的所作所为是错了? 再说让我看老蒋的脸色行事,我陈某人绝干不出这种低三下四的事情。"胡适知道陈独秀清高傲气,不愿为政府做事,就劝他参加国防参议会,陈独秀听了还是摇头:"不可,不可,蒋介石杀了我许多同志,还杀了我两个儿子,我和他有不共戴天之仇。让我与老蒋为伍,我是宁死不从的。"①面对高官厚禄的利诱,陈独秀不为所动,依旧傲骨铮铮,显示出富贵不能淫的高风亮节。

贫贱不能移。由于拒绝蒋介石的高官厚禄诱惑,再加上处于战乱时期,陈独秀晚年一直过着颠沛流离、穷困潦倒的生活,特别是在定居四川江津后,由于年老多病,没有固定的收入来源,物质生活极度贫困,有时甚至到了吃了上顿没下顿的地步。即使在这种极度的物质贫困中,陈独秀依然保持自己的气节尊严,绝不食嗟来之食。除了接受好友如杨鹏升、邓蟾秋和原"北大同学会"的少量接济外,凡是国民党官员或共产党叛徒赠送的钱物都一概谢绝。国民党中央组织部长朱家骅,曾一次送给陈独秀五千大洋,这在当时是一笔不小的数目,被他拒绝;罗家伦是陈独秀当年北京大学的学生,但现在是蒋介石的红人,国民党中央大学校长。有一次,罗家伦和傅斯年结伴,专程从重庆到江津看望老师,并赠送钱物。陈独秀对他们的看望表示感谢,但对钱物则不接受,并说:"你们做你们的大官,我当我的难民,钱我是绝不能收的。"②对共产党叛徒张国焘、任卓宣汇寄的钱物,陈独秀更是嗤之以鼻,一一退回。不仅如此,陈独秀至死也不失做人的操守,临终时嘱咐妻子潘兰珍,在他死后要独立生存,切不可拿他的名声"卖钱"(即乞求别人的救济)。陈独秀病逝时,家中除了一张书桌、两架木床、几条凳子、几箱书籍外,再无他物。陈独秀可谓是"穷且益坚,不坠青云之志"。

威武不能屈。陈独秀是个"吃软不吃硬"的人,从不屈服于权贵淫威,始

---

① 包惠僧:《我所知道的陈独秀》,见《中共党史资料》(内部资料)1979 年第 5 期。
② 参见陈璞平:《陈独秀之死》,青岛出版社 2005 年版,第 303 页。

终保持凛然不可侵犯的浩然正气。陈独秀被国民党逮捕后,军政部长何应钦亲自审问他,并以"陈先生这次被捕,各地党部纷纷来电要求严办,军方反响尤为强烈"相威胁。意思是:你现在是阶下囚,如果想活命,就必须低头认罪。陈独秀当即回答:"独秀自投身革命那一时起,早将生死置之度外。只盼蒋介石早日成全我。"何应钦十分尴尬,只好转移话题,说陈独秀是书法大家,是否可以给自己题字留念。陈独秀也不推辞,手书"三军可夺帅也,匹夫不可夺志"12个大字。陈独秀是借字言志,告诉何应钦:头可断,血可流,自己的信仰是决不会改变的。① 1933年4月,国民党江苏高等法院以所谓"危害民国罪"和"叛国罪"对陈独秀进行起诉。在法庭上,陈独秀侃侃而谈,慷慨激昂地为共产党人辩护,公开宣告自己无罪:"总之,予生平言论行动,无不光明磊落,无不可以公告国人。予固无罪,罪在拥护中国民族利益,拥护大多数劳苦人民之故而开罪于国民党已耳……今之国民党所仇视者,非帝国主义,非军阀官僚,乃彻底反对帝国主义、反对军阀官僚、始终努力于最彻底的民族民主革命的共产党人……若于强权之外,复假所谓法律以入人罪,诬予以'叛国'及'危害民国',则予一分钟呼吸未停,亦必高声抗议。"②辩护词义正辞严,有力地回击了国民党的诬蔑。1937年8月淞沪战争爆发,日军飞机频频空袭南京,关押陈独秀的老虎桥监狱也多次被炸。胡适、张伯苓等人担心陈独秀的安全,便向蒋介石上书,要求保释陈独秀。蒋介石提出一个条件:保释可以,但陈独秀必须写一份悔过书。陈独秀听后,勃然大怒,高声说道:"我宁愿炸死在监狱中,实在无过可悔! 想让我低头认罪,简直是白天做梦,痴心妄想! 我陈独秀拒绝人保,附有任何条件,皆非所愿! 我要无条件出狱!"这种威武不屈的气节情操,确实令人肃然起敬。

---

① 参见陈璞平:《陈独秀之死》,青岛出版社2005年版,第217页。

② 任建树选编:《陈独秀著作选》第3卷,上海人民出版社1993年版,第320—321页。

第十一章 鲁迅的人生哲学

鲁迅(1881—1936年),原名周樟寿,字豫才,后改名周树人,浙江绍兴人。鲁迅是中国现代史上伟大的文学家、思想家。他一生追求真理,追求进步:南京求学时受进化论影响,立志科学救国;留学日本时放弃医学,从事文学,积极参加资产阶级民主革命;20世纪20年代末30年代初,接受马克思主义影响,为无产阶级革命呐喊助威,逐渐向共产主义者转变。他以文艺为武器,深入解剖中国社会和传统文化,对民众进行思想启蒙,被誉为"民族魂"。在人生哲学方面,鲁迅把国家独立、民族振兴、民众觉醒作为自己的人生理想;信奉"吃的是草,挤的是奶"、"有一分热,发一分光"、"俯首甘为孺子牛"的自我牺牲精神;他有强烈的叛逆精神和反抗性格,但有时也敏感多疑、孤独忧郁;他以理性的态度对待生死,珍惜生命,也不畏惧死亡,表现出彻底的唯物主义精神。毛泽东高度赞颂鲁迅精神:"鲁迅的骨头是最硬的,他没有丝毫的奴颜和媚骨,这是殖民地半殖民地人民最可宝贵的性格。"[①]鲁迅人生精神已积淀内化为我们的民族精神和民族性格,是中华民族宝贵的精神财富。

第一节 "我以我血荐轩辕"

1881年9月25日,鲁迅诞生于浙江绍兴的一个"仕宦之家"。祖父周福清,进士出身,任过知县、内阁中书之类的小官。父亲周伯宜,常年卧病在家。母亲鲁瑞,是个颇为能干且思想开通的家庭妇女。由于家境殷实,衣食无忧,鲁迅的童年生活是幸福的。13岁那年,一场家庭变故打破了平静安宁的家庭

---

① 《毛泽东选集》第二卷,人民出版社1991年版,第698页。

生活。祖父周福清因科场贿赂案不仅丢官去职,而且被官府关进监狱。为了营救周福清,周家变卖田产和店铺,几年之间就一贫如洗,以致不得不靠典当度日。雪上加霜的是,父亲周伯宜又因庸医所误,36 岁就撒手西归。这场家庭变故对少年鲁迅产生了巨大影响,他从官宦子弟跌落至社会底层,变成寄人篱下的"乞食者",饱尝了人间冷暖、世态炎凉。"有谁从小康人家而坠入困顿的么? 我以为在这途路中,大概可以看见世人的真面目。"①他对统治阶级的凶残、绅士阶层的虚伪、世道人心的险恶、劳动人民的淳朴有着切身体验,对以后认识中国社会、解剖国民劣根性、描写人物性格、塑造艺术形象有很大帮助,并直接影响了他的人生道路,萌生了初步的反封建思想。

怀着"走异路,逃异地,去寻找别样的人们"②的心情,鲁迅于 1898 年 5 月告别故乡绍兴来到南京,就读于江南水师学堂,不久转学南京矿路学堂。1898年是中国近代史上风起云涌的年代,"戊戌变法"席卷神州大地,这股强大的时代思潮深深激荡着年轻的鲁迅。在南京求学期间,鲁迅经常阅读梁启超主办的《时务报》和严复翻译的赫胥黎的《天演论》。资产阶级改良派鼓吹的"变法图强"思想,特别是赫胥黎宣扬的"物竞天择,适者生存"对鲁迅产生了强烈的震撼,他开始信仰进化论,认为"将来必胜于过去,青年必胜于老年"。赫胥黎的进化论犹如一束思想火炬照亮了鲁迅,他更加看清了中国社会的黑暗,萌生了变革社会的想法。为了表达自己的心情,他刻了"文章误我"、"戛剑生"、"戎马书生"3 枚图章。鲁迅觉得自己再也不能埋首书斋,而应该投笔从戎,化作一柄利剑,去和腐朽的社会势力作战,去寻找救国救民的道路。但路在何方? 鲁迅和当时先进的知识分子一样,还处在迷惘惶惑状态。

1902 年 3 月,鲁迅从南京路矿学堂毕业,怀着科学救国的理想,踏上赴日留学的旅途。他进入东京的弘文学院补习日语,在弘文学院期间,鲁迅与同乡好友许寿裳经常讨论这样三个问题:"怎样才是最理想的人性?"、"中国国民性中最缺乏的是什么?"、"中国国民性的病根何在?"这三个问题相互关联,说明鲁迅开始对社会人生进行深入思考。在鲁迅看来,中国国民性中最缺乏的是科学精神,由于封建统治阶级几千年的愚民统治,国民愚昧无知,信迷信不

① 《鲁迅全集》第 1 卷,人民文学出版社 1981 年版,第 415 页。
② 《鲁迅全集》第 1 卷,人民文学出版社 1981 年版,第 415 页。

信科学,因此发展科学是拯救中国的唯一途径。为此,他撰写了《中国地质略论》、《中国矿产志》等科普文章,翻译《月界旅行》、《地底旅行》等科幻小说。鲁迅希望通过普及科学知识,发展科学技术,使中国摆脱帝国主义的奴役,步入独立、富强、文明、进步国家的行列。1903 年 3 月,为表示自己反抗民族压迫、与清政府彻底决裂的决心,鲁迅带头在班上剪掉辫子,拍照纪念,并题诗一首:"灵台无计逃神矢,风雨如磐暗故园。寄意寒星荃不察,我以我血荐轩辕。"①"我以我血荐轩辕"的豪迈诗句,表明鲁迅决心用自己的热血去拯救积贫积弱的祖国,初步树立了为民族解放而献身的人生理想。

1904 年 5 月,鲁迅到仙台医专学习医学,他希望自己成为一个有真才实学的医生,来挽救千千万万像父亲一样不幸的病人。但第二年发生的一件事改变了他的人生道路。那是上细菌学课,日本教师放映一组幻灯片,幻灯片记录在日俄战争期间,一位中国人据说因给俄国人做侦探,被日本军人枪毙示众,而周围的一群中国人竟表情麻木,无动于衷。这件事对鲁迅产生了强烈的刺激,"我便觉得医学并非一件紧要事,凡是愚弱的国民,即使体格如何健全,如何茁壮,也只能做毫无意义的示众材料和看客,病死多少是不必以为不幸的。所以我们的第一要著,是在改变他们的精神,而善于改变精神的是,我那时以为当然要推文艺。"②鲁迅认为,对于愚昧的国民,最要紧的不是医治他们病痛的肉体,而是医治他们麻木的灵魂,而文艺正是医治国人灵魂的最好药方。他决心弃医从文,用文艺唤醒国人,以振奋民族精神,实现民族独立。弃医从文是鲁迅人生道路上的一个重要转折点。

从仙台回到东京后,鲁迅和几位友人合办了一本文艺刊物,名为《新生》。他开始翻译外国文学作品,并尝试进行文学创作。1908 年,鲁迅发表了《摩罗诗力说》、《科学史教篇》、《文化偏至论》等系列论文。在这些文章中,鲁迅阐述了自己救亡图存的主张。在他看来,中国的根本问题在人不在物,在精神不在物质,在个性不在"众数"。为此,鲁迅提出了一个著名的观点:即中国要"立国",实现国家独立、民族解放,首先必须"立人",促进国民的个性觉醒和精神解放。"立人"是"立国"的前提,"立国"是"立人"的目的。为什么首先

---

① 《鲁迅全集》第 7 卷,人民文学出版社 1981 年版,第 423 页。
② 《鲁迅全集》第 1 卷,人民文学出版社 1981 年版,第 417 页。

要"立人"？鲁迅认为，世界上一切事情，关键在人。"故将生存两间，角逐列国是务，其首在立人，人立而后凡事举。"①国民一旦个性解放、精神振奋，则民族独立、国家强盛乃水到渠成。"国人之自觉至，个性张，沙聚之邦，由是转为人国。人国既建，乃始雄厉无前，屹然独见于天下。"②从"立人"到"立国"，从唤醒人性、振奋国民精神到实现国家独立、民族解放，既是鲁迅认定的救国救民道路，又是他奋斗终生的人生理想。

为了实现自己的人生理想，鲁迅义无反顾地投身到唤醒民众、争取国家独立和民族解放的斗争之中。青年时期的鲁迅，因受进化论和尼采思想的影响，特别强调"尊个性而张精神"，把尊重人性、张扬个性、发挥精神意志作用视为人生的第一要义。"知精神现象实人类生活之极颠，非发挥其辉光，于人生为无当；而张大个人之人格，又人生之第一义也。"③鲁迅认为，"立人"的关键在于造就大批"精神界之战士"，只有造就大批具有新思想、新文化、新道德的"精神界之战士"，才能冲决各种旧思想、旧文化、旧道德的罗网，推翻封建制度，改变中国积贫积弱的状态，使中华民族巍然屹立于世界民族之林。在鲁迅看来，"精神界之战士"具有三个特征：一是有独立思想和独立人格，"举世誉之而不加劝，举世毁之而不加沮"④；二是有坚定信仰，执着于"个性之尊严，人类之价值"⑤；三是有强烈反抗精神，"立意在反抗，指归在动作"⑥。他认为拜伦、雪莱、普希金、裴多菲等浪漫主义诗人就是这样的"精神界之战士"。如何造就这样的"精神界之战士"？鲁迅指出必须"掊物质而张灵明，任个人而排众数"⑦。所谓"掊物质而张灵明"，就是张扬精神力量，发挥主观能动性，不为物欲所蔽。鲁迅之所以排斥物质，是认为物质欲望是各种罪恶的根源。"林林众生，物欲来蔽，社会憔悴，进步以停，于是一切诈伪罪恶，蔑弗乘之而萌，使性灵之光，愈益就于黯淡。"⑧所谓"任个人而排众数"，则是强调人要有

---

① 《鲁迅全集》第 1 卷，人民文学出版社 1981 年版，第 57 页。
② 《鲁迅全集》第 1 卷，人民文学出版社 1981 年版，第 56 页。
③ 《鲁迅全集》第 1 卷，人民文学出版社 1981 年版，第 54 页。
④ 《鲁迅全集》第 1 卷，人民文学出版社 1981 年版，第 68 页。
⑤ 《鲁迅全集》第 1 卷，人民文学出版社 1981 年版，第 51 页。
⑥ 《鲁迅全集》第 1 卷，人民文学出版社 1981 年版，第 66 页。
⑦ 《鲁迅全集》第 1 卷，人民文学出版社 1981 年版，第 46 页。
⑧ 《鲁迅全集》第 1 卷，人民文学出版社 1981 年版，第 53 页。

独立意识,追求自我价值,不要人云亦云,随波逐流。如何评价青年鲁迅的
"尊个性而张精神"? 我们认为,在国人还处在奴性和麻木状态下,鲁迅强调
精神意志作用,希望通过解放人性、张扬个性来促进民族新生,这种观点对20
世纪初的中国人民来说,确实具有振奋人心、激励斗志、提高民族凝聚力的巨
大作用。但过于强调主观精神的力量,看不到物质生产在社会变革中的决定
作用,把个性解放置于社会解放之上,则说明当时鲁迅思想还停留在历史唯心
主义阶段。

　　1906 年夏天,鲁迅从日本短暂回国,接受母亲的安排,与没有爱情的朱安
女士结婚,成为封建包办婚姻的牺牲品。对这段包办婚姻,他曾对好友许寿裳
倾诉:"这是母亲送给的礼物,我只能好好地供养。爱情是我所不知道的。"①
这种无爱婚姻使鲁迅十分痛苦,长期陷入情感煎熬之中,性格也变得沉闷
忧郁。

　　辛亥革命爆发时,鲁迅以满腔热情投入了这场运动,带领学生上街游行,
维护社会秩序,迎接绍兴光复。1912 年年初,受教育总长蔡元培邀请,鲁迅赴
南京任临时政府教育部职员。不久北迁,被北洋政府教育部任命为社会教育
司第一科科长,分管博物馆、美术馆等文化艺术方面的工作。鲁迅在北洋政府
教育部工作期间,亲身经历了袁世凯称帝、张勋复辟、尊孔读经等历史倒退事
件,也亲眼目睹了军阀混战给人民带来的深重苦难。他觉得辛亥革命除了把
皇帝赶出紫禁城,换了一块共和的招牌之外,社会并没有前进,政治依然黑暗,
社会依旧腐朽,老百姓仍然生活在水深火热之中。他对中国前途感到失望,因
而怀疑、苦闷、孤独、彷徨,经历了人生最痛苦的时期。为了打发时光,他沉溺
于古籍之中,抄写佛经,研究小说,较少关注社会问题。

　　然而新文化运动、十月革命和"五四"运动重新点燃了鲁迅的人生激情。
新文化运动对封建旧思想、旧文化的批判,俄国十月革命开辟了人类历史的新
纪元,"五四"运动中学生的爱国热情,使鲁迅看到了中国的前途和希望,他的
理想之光再度闪耀,精神开始振作起来,文学创作激情如火山般爆发,进入第
一个文学创作高峰时期。他发表了《狂人日记》、《孔乙己》、《阿 Q 正传》等一
批著名的文学作品。在这些作品中,鲁迅以犀利的笔锋挖掘旧社会的病根,解

---

① 　许寿裳:《亡友鲁迅印象记》,上海文化出版社 2006 年版,第 59 页。

剖国民的劣根性。他揭露封建制度和封建礼教的"吃人"本质："我翻开历史一查，这历史没有年代，歪歪斜斜的每页上都写着'仁义道德'几个字。我横竖睡不着，仔细看了半夜，才从字缝里看出字来，满本都写着两个字是'吃人'！"①他指出奴隶性格和卑怯是中国人"惰性"的"根柢"。长达几千年封建专制的压迫和封建文化的毒害，奴化了中国人的性格。"中国人向来就没有争到过'人'的价格，至多不过是奴隶，到现在还如此。"②所不同的是，有时处于"想做奴隶而不得的时代"，有时则处于"暂时做稳了奴隶的时代"③。他认为国民缺乏勇武气质和反抗精神，畏惧强者，胆小卑怯。更可悲的是，中国人不是努力反抗强者的蹂躏，而是将怨愤发泄到弱者身上。"自己被人凌虐，但也可以凌虐别人；自己被人吃，但也可以吃别人。"④这种自我安慰和欺凌弱者将中国人的反抗精神消弭殆尽。因此要振奋民族精神，争取民族解放，首先必须改造国民性，对民众进行思想启蒙。

20世纪20年代后期，是鲁迅人生道路的转折时期，他开始从革命民主主义者转变为共产主义者。北洋军阀对学生的残酷镇压，蒋介石发动"四一二"反革命政变，将共产党人和劳动群众投入到血泊之中，革命阵营发生了分化，部分青年蜕变为杀人者的帮凶，血淋淋的事实使鲁迅对进化论人生观产生了怀疑。"我一向是相信进化论的，总以为将来必胜于过去，青年必胜于老年……我在广东，就目睹了同是青年，而分成两大阵营，或则投书告密，或则助官捕人的事实！我的思路因此轰毁，后来便时常用了怀疑的眼光去看青年，不再无条件的敬畏了。"⑤他开始学习马克思主义，从现实的阶级关系出发考察社会现象，并把立足点转移到劳苦大众方面。此时，鲁迅的人生理想发生了重大变化，不再单纯地从人的精神领域寻找个性解放的道路，而是以马克思主义为指导，用阶级意识代替抽象人性，用历史唯物主义代替进化论，从而深刻认识到：不是人们的精神生活决定人们的物质生活，不是个性解放是社会解放的前提，恰恰相反，是人们的物质生活决定人们的精神生活，社会解放是个性解

① 《鲁迅全集》第1卷，人民文学出版社1981年版，第425页。
② 《鲁迅全集》第1卷，人民文学出版社1981年版，第212页。
③ 《鲁迅全集》第1卷，人民文学出版社1981年版，第213页。
④ 《鲁迅全集》第1卷，人民文学出版社1981年版，第215页。
⑤ 《鲁迅全集》第4卷，人民文学出版社1981年版，第5页。

放的条件。因此他认为妇女解放最重要的是获得"和男子同等的经济权",否则"我以为所有的好名目,都是空话"①。他强调妇女要"不断的为解放思想、经济等等而战斗。解放了社会,也就解放了自己"②。在鲁迅看来,改造社会的最锐利武器是进行社会革命,最有效的手段则是火与剑。不仅如此,鲁迅还把社会解放和民族振兴的希望寄托在无产阶级及其先锋队——中国共产党身上,"惟新兴的无产者才有将来"③,"那切切实实,足踏在地上,为着现在中国人的生存而流血奋斗者,我得引为同志,是自以为光荣的"④。至此鲁迅的人生哲学发生了一个历史性飞跃:认识到个性解放必须建立在民族解放和人类解放的基础上,只有积极投身中国共产党领导下的无产阶级革命,实现国家独立和民族解放,中国人民才能过上幸福美好的生活。为此,他的人生观发生了升华,从革命民主主义人生观转变为共产主义人生观,自觉地为中国革命冲锋陷阵。

第二节　"吃的是草,挤的是奶"

为实现救国救民的人生理想,鲁迅把自己一生毫无保留地献给了中华民族的解放事业。他认为,一个人能力有大小,但只要尽了自己的努力,为社会作出力所能及的贡献,就可以问心无愧。他希望人们学习萤火虫精神:"能做事的做事,能发声的发声。有一分热,发一分光,就令萤火一般,也可以在黑暗中发一点光,不必等候炬火。"⑤萤火虫精神实质上是一种无私奉献的自我牺牲精神。

鲁迅就是这样的"萤火虫"。他不仅"有一分热,发一分光",而且"吃的是草,挤的是奶"。鲁迅认为,人生的意义不是光宗耀祖、扬名后世,而是用自己

---

① 《鲁迅全集》第4卷,人民文学出版社1981年版,第598页。
② 《鲁迅全集》第4卷,人民文学出版社1981年版,第598页。
③ 《鲁迅全集》第4卷,人民文学出版社1981年版,第191页。
④ 《鲁迅全集》第6卷,人民文学出版社1981年版,第589页。
⑤ 《鲁迅全集》第1卷,人民文学出版社1981年版,第325页。

的血肉精神去"培育幸福的花朵,为着后来的人们"①。为了培养幸福的花朵,即使自己变成腐烂的野草也心甘情愿;人生的价值不在追求个人财富和物质享受,而在"随时为大家想想,谋点利益就好"②。在鲁迅看来,人们要树立正确的人生观、价值观,形成自我牺牲精神,前提是要有人生的责任感、使命感。特别是在社会黑暗时期,不能退缩逃避,应该勇敢地承担起自己的人生责任和社会责任,而人生的责任在于牺牲自己,为子孙后代创造一个幸福的明天。"人生现在实在苦痛,但我们总要战取光明,即使自己遇不到,也可以留给后来的。我们这样活下去罢。"③"没有法,便只能先从觉醒的人开手,各自解放了各自的孩子。自己背着因袭的重担,肩住了黑暗的闸门,放他们到宽阔光明的地方去,此后幸福的度日,合理的做人。"④在世俗的眼光中,人不为己,天诛地灭,谁愿意牺牲自己去帮助别人? 然而在鲁迅看来,虽然自己吃苦受累,日渐消瘦,但只要能帮助他人,哺育青年人成长,推动社会进步,自己就是幸福的。"在生活的路上,将血一滴一滴地滴过去,以饲别人,虽自觉渐渐瘦弱,也以为快活。"⑤它体现了鲁迅以奉献为快乐的幸福观和价值观。

在《中国人失掉自信力吗》一文中,鲁迅赞誉那些默默无闻、埋头苦干的人,认为他们才是"中国的脊梁"。"我们从古以来,就有埋头苦干的人,有拼命硬干的人,有为民请命的人,有舍身求法的人……虽是等于为帝王将相作家谱的所谓'正史',也往往掩不住他们的光辉,这就是中国的脊梁。"⑥在《故事新编》中,他热情歌颂那些中国历史上战天斗地、为民造福的传奇式英雄人物。《补天》中的女娲,为了修补开裂的天空和创造人类,不停地劳作,即使"累得眼花耳响,支持不住了",仍以极大的毅力坚持着,直到"用尽了自己一切,躺倒在地"。《理水》中的大禹,为了治理洪水,自己带头挖山填土,疏浚河道,三过家门而不入。这些中华民族的祖先,生命不息,奋斗不止,目的就是为后人创造幸福。对现实生活中那些不为名利、默默奉献的小人物,鲁迅更是怀

① 《鲁迅全集》第 3 卷,人民文学出版社 1981 年版,第 411 页。
② 《鲁迅全集》第 13 卷,人民文学出版社 1981 年版,第 269 页。
③ 《鲁迅全集》第 13 卷,人民文学出版社 1981 年版,第 337 页。
④ 《鲁迅全集》第 1 卷,人民文学出版社 1981 年版,第 130 页。
⑤ 《鲁迅全集》第 11 卷,人民文学出版社 1981 年版,第 249 页。
⑥ 《鲁迅全集》第 6 卷,人民文学出版社 1981 年版,第 118 页。

着深深的敬意予以高度评价："素园却并非天才，也非豪杰，当然更不是高楼的尖顶，或名园的美花。然而他是楼下的一块石材，园中的一撮泥土，在中国第一要他多。他不入于观赏者的眼中，只有建筑者和栽植者，决不会将他置之度外。"[1]默默无闻的韦素园们，把自己化作建筑物的基石和培育花朵的泥土，支撑着社会的大厦，培植出艳丽的花朵，这是多么崇高的自我牺牲精神。

令人感动的是，鲁迅本人就具有强烈的自我牺牲精神，以服务他人、造福社会为己任。作为一个蜚声中外的文学家，鲁迅没有因为自己声望高、影响大而瞧不起青年人，也没有因为自己时间紧、事情多而拒绝帮助他们。为了扶持青年人成长，造就大批文艺界的新战士，鲁迅甘当人梯，让青年人踩着自己的肩膀往上攀登。20世纪20年代初，鲁迅在北京任教期间，积极支持未名社、沉钟社、语丝社、狂飙社、莽原社等一批青年文学社团的活动，为他们撰写文章、校译书稿、出版刊物，甚至垫付经费。在鲁迅的帮助下，大批文学青年茁壮成长，他们有的成为著名作家（如台静农），有的成为著名学者（如杨晦、冯至），有的成为著名翻译家（如李霁野、曹靖华）。

对那些身陷困境的文艺青年，鲁迅总是及时伸出援助之手。"九一八"事变后，东北沦陷，萧军、萧红等一批青年作家流亡到上海，身无分文，生活无着。两人孤独无依，抱着试试看的心情，向鲁迅求助。鲁迅热情地会见他们，慷慨解囊，拿出20块大洋，帮他们解决燃眉之急，并把自己家的地址告诉他们，说有困难可随时找他。萧红觉得这是鲁迅先生用血汗换来的钱，心中颇为不安。鲁迅写信安慰说："这是不必要的。我固然不收一个俄国的卢布，日本的金圆，但因为出版界上的资格关系，稿费总比青年作家来得容易，里面并没有青年作家的稿费那样的汗水的——用用毫不要紧。而且这些小事，万不可放在心上。"[2]鲁迅还抽出时间为他们修改作品。东北沦陷后，萧军、萧红分别创作了小说《八月的乡村》和《生死场》。这两部小说描绘了"九一八"事变后，东北人民在中国共产党领导下开展的英勇抗日斗争，但由于作者初出茅庐，小说又写于流亡途中，因而技巧比较稚拙，格式不够规范，甚至还有一些错别字。鲁迅以极大的耐心，帮助他们订正错字，调整结构，肯定优点，指出不足，并亲

---

① 《鲁迅全集》第6卷，人民文学出版社1981年版，第68页。
② 《鲁迅全集》第12卷，人民文学出版社1981年版，第586页。

自撰写序言。这两部小说得以问世,凝结着鲁迅的大量心血。为了中外文化的传播交流,特别是让中国文学走向世界,鲁迅对外国作家翻译他的作品从不收取版权费。1935 年,日本友人增田涉将鲁迅的《中国小说史略》翻译成日文出版,由于在翻译过程中得到鲁迅的帮助,增田涉准备在出版时署上鲁迅的名字。对此鲁迅婉言予以拒绝,并在给增田涉的信中写道:"《小说史略》有出版的机会,总算令人满意。对你的尽力,极为感谢。'合译'没有意思,还是单用你的名字好。"①字里行间,闪耀着鲁迅比黄金还要贵重的美丽心灵:只要能服务社会,造福后人,不要说个人名利,就是将自己的血一滴一滴地流尽,也是快活的。

　　鲁迅认为,人生价值不仅在于奉献,还在于创造。他说:"人生却不在拼凑,而在创造,几千百万的活人在创造。"②创造是人生的动力,人活着就应该创造。在鲁迅看来,创造就是不循常规,不畏艰险,在没有"路"的地方为后人走出一条路。"什么是路? 就是从没路的地方践踏出来的,从只有荆棘的地方开辟出来的。"③鲁迅的一生是创造的一生,他用自己的生命从事文化创造,创作出数百万字的文学作品,塑造出一系列栩栩如生的人物形象,奉献给我们的伟大民族和人民。在《阿 Q 正传》中,鲁迅塑造了一个思想落后却自诩革命、受尽欺压凌辱、忍气吞声却自欺欺人、以精神胜利法麻醉自己的人物形象——阿 Q,而阿 Q 又是旧中国安于现状、逆来顺受、缺乏思想觉悟且自我安慰、自我陶醉的典型农民形象。《祝福》中的祥林嫂,则是一个深受封建政权、族权、神权、夫权压迫的典型妇女形象,她不仅生前受尽奴役压迫,连死后都不得安宁,背上了沉重的精神负担。在祥林嫂身上,鲁迅揭露了封建礼教和封建迷信对妇女的毒害摧残。鲁迅创造的这些不朽人物形象,丰富了中国文学艺术宝库。

第三节　"反抗绝望,向往新生"

　　鲁迅出生于黑暗的晚清时期,人生道路复杂曲折。少年时期的家庭变故,

---

① 《鲁迅全集》第 13 卷,人民文学出版社 1981 年版,第 630 页。
② 《鲁迅全集》第 5 卷,人民文学出版社 1981 年版,第 373 页。
③ 《鲁迅全集》第 1 卷,人民文学出版社 1981 年版,第 368 页。

青年时代的不幸婚姻,中年时期的兄弟失和,长期的超负荷写作和疾病折磨,身处北洋军阀和国民党的白色恐怖,如此痛苦的生活经历和险恶的生存环境对鲁迅性格和人生态度产生了深刻的影响,使他形成一种矛盾性格和复杂的人生态度。鲁迅的性格主要表现为反抗叛逆、倔强刚毅、光明磊落、疾恶如仇,但也有敏感多疑、孤独忧郁的时候。鲁迅的人生态度,既不是"只有苦痛与黑暗",也不全是"乐观与战斗",而是积极与消极、希望与绝望、乐观与悲观并存。鲁迅的伟大在于他没有沉溺于消极悲观之中,而是反抗绝望,寻找希望,并最终获得新生,走向光明。

第一,叛逆反抗,敢作敢为。少年时期的家庭变故改变了鲁迅的性格。他对世态炎凉、人心险恶的社会现实极度厌恶,产生了叛逆反抗心理,形成了倔强刚毅、敢作敢为的性格。17岁那年,鲁迅不顾世俗非议,毅然报考江南水师学堂。报考江南水师学堂是鲁迅叛逆精神的开端,按照封建正统观念,读书人只有走科举求仕道路,博取功名,光宗耀祖才是正道。不仅如此,鲁迅家庭有着科举求仕的传统,祖父中进士,父亲是秀才。可鲁迅却放着科举求仕的正道不走,偏要报考水师学堂当海军,这不是典型的离经叛道么?到日本留学不久,鲁迅又带头剪掉辫子,表明自己与清廷决绝的态度,这是鲁迅叛逆精神的进一步发展。辛亥革命期间,鲁迅手执长刀,带领学生上街武装游行,为绍兴光复作出了贡献,显示出革命战士的大无畏精神。在北洋政府教育部任职期间,他多次带头参加索薪运动。大革命时期,鲁迅和李大钊等共产党人一道,参加反抗北洋军阀的斗争,积极声援学生运动。"三一八"惨案发生后,鲁迅不顾个人安危,撰写了《纪念刘和珍君》、《无花的蔷薇》等声讨北洋军阀暴行的檄文。在这些文章中,鲁迅发出愤怒的呼喊:"不在沉默中爆发,就在沉默中灭亡。"①他指出,敌人的血腥镇压无法阻挡人们的反抗怒火,也不可能遏制革命者的前进步伐。"真的猛士,敢于直面惨淡的人生,敢于正视淋漓的鲜血"②,"真的猛士,将更奋然而前行"。③ 晚年在上海,鲁迅更是直接投身于反抗国民党政治迫害和文化围剿的斗争。由于国民党实行白色恐怖,鲁迅经常被特务跟踪盯梢,时刻面临被暗杀的危险。但鲁迅没有屈服国民党的淫威,依

---

① 《鲁迅全集》第3卷,人民文学出版社1981年版,第275页。
② 《鲁迅全集》第3卷,人民文学出版社1981年版,第274页。
③ 《鲁迅全集》第3卷,人民文学出版社1981年版,第277页。

然与敌人进行针锋相对的斗争。他参加中国左翼作家联盟,和宋庆龄、蔡元培、杨杏佛等人组建中国自由大同盟。杨杏佛被暗杀后,鲁迅不顾国民党特务的威胁,冒着生命危险,毅然参加杨杏佛的葬礼。他多次掩护和营救共产党人,在瞿秋白遭到敌人追捕无处藏身时,鲁迅将他接到自己家中躲藏。陈赓被捕后,鲁迅积极配合宋庆龄开展营救活动。不仅如此,他还以杂文为武器,对国民党的黑暗统治进行辛辣的讽刺。1931 年 2 月,柔石、殷夫、李伟森、胡也频、冯铿"左联五烈士"被国民党杀害,鲁迅怒不可遏,写了《黑暗中国的文艺界的现状》,请史沫特莱译成英文,拿到国外发表。他要向国际舆论揭露国民党扼杀左翼文艺、镇压革命作家的暴行。史沫特莱担心鲁迅的安全,劝告说:"如果发表出来,你一定会被杀害的。"鲁迅毫不迟疑地回答:"那有什么关系?中国总得有人出来说话!"①

第二,光明磊落,心地坦荡。鲁迅性格坦荡,从不掩饰自己,主张活出自己的真性情,哪怕因此遭到别人的诬蔑辱骂、打击陷害亦在所不惜。"还是站在沙漠上,看看飞沙走石,乐则大笑,悲则大叫,愤则大骂,即使被沙砾打得遍身粗糙,头破血流……也未必不及跟着中国的文士们去陪莎士比亚吃黄油面包之有趣。"②鲁迅认为,一个敢说敢笑、敢怒敢骂的人,比那些阿谀奉承之辈和刻意掩饰甚至扭曲自己性格的人活得真实有趣。特别是当人们生在黑暗的年代,如果处处压抑自己,委曲求全,不是被闷死,就是被压垮,无法活下去的。"世上如果还有真要活下去的人们,就先该敢说、敢笑、敢哭、敢怒、敢骂、敢打,在这可诅咒的地方击退了可诅咒的时代。"③为此,他赞赏为人正直、不搞阴谋诡计的陈独秀:"假如将韬略比作一间仓库罢,独秀先生的是外面竖一面大旗,大书道:'内皆武器,来者小心!'但那门却开着的,里面有几支枪,几把刀,一目了然,用不着提防。"④鲁迅的坦荡还表现在严格解剖自己。他解剖社会、解剖别人,然而更多的是无情解剖自己,在给许广平的信中,曾多次说自己的"作品太黑暗"⑤;他认为自己有中产知识分子的坏脾气,"我时时说些自己

---

① 陈漱渝:《鲁迅评传》,中国社会出版社 2006 年版,第 171 页。
② 《鲁迅全集》第 3 卷,人民文学出版社 1981 年版,第 4 页。
③ 《鲁迅全集》第 3 卷,人民文学出版社 1981 年版,第 43 页。
④ 《鲁迅全集》第 6 卷,人民文学出版社 1981 年版,第 72 页。
⑤ 《鲁迅全集》第 11 卷,人民文学出版社 1981 年版,第 20 页。

的事情,怎样地在'碰壁',怎样地在做蜗牛,好像全世界的苦恼,萃于一身,在替大众受罪似的:也正是中产的智识阶级分子的坏脾气"①。在给萧军的信中,他甚至说自己身上存在着"破落户子弟的装腔作势和暴发户子弟之自鸣风雅"②的缺点。如此严格解剖自己,大胆揭露身上的疮疤,一般人都难以做到,何况一个享誉世界的伟大作家,它显示了鲁迅人格的磊落和灵魂的坦荡。

第三,爱憎分明,疾恶如仇。鲁迅的性格爱憎分明,对人民群众,他情同手足,"俯首甘为孺子牛";对邪恶势力,他疾恶如仇,"横眉冷对千夫指"。在《论"费厄泼赖"应该缓行》一文中,他提出了"痛打落水狗"的口号。鲁迅认为:对于那些"咬人之狗",无论它在岸上或在水中,"都在可打之列"。不要因为"落水狗"在落难时显露一副可怜相就同情它们,甚至把它救上岸来。要知道,狗是不会改变自己本性的。"落水狗"一旦获救,缓过气来,立即就会如从前一样,恢复作恶的本性,甚至恩将仇报,咬伤救命恩人。恶人就像"落水狗",任何时候也改变不了凶残邪恶的本性。因此对那些"狗"一样的恶人,决不能仁慈宽恕,只能"以眼还眼,以牙还牙","即以其人之道,还治其人之身"③。对于敌人欠下的血债,鲁迅主张必须加倍偿还,"血债必须用同物偿还。拖欠得愈久,就要付更大的利息!"④鲁迅一生和数不胜数的敌人作战,从不畏惧退缩,对那些心怀恶意之人的诋毁攻击,他"拳来拳对,刀来刀挡"。即使在临死之前,也决不宽恕一个敌人,"我的怨敌可谓多矣,倘有新式的人问起我来,怎么回答呢?我想了一想,决定的是:让他们怨恨去,我也一个都不宽恕。"⑤

第四,敏感多疑,忧郁孤独。少年时期的家道中落、世态炎凉的亲身体验,各种社会歧视的刺激,给鲁迅心灵带来巨大的创伤,形成了内向的性格和忧郁的气质。饱受封建包办婚姻之苦和承担巨大的家庭生活压力,使鲁迅的精神世界长期处于压抑状态。虽然鲁迅主张"乐则大笑,悲则大叫",但他一生中真正"乐则大笑"的时候不多,更多的是把自己关在屋子里,一根接一根地吸烟,在袅袅香烟中驰骋自己的艺术想象。何以如此?就在于他的内心深处有

---

① 《鲁迅全集》第4卷,人民文学出版社1981年版,第191页。
② 《鲁迅全集》第13卷,人民文学出版社1981年版,第196页。
③ 《鲁迅全集》第1卷,人民文学出版社1981年版,第276页。
④ 《鲁迅全集》第3卷,人民文学出版社1981年版,第263页。
⑤ 《鲁迅全集》第6卷,人民文学出版社1981年版,第612页。

一种高处不胜寒的人生孤独。"五四"运动之前,由于更多地看到社会的阴暗面和国民的劣根性,看不到中国的前途和改造社会的力量,因而鲁迅常常有先知先觉者的彷徨孤独。正如他在《娜拉走后怎样》中指出的:"人生最苦痛的是梦醒了无路可以走。做梦的人是幸福的,倘没有看出可走的路,最要紧的是不要去惊醒他。"①无路可走的痛苦往往比沉浸在梦中还要可怕。如果说沉浸在梦中只是麻木,那么无路可走则意味着寂寞、孤独、痛苦、彷徨,意志薄弱者甚至会走向自杀。由于长期超负荷写作,加上吸烟过多,鲁迅染上当时难于治愈的肺病。身心两方面的严重摧残,使他感到人生痛苦多于欢乐,产生悲观厌世的情绪。"所以我忽而爱人,忽而憎人;做事的时候,有时确为别人,有时却为自己玩玩,有时则竟因为希望生命的从速消磨,所以故意拼命的做。"②他想通过"从速消磨"自己生命来获得人生解脱。所以鲁迅的人生态度并非像某些人所说的,始终洋溢着"乐观与战斗"精神,他的内心常常有一种难以排遣的孤独和忧伤,这种孤独忧伤在辛亥革命失败后至 20 世纪 20 年代初表现得尤其明显。

由于陷入人生孤独状态,鲁迅形成了敏感多疑的性格。在人际交往中,他小心谨慎、瞻前顾后,"我看事情太仔细,一仔细,即多疑虑,不易勇往直前。"③这种敏感多疑的性格,一方面形成了鲁迅遇事多问几个为什么,对各种社会思潮不跟风、不盲从,保持独立思考和怀疑精神;另一方面也使他形成了强烈的防范心理,甚至出现神经过敏现象。1924 年,北京师大某学生冒名"杨树达"到鲁迅家中装疯卖傻,威胁鲁迅给他一笔钱。鲁迅在没有弄清事实真相的情况下,就在报纸上发表《记杨树达君的袭来》,指斥"学界或文界的敌手",故意用假疯子对他进行恫吓侮辱。后来有人证实该生确是神经错乱,闹事的那天正好发病。还有学生写来说明事实真相的信件。鲁迅知道自己错了,遂作《关于杨君袭来事件的辩证》,公开道歉,对自己"太易于猜疑,太易于愤怒"④进行自责。不仅如此,这种孤独忧郁还在一定程度上影响到鲁迅的创作,使他

---

①　《鲁迅全集》第 1 卷,人民文学出版社 1981 年版,第 159 页。
②　《鲁迅全集》第 11 卷,人民文学出版社 1981 年版,第 79 页。
③　《鲁迅全集》第 11 卷,人民文学出版社 1981 年版,第 32 页。
④　程致中:《鲁迅接受马克思主义的主观条件》,见张杰、杨燕丽选编:《鲁迅其人》,社会科学文献出版社 2002 年版,第 485 页。

的作品基调比较沉重灰暗,给人以压抑之感。在给许广平的信中,鲁迅多次谈到自己作品"偏激"和"黑暗"。"你好像常在看我的作品,但我的作品太黑暗了。因为我常常觉得惟黑暗与虚无乃是实有,却偏要向这些作绝望的挑战,所以很多偏激的声音。"①"我已在《呐喊》的序上说过:不愿将自己的思想传染给别人。何以不愿,则因为我的思想太黑暗"②,鲁迅担心自己的忧郁偏激影响青年人的成长,所以"不愿将自己的思想传染给别人"。

第四节　珍惜生命,直面死亡

在生死问题上,鲁迅的态度是人道主义和理性主义的。他珍惜尊重人的生命,主张过好生命每一天;他反对自杀,尤其反对引诱和唆使别人自杀;他不畏惧死亡,但强调要死得有价值。

鲁迅从人道主义的角度,告诫人们要珍惜和尊重生命,因为生命对人来说只有一次,无谓地牺牲生命、放弃生命对人对己都是不负责任的。鲁迅认为,珍惜和尊重生命,前提是维持个体的生存,使人们获得基本的物质生活资料。因而人生的当务之急是:"一要保存生命;二要延续这生命;三要发展这生命。"③在鲁迅看来,生存、温饱、发展既是人们的基本人权,也是人们生命得以保存延续的前提条件,因此如果"有敢来阻碍这三事者,我们都反抗他,扑灭他"④。要保存和延续生命,离不开食欲性欲,"食欲是保存自己,保存现在生命的事;性欲是保存后裔,保存永久生命的事。饮食并非罪恶,并非不净;性交也就并非罪恶,并非不净。"⑤食欲性欲不是"罪恶",也不是什么见不得人的事,恰恰相反,它是维持人的生命和人类生存繁衍的第一需要。其次要劳逸结合,调节身心。人是血肉之躯,只有劳逸结合,自我调节,才能保持生理机能的平衡,延年益寿。在鲁迅看来,人生固然要工作,不工作无以生存,但也应该注

---

① 《鲁迅全集》第 11 卷,人民文学出版社 1981 年版,第 20 页。
② 《鲁迅全集》第 11 卷,人民文学出版社 1981 年版,第 79 页。
③ 《鲁迅全集》第 1 卷,人民文学出版社 1981 年版,第 130 页。
④ 《鲁迅全集》第 3 卷,人民文学出版社 1981 年版,第 51 页。
⑤ 《鲁迅全集》第 1 卷,人民文学出版社 1981 年版,第 131 页。

意休息,不会休息就不会工作。"其实一生中专门耍颠或不睡觉,是一定活不下去的。人之有时能耍颠和不睡觉,就因为倒是有时不耍颠和也睡觉的缘故。然而人们以为这些平凡的都是生活的渣滓,一看也不看。"①不会休息的人,长期从事超负荷劳动的人,将极大地缩短自己的生命。鲁迅以牛为喻,认为牛要有气力干活,也要有吃草喘气的工夫,如果"用得太苦",也会累得趴下。

鲁迅珍惜人的生命,重视个人的生存,但又认为个人的生存应有益于社会。如果为生存而生存,饱食终日,无所用心,那就是苟活。"我之所谓生存,并不是苟活;所谓温饱,并不是奢侈;所谓发展,并不是放纵。"②苟活于世,甚至危害社会的生存发展,还不如放弃生命。"为社会计,牺牲生命当然并非终极目的,凡牺牲者,皆系为人所杀,或万一幸存,于社会或有恶影响,故宁愿弃其生命耳。"③

出于对生命的珍惜尊重,鲁迅反对人们自杀。在鲁迅看来:"自杀是卑怯的行为"④,也是对自己生命不负责任的表现,因而"我是不赞成自杀,自己也不预备自杀的"⑤。对那些漠视他人生命,甚至劝别人去死的人,鲁迅给予痛斥。"自己活着的人没有劝别人去死的权力,假使你自己以为死是好的,那末请你自己先去死吧。"⑥鲁迅认为,穷人的唯一资本是生命,因此应格外看重,不要轻易放弃它。对于穷人来说,"以生命为投资,为社会做一点事,总得多赚一点利才好;以生命来做利息小的牺牲,是不值得的。所以我从来不叫人去牺牲。"⑦自杀者是弱者,值得人们同情,过多指责自杀者的个人品行,而对造成自杀的社会环境避而不谈,这种人实际上是杀人者的"帮凶"。只有谴责造成自杀的社会环境,消除自杀的社会土壤,才能减少自杀现象的发生。

鲁迅对死亡有着清醒的认识:"我只很确切地知道一个终点,就是坟。"⑧由于死亡是人的必然归宿,因而人们对死亡既不必悲哀,也不要过分恐惧。在

----

① 《鲁迅全集》第6卷,人民文学出版社1981年版,第601页。
② 《鲁迅全集》第3卷,人民文学出版社1981年版,第52页。
③ 《鲁迅全集》第12卷,人民文学出版社1981年版,第399页。
④ 《鲁迅全集》第6卷,人民文学出版社1981年版,第617页。
⑤ 《鲁迅全集》第6卷,人民文学出版社1981年版,第333页。
⑥ 《鲁迅全集》第8卷,人民文学出版社1981年版,第193页。
⑦ 《鲁迅全集》第8卷,人民文学出版社1981年版,第193页。
⑧ 《鲁迅全集》第1卷,人民文学出版社1981年版,第284页。

《死》一文中,他宣称自己为死的"随便党"。在《呐喊自序》中,他说自己"唯一的愿望"是让生命"暗暗的消去"。鲁迅既不希望生命的永恒,也不追求灵魂的不朽。在他看来,无所谓不朽,不朽又有什么意义呢? 基于对死亡的清醒态度,他批判某些中国人幻想长生不老:"中国人有一种矛盾思想,即是:要子孙生存,而自己也想活得很长久,永远不死;及至知道没法可想,非死不可了,却希望自己的尸身永远不腐烂。但是,想一想罢,如果从有人类以来的人们都不死,地面上早已挤得密密的,现在的我们早也无地可容了;如果从有人类以来的人们的尸身都不烂,岂不是地面上的死尸早已堆得比鱼店里的鱼还要多,连掘井、造房子的空地都没有了么? 所以我想,凡是老的、旧的,实在倒不如高高兴兴的死去的好。"①那么死亡就没有任何意义吗? 非也! 鲁迅认为死亡有三方面的意义:一是人们可以从死亡反省生存的意义。正是因为人必有一死,所以人应该更珍惜有限的生命,从而促使自己在有限的生命中多做一些有利于国家、民族、社会、他人的事情。"过去的生命已经死亡,我对于这死亡有大欢喜,因为我借此知道我曾经存活。死亡的生命已经朽腐,我对于这朽腐有大欢喜,因为我借此知道它还会空虚。"②二是对那些在现实生活中确实痛苦的人,没有任何生活乐趣的人,死亡也是一种解脱。"想到生的乐趣,生固然可以留恋;但想到生的苦趣,无常也不一定是恶客。"③三是自己的尸体可以为社会作最后一次奉献。"世界决不和我同死,希望是在于将来的",为了这将来,虽然"路上有深渊",但可以"用那个死填平了,让他们走去"④。死后将自己的尸体填平沟壑深渊,为子孙后代开辟前进的道路,它再次体现了鲁迅"有一分热,发一分光"的自我牺牲精神。

---

① 《鲁迅全集》第 7 卷,人民文学出版社 1981 年版,第 307 页。
② 《鲁迅全集》第 2 卷,人民文学出版社 1981 年版,第 159 页。
③ 《鲁迅全集》第 2 卷,人民文学出版社 1981 年版,第 270 页。
④ 《鲁迅全集》第 1 卷,人民文学出版社 1981 年版,第 339 页。

第十二章　胡适的人生哲学

胡适(1891—1962年),字适之,安徽绩溪人。在中国现代史上,胡适是个重量级人物:他首倡白话文,发起文学革命,是新文化运动的先驱;他26岁被聘为北京大学教授,曾任中国公学和北京大学校长,在民国教育界中具有举足轻重的地位;抗日战争时期,他以学者身份出任国民政府驻美大使,积极宣传中国抗战,争取美国对华援助,为抗战胜利作出了贡献;他用西方科学方法研究中国文化,在中国哲学史、白话文学史、禅宗史、红楼梦考证诸领域都取得开创性成果。在人生哲学方面,胡适是自由主义知识分子的代表人物:他认为自由比生命更重要,所以"宁鸣而死,不默而生",但自由的前提是"容忍",没有容忍就没有自由;他认为"小我"是会消灭的,"大我"是永远不灭的,"小我"只有融入"大我",才能实现"社会不朽";他信奉"健全的个人主义",反对自私自利、独善其身的个人主义;他主张积极有为的人生态度,强调"多事总比少事好,有为总比无为好"。20世纪20—30年代,胡适的自由主义人生哲学与马克思主义人生哲学、现代新儒家人生哲学并驾齐驱,成为现代人生哲学三大流派,他们经常开展人生观论战,促进了中国现代人生哲学的繁荣。然而胡适自由主义的人生哲学不适应那个动乱激进的年代,因而常常受到人们的误解,有时甚至受到来自国共双方的批判围剿,显赫的名声掩盖着一颗孤独的灵魂。

第一节　宁鸣而死,不默而生

胡适是一个崇尚自由的人,一生为争取自由和在中国传播自由主义奔走呼号。胡适对自由主义进行了解释,所谓自由主义,"最浅显的意思是强调尊重自由。自由主义就是人类历史上那个提倡自由、崇拜自由、争取自由,充实并推广自由的大运动。"①在胡适看来,自由主义是一种社会运动,自由则是人的一种生存状态。在中国古文中,"自由"的意思是"由自",即"由于自己",不是由于外力。在欧洲文字里,"自由"则含有从外力压迫下解放出来的意思。总之,自由就是自己做主,不受外力束缚。自由广泛渗透于社会生活中,如"在宗教信仰方面不受外力限制,就是宗教信仰自由;在思想方面就是思想自由;在著作出版方面,就是言论自由、出版自由"②。

在胡适看来,自由对人生、国家、民族都具有重要意义。对个人来说,自由既是生命的本质特征,又是理想的生存状态。如果人处于受奴役状态,思想被禁锢,行动受限制,动辄得咎,这样的人生何其痛苦。对国家和民族来说,自由则是社会进步的希望,"如果一个民族或国家没有独立自由的人格,就如同酒里少了酒曲,面包少了酵母,人身少了脑筋一样,这样的社会与国家是决没有改良进步的希望。"③也就是说,没有独立自由人格的国家和民族是没有生机、死气沉沉的,最终将被浩浩荡荡的世界潮流所抛弃。

自由虽如此令人向往,但它不是天生的,也不是上帝赐予的,而是"一些先进民族用长期的奋斗努力争出来的"。东西方都有争取自由的光荣传统。从古希腊的苏格拉底、柏拉图到欧洲文艺复兴的但丁、莎士比亚,或是发出民主自由的呐喊,或是为争取民主自由而献出自己的生命。特别是在资产阶级革命中,一些革命斗士喊出了"不自由,毋宁死"、"生命诚可贵,爱情价更高。若为自由故,两者皆可抛"的口号,为争取自由前赴后继,英勇奋斗,谱写了一曲感天动地的自由之歌。同样在中国古代,冲破专制束缚、争取自由的呼声也不绝如缕。在胡适看来,孔子的"三军可夺帅,匹夫不可夺志",表现了人的自由意志是外力无法剥夺的;孟子的"富贵不能淫,贫贱不能移,威武不能屈",体现了人的独立人格凛然不受侵犯;陶渊明"久在樊笼里,复得返自然",抒发了自由的可贵和重获自由的欢欣;特别是范仲淹《灵乌赋》中的"宁鸣而死,不默而生"④,反映了中国古代知识分子争取言论自由的坚定决心和巨大勇气,

---

① 欧阳哲生编:《胡适文集》第 12 册,北京大学出版社 1998 年版,第 805 页。
② 欧阳哲生编:《胡适文集》第 12 册,北京大学出版社 1998 年版,第 805 页。
③ 《胡适文集》第 2 卷,人民文学出版社 1998 年版,第 31 页。
④ 欧阳哲生主编:《胡适·告诫人生》,九州图书出版社 1998 年版,第 130 页。

堪与西方"不自由,毋宁死"的口号相媲美。

　　胡适的自由主义精神表现为独立精神、怀疑精神、容忍精神。关于独立精神,胡适在《独立评论·发刊词》中指出:"不倚傍任何党派,不迷信任何成见,用负责任的言论来发表我们各人思考的结果,这就是独立的精神。"独立精神包括独立思考、独立操守和独立地位。所谓独立思考,就是"不肯把别人的耳朵当耳朵,不肯把别人的眼睛当眼睛,不肯把别人的脑力当自己的脑力"①,任何事情只有亲历亲为,经过自己的观察思考才能作出判断,而不能道听途说、人云亦云。在进行独立思考时,还必须打破迷信偶像、历史惯性、个人偏见的束缚,不被各种潮流所裹胁。独立操守就是坚守自己的思想信仰,捍卫自己的人格尊严,不为名利欲望所动,不为强权威严所惧,任何时候都敢讲真话,敢负责任。"个人对于自己思想信仰的结果要负完全责任,不怕权威,不怕监禁杀身,只认得真理,不认得个人的利害。"②只有将个人利益乃至生命置之度外,才能坚持独立操守。独立地位,就是超越于党派和政府之外,以无党派人士和社会贤达的身份发表自己的看法。因为一旦加入党派组织,或到政府做官,就势必受到党派利益、党纪政纪、团体规章的约束,无法站在中间人的立场,不偏不倚地说话。所以胡适一生没有参加任何党派,也不愿意在国民政府中任职(胡适在抗战期间曾任驻美大使,在他看来,这是在民族危亡的特殊时期为国效力,而不是做官)。20世纪30年代初,汪精卫致函胡适,邀请他担任教育部长,被他婉拒。他在致汪精卫的信中说:"我所以想保存这一点独立的地位,决不是图一点虚名,也决不是爱惜羽毛,实在是想要养成一个无偏无党之身,有时当紧要的关头上,或可为国家说几句有力的公道话。"③

　　胡适的独立精神建立在他的怀疑精神之上。胡适一生深受赫胥黎怀疑主义的思想影响,"赫胥黎教我怎样怀疑,教我不信任一切没有充分证据的东西。"④因为"不信任一切没有充分证据的东西",所以促使胡适去独立思考,遇事问一个为什么。比如:为什么是这样的? 而不是那样的? 为什么要这样

---

　　①　《胡适文集》第2卷,人民文学出版社1998年版,第206页。

　　②　《胡适文集》第2卷,人民文学出版社1998年版,第206页。

　　③　中国社会科学院近代史研究所中华民国史组编:《胡适往来书信选》中册,中华书局1979年版,第208页。

　　④　欧阳哲生主编:《胡适·告诫人生》,九州图书出版社1998年版,第459页。

做? 而不能那样做? 在胡适看来,遇事问一个为什么,这是人与动物的一大区别。"凡是自己说不出'为什么这样做'的事,都是没有意思的生活;凡是自己说得出'为什么这样做'的事,都可以说是有意思的生活。"①"有意思的生活"就是有意义的生活,即人生活得有意义。胡适认为,一个人如果缺少怀疑精神,就会陷入习惯和盲目状态。"习惯"就是对现成的东西,如既定的社会秩序、传统文化、风俗习惯全盘接受,照抄照搬,按部就班,墨守成规。"盲目"就是没有主见、没有自信、没有前进的方向,在行动上或莽撞蛮干,或随波逐流。长此以往,个人则四肢发达,头脑简单,成为没有思想的两脚机器;社会则因循守旧,停滞不前。为此,胡适呼吁全社会都要树立怀疑精神,"大胆假设,小心求证","做学问要在不疑处有疑"。胡适指出:只有大胆怀疑,才会激发人的创新精神,不断创造新事物,开拓新境界,推动社会前进。

胡适认为,容忍既是自由的前提,又是一切自由的根本,没有容忍就没有自由。什么是容忍? 就是"自己要争自由,同时便想到别人的自由,自己的自由不但须以不侵犯他人的自由为界限,并且还须进一步要求绝大多数人的自由"②。之所以需要容忍,原因有三:一是人人都有争取自由的权力,不能因为自己的自由而妨碍别人的自由;二是自由要靠容忍来保障,你的自由离不开别人的承认,同时别人的自由也离不开你的认可,只有相互容忍才能保障绝大多数人的自由;三是"异乎我者未必即非,而同乎我者未必即是;今日众人之所是未必即是,而众人之所非未必真非"③。自己的意见未必就对,别人的意见未必就错;大家赞成的未必就是真理,大家反对的不一定就是谬误,因为真理有时掌握在少数人手里,所以每个人应该养成容忍异己的雅量。胡适指出:"凡不承认异己者自由的人,就不配争自由,就不配谈自由。"④为此,胡适批判陈独秀"必以吾辈所主张者为绝对之是,而不容他人之匡正也"⑤的武断态度,认为这是一种不容忍的态度,最容易引起别人的恶感和反对,使自己陷于四面

---

①　欧阳哲生主编:《胡适·告诫人生》,九州图书出版社 1998 年版,第 16 页。

②　姜义华主编:《胡适学术文集·哲学与文化》,中华书局 2001 年版,第 197 页。

③　中国社会科学院近代史研究所中华民国史组编:《胡适往来书信选》上册,中华书局 1979 年版,第 356 页。

④　中国社会科学院近代史研究所中华民国史组编:《胡适往来书信选》上册,中华书局 1979 年版,第 356 页。

⑤　任建树选编:《陈独秀著作选》第 1 卷,上海人民出版社 1993 年版,第 302 页。

树敌的孤立境地。胡适认为不容忍源自于人类"喜同恶异"、"深信自己不会错"的心理习惯。"人类的习惯是喜同而恶异的，总不喜欢和自己不同的信仰、思想、行为。这就是不容忍的根源。"[1]在人类的潜意识中，总觉得自己是对的，别人都是错的，并把那些与自己不同的信仰、思想、行为视为"异己"或"异端"，加以摧残和迫害。这些人只承认自己的信仰、思想、行为有存在的自由，而否认"异己"者也有信仰、思想、行为的自由。人类历史上之所以出现数不胜数的政治迫害、宗教裁判，一个重要原因就是出自人们的不容忍心理。

自由主义的政治意义表现在四个方面：自由、民主、容忍反对党、和平渐进的改革。胡适认为，实现自由是自由主义的目的，但自由要靠民主来保证，专制的社会实现不了自由。提倡民主自由，在政治上就要容忍反对党，让不同的声音说话。允许反对党的存在，让反对党监督执政党，可以避免执政党一手遮天，走向专制独裁。胡适主张和平渐进的改革，对社会进行一点一滴的改良，因而必然反对阶级斗争和暴力革命。胡适的自由主义不适应那个动乱激进的年代，因而受到国共双方的批评。国民党鼓吹"一个党"、"一个国家"、"一个领袖"，不能容忍反对党的存在，尤其是共产党的存在。在国民党看来，胡适容忍反对党在客观上为共产党和其他民主党派的合法存在提供了理论根据，对它的专制统治构成了威胁，所以不欢迎胡适的自由主义。共产党反对社会改良，主张用阶级斗争和暴力革命夺取政权，因此也对胡适的自由主义进行批判。胡适的自由主义可谓两头不讨好，受到来自左右两个阵营的夹击，由此也决定了自由主义人生哲学在中国的命运：在夹缝中求生存，最终自生自灭。

第二节 "为全种万世而生活"

如果说争取自由是胡适孜孜以求的人生理想，那么"为全种万世而生活"、实现"社会不朽"则是胡适的人生信仰。

1918年12月，胡适的母亲去世。在悲痛和感恩之余，胡适开始思考人生的意义问题，就是普通的黎民百姓，没有显赫的功业，也没有传世的文章，他们

---

① 欧阳哲生主编：《胡适·告诫人生》，九州图书出版社1998年版，第138页。

的人生是否有意义？能否实现自己的人生价值？经过深入思考，胡适撰写了《不朽——我的宗教》一文，认为只要承担了一定的社会责任，在自己力所能及的范围内为社会做了有益的事情，普通人同样可以"不朽"，即"社会不朽"。

关于"不朽"，中国古代有两种观点：一种是"灵魂不朽"；另一种是《左传》中"立德、立功、立言"的"三不朽"。在胡适看来，"灵魂不朽"在人生行为上没有什么重大影响，因而可以不去讨论它。至于"立德、立功、立言"的"三不朽"，则对中国人的人生观产生了深刻影响，很有讨论的必要。"立德"的不朽，是因为人格高尚，而受到后人的崇拜景仰；"立功"的不朽，是因为事业成功，给人们带来了幸福；"立言"的不朽，是因为撰写著作文章，给社会留下了知识财富。这"三不朽"能够引导人们积极向上，所以有它存在的合理性。但在胡适看来，传统的"三不朽"存在着三层缺陷：一是只适用于杰出人物，不适用于普通百姓，是一种"寡头"的不朽论；二是只有积极的不朽，没有消极的不朽，对消极的不朽没有制裁，起不到劝善惩恶的作用；三是对"德、功、言"的界限模糊不清。为克服传统"三不朽"的缺陷，胡适提出了"社会不朽论"。

胡适指出，个人不是孤立存在的，他是社会的一分子，而社会是一个有机体。"从纵剖面看来，社会的历史是不断的，前人影响后人，后人又影响更后人"，也就是说，每个人既要承受前人、古人的遗产和影响，又会给后人留下某种遗产和影响。"总而言之，个人造成历史，历史造成个人。"①"从横截面看来，社会的生活是交互影响的"，社会生活是由个人分工合作形成的，但个人也离不开社会生活的影响，即所谓"个人造成社会，社会造成个人"②。正因为个人与社会有不可分离的关系，所以个人应对社会承担某种责任。如果说个人是"小我"，那么社会则是"大我"。但"'小我'是会消灭的，'大我'是永远不灭的。'小我'是会死的，'大我'是永远不死、永远不朽的"。③然而"小我"的消灭只是肉体的消灭，其思想、精神是不灭的，他一生的是非、善恶、功德、语言、行事都永远留存在"大我"中。"大我"不朽，"小我"的事业、人格、一举一动、一言一笑也将永远不朽。这就是社会不朽。胡适认为，比起中国传统的"三不朽"，社会不朽的范围更广泛，既包括圣贤豪杰，又包括平民百姓；既包

---

① 欧阳哲生主编：《胡适·告诫人生》，九州图书出版社1998年版，第5页。
② 欧阳哲生主编：《胡适·告诫人生》，九州图书出版社1998年版，第5页。
③ 欧阳哲生主编：《胡适·告诫人生》，九州图书出版社1998年版，第6页。

括美德功绩,又包括恶德罪孽;既承认善的不朽,也承认恶的不朽。

正因为善可以不朽,恶也可以不朽,不管善行恶行都会产生相应的后果。"你种谷子,便有人充饥;你种树,便有人砍柴,便有人乘凉;你拆烂污,便有人遭瘟;你放野火,便有人烧死。"①因此,作为"小我"的个人应时刻注意自己行为的社会后果,意识自己对"大我"的责任。"我这个现在的'小我',对于那永远不朽的'大我'的无穷过去,须负重大的责任;对于那永远不朽的'大我'的无穷未来,也须负重大的责任。我须要时时想着,我应该如何努力利用现在的'小我',方才可以不辜负了那'大我'的无穷过去,方才可以不遗害那'大我'的无穷未来?"②如果我们牢记自己肩负的社会责任,努力做一些有益于社会的事情,就可以趋于"不朽"的人生境界,实现自己的人生价值。

胡适还把"小我"对"大我"负责的"社会不朽"视为自己的人生信仰。其特征是教人"为全种万世而生活",即为多数人和子孙万代的幸福而奋斗。胡适的"社会不朽"具有一定的自我牺牲精神,比起那些"替个人谋死后天堂净土的自私自利宗教"③要高尚得多。

实现"社会不朽"离不开"健全的个人主义"。所谓"健全的个人主义"又叫个性主义,它的基本内容包括两个方面:一是造成自由独立的人格;二是充分发展个人的才能。

关于造成自由独立的人格。胡适指出:"社会与个人互相损害。社会最爱专制,往往用强力摧折个人的个性,压制个人自由独立的精神。等到个人的个性都消灭了,等到自由独立的精神都完了,社会自身也没有生气了,也不会进步了。"④所以把人们从社会专制迫害下解放出来,获得个人自由,是造成自由独立人格的前提。也就是说,人们首先必须"救出自己"。他借用易卜生的话说:"我所最期望于你的是一种真实纯粹的为我主义。要使你有时觉得天下只有关于我的事最要紧,其余的都算不得什么。……有的时候我真觉得全世界都像海上撞沉了船,最要紧的还是救出自己。"⑤这种"救出自己",并不

---

① 欧阳哲生主编:《胡适·告诫人生》,九州图书出版社1998年版,第465页。
② 欧阳哲生主编:《胡适·告诫人生》,九州图书出版社1998年版,第9页。
③ 欧阳哲生主编:《胡适·告诫人生》,九州图书出版社1998年版,第434页。
④ 《胡适文集》第2卷,人民文学出版社1998年版,第23页。
⑤ 《胡适文集》第2卷,人民文学出版社1998年版,第29页。

是只顾自己、不管他人的极端个人主义,相反它是"最有价值的利人主义。"因为社会是由个人组成的,"多救出一个人便是多备下一个再造新社会的分子。"相反,如果"明知世界'陆沉',却要跟着'陆沉',跟着堕落,不肯'救出自己'"①,才是最大的罪孽。因为他不对自己负责,跟着社会堕落,放弃了自己拯救世界的努力。

胡适认为,造成自由独立人格必须具备两个条件:"第一,须使个人有自由意志。第二,须使个人担干系,负责任。"②自由意志是个人有自由选择之权,担干系负责任是对自己和社会负责。在胡适看来,一个人只有对自己负责,才能对社会负责。胡适指出:个人如果没有自由选择权,又不为自己的行为承担责任,这样的人和奴隶没有什么两样。只有个人既有自由选择的权力,同时又为自己的行为承担责任,才能造成自由独立的人格。有了自由独立的人格,"自然会不知足,不满意于现状,敢说老实话,敢攻击社会上的腐败情形,做一个'贫贱不能移,富贵不能淫,威武不能屈'的斯铎曼医生。"③胡适号召人们向斯铎曼医生学习,他虽然不被社会大众所理解,甚至被视为"国民公敌"而遭到迫害,仍初衷不改,特立独行,为自由独立、捍卫真理而战。胡适指出:如果社会有越来越多的像斯铎曼医生那样的人,有越来越浓厚的斯铎曼精神,那么我们的社会"决没有不改良进步的道理"。

关于充分发展个人的才能。在胡适看来,一个人要承担起自己对社会的责任,仅仅有自由独立的人格是不够的,还必须具备一定的本领,把自己塑造成为国家的有用之才。也就是易卜生说的:"你要想有益于社会,最好的法子莫如把你自己这块材料铸造成器。"④如何"把自己铸造成器"? 关键在于不断发展自己,提升自己的能力。胡适认为:发展自己、提升能力的主要途径是学习知识和探索科学。因为科学知识能打破自然环境对人的束缚,提高人们征服自然、改造自然的能力,使人获得更加广阔的自由空间。"使你戡天,使你缩地,使你天不怕,地不怕,堂堂地做一个人。"⑤青年学生的当务之急是努

① 《胡适文集》第 2 卷,人民文学出版社 1998 年版,第 29 页。
② 《胡适文集》第 2 卷,人民文学出版社 1998 年版,第 30 页。
③ 欧阳哲生主编:《胡适·告诫人生》,九州图书出版社 1998 年版,第 463 页。
④ 欧阳哲生主编:《胡适·告诫人生》,九州图书出版社 1998 年版,第 125 页。
⑤ 姜义华主编:《胡适学术文集·哲学与文化》,中华书局 2001 年版,第 193 页。

力学习,"发展自己的知识与能力"。在胡适看来,青年人既要有报国的志向,又要有报国的本领能力,因为"社会的进步是一点一滴的进步,国家的力量也靠这个那个人的力量。只有拼命培养个人的知识与能力才是报国的真正准备功夫"①。青年人只有具备扎实的知识能力,才能促进社会进步、国家富强。

从上面的内容可以看出,胡适的"健全个人主义"与自私自利的个人主义和"独善的个人主义"具有本质的不同。自私自利的个人主义只顾满足自己的个人欲望,不管社会、大众和他人利益;而"独善的个人主义"虽不危害别人,但逃避现实生活,推卸社会责任,只求得个人的安身立命。胡适的"健全个人主义"希图通过宣扬个性解放、"救出自己"来锻造中国人的自由独立人格,把人们从封建专制的束缚下解放出来,这在"五四"运动和大革命时期是有一定进步意义的。同时,胡适宣扬的个性解放并不是主张自由放任,为所欲为。恰恰相反,这种自由独立人格是建立在人们社会责任和历史使命的基础上,强调人只有履行自己的社会责任,承担自己的历史使命,发展自己的能力,造福社会,才能成为一个有益于社会的人。

第三节　"有为总比无为好"

胡适之所以取得丰硕的学术成果,在诸多学科作出开创性的贡献,除了天资聪颖、目光敏锐之外,与他努力奋斗、自信乐观、敢于尝试、严谨认真的人生态度有着密切关系。

1.努力奋斗的人生态度。1936年1月9日,胡适在给周作人的信中谈到自己是个"好事者":"我相信'多事总比少事好,有为总比无为好'。我相信种瓜总可以得瓜,种豆总可以得豆,但不下种必不会有收获。收获不必在我,而耕种应该是我们的责任。"②之所以"多事总比少事好,有为总比无为好",是因为我们所处的世界事情太多,需要我们去做;我们所处的社会太黑暗,需要我们去改造;我们的民族太落后,需要我们去建设。在胡适看来,人来到这个

---

①　欧阳哲生主编:《胡适·告诫人生》,九州图书出版社1998年版,第252页。

②　中国社会科学院近代史研究所中华民国史组编:《胡适往来书信选》中册,中华书局1979年版,第296页。

世界上,不是来享福的,而是来吃苦的。正如俗话所说:为人不自在,自在不为人。人来到世上不容易,应该为这个世界做点事情,为这个社会做些贡献,否则就枉来世上走一遭。"世界的关键全在我们手里,真如古人说的'任重而道远',我们岂可错过这绝好的机会,放下这绝重大的担子?"①也许有人说人生如梦,何必自找苦吃,胡适不这样认为,人生"就算是一场梦罢,可是你只有这一个做梦的机会。岂可不振作一番,做一个痛痛快快轰轰烈烈的梦?"②如果大家都抱着"多一事不如少一事"的态度,只图个人的逍遥自在,或者事不关己,高高挂起,各人自扫门前雪,不管他人瓦上霜,那么我们这个社会将永无改进的希望。

正是基于"一分耕耘,一分收获"的坚定信念,胡适弘扬吃苦耐劳的"徽骆驼"精神,以坚韧不拔的性格和百折不挠的意志,勤奋学习,辛勤工作,创造出第一流的业绩。童年在家乡上私塾时,胡适总是天不亮就起床,第一个到学堂,温习功课,每天读书十多个小时,常常到天黑才回家。他既读《孝经》、《论语》、《孟子》、《大学》、《诗经》、《易经》、《礼记》等古代经典著作,又涉猎《水浒传》、《三国演义》、《红楼梦》、《儒林外史》等小说,打下了扎实的国文基础,为日后研究中国传统文化创造了条件。在上海求学期间,胡适开始学习英文和算学、天文、地理等自然科学知识,并在业余时间博览群书,阅读了赫胥黎的《天演论》、梁启超主编的《新民丛报》。在中国公学,他还兼任《竞业旬报》的编辑。读赫胥黎的《天演论》,使他接受了进化论和怀疑论思想,正是因为服膺"物竞天择,适者生存"的进化论,所以他将自己的名字改为胡适之。《竞业旬报》的编辑工作,一是提高了他的写作水平,二是初步接触了白话文,这些经历为他今后发起白话文运动、开启文学革命奠定了基础。在美国留学期间,胡适十分珍惜时间,他把富兰克林的名言"你爱生命吗? 你若爱生命,就莫要浪费时间"记在日记的扉页上,鞭策自己勤奋学习。回国后担任北京大学教授,胡适身兼数职:教学、编辑、学术研究、社会工作,每天工作十多小时,以至劳累而病倒。他常常告诫自己,"现在我们只有咬紧牙根,努力赶做我们必须做的工作。努力一分,就有一分的效果。努力百分,就有百分的效果。奇耻在

---

① 欧阳哲生主编:《胡适·告诫人生》,九州图书出版社1998年版,第465页。
② 欧阳哲生主编:《胡适·告诫人生》,九州图书出版社1998年版,第465页。

前,大难在后,我们唯一的生路是努力、努力、努力!"①

2."不可救药"的乐观主义。胡适并非天生是个乐观主义者。他幼年丧父,由寡母一手拉扯长大,大家庭的钩心斗角,特别是两个嫂子的尖酸刻薄,使胡适过早地领略了世态炎凉和人间辛酸,因此在童年时代,他的性格内向,话语不多,颇有少年老成的味道。胡适乐观主义的人生态度是在留美期间形成的。到美国留学后,受到美国人天真、乐观、朝气的感染,他觉得人世间"似乎无一事一物不能由人类智力做得成的"②。认为人通过自己的努力和聪明智慧可以改变世界、改变人生,这是胡适乐观主义人生观的理论依据。他在日记中写道:"我相信我自离开中国后,所学得的最大事情就是这种乐观主义的人生哲学"③;"今年忽爱春日甚笃,觉春亦甚厚我,一景一物,无不怡悦神性,岂吾前此枯寂冷淡之心肠,遂为吾乐观主义所热耶"④。乐观主义消融了胡适对人生的怀疑,少年老成的气象一扫而光,他对人类的未来充满了希望,对自己的前途充满了自信,从此成为"不可救药"的乐观主义者,并用乐观的态度去影响别人。

如何才能保持乐观向上的精神状态? 胡适认为人生最快乐的事情就是学习知识、追求真理。"人生的快乐,就是知识的快乐,做研究的快乐,找真理的快乐,求证据的快乐。从求知识的欲望与方法中深深体会到人生是有限的,知识是无穷的,以有限的人生去探求无穷的知识,实在是非常快乐的。"⑤其次是不断接受新事物、新思想,做到"精神不老"。胡适指出,一个人要保持"精神不老",必须做到两条:"一、养成一种欢迎新思想的习惯,使新知识新思潮可以源源进来;二、极力提倡思想自由和言论自由,养成自由的空气,布下新思潮的种子。"⑥再次是树立自信心。自信是乐观的心理基础,努力是乐观的力量源泉,一分耕耘,一分收获。胡适说:"我们的前途在我们自己的手里,我们的

---

①　曹伯言整理:《胡适日记全编》第6册,安徽教育出版社2001年版,第415页。
②　中国社会科学院近代史研究所中华民国史组编:《胡适往来书信选》下册,中华书局1979年版,第562页。
③　中国社会科学院近代史研究所中华民国史组编:《胡适往来书信选》下册,中华书局1979年版,第562页。
④　《胡适文集》第1卷,人民文学出版社1998年版,第95页。
⑤　欧阳哲生主编:《胡适·告诫人生》,九州图书出版社1998年版,第62页。
⑥　欧阳哲生主编:《胡适·告诫人生》,九州图书出版社1998年版,第14页。

信心应该望在我们的将来。我们的将来全靠我们下什么种,出多少力。因为播了种一定会有收获,用了力决不至于白费。"①

3.敢于尝试的创新精神。在中国现代史上,胡适是一个敢于吃螃蟹的人。他大胆实验,勇敢尝试,创造了无数个"第一":第一个用白话文创作诗歌、散文、戏剧,并把自己第一部白话诗集命名为《尝试集》;第一个引进西方科学方法来研究中国哲学史,将杜威的实验主义与乾嘉学派的考据方法结合起来,注重史料证据的搜集,以史证论,立论可靠,从而开创了中国哲学史研究的新局面;他第一个将小说、弹词、变文等所谓不入流的俗文学作为研究对象,撰写了《白话文学史》,并对红楼梦考证作出了重要贡献;第一个以学者身份出任驻美大使,多次在美国朝野和社会各界发表演讲,争取美国政府和美国人民对中国抗战的同情支持。如果说大胆怀疑体现了胡适的"破",那么敢于尝试则体现了胡适的"立",无论破与立,怀疑与尝试,都体现了胡适敢为人先的勇气和创新精神。胡适认为:之所以要敢于尝试,是因为"自古成功在尝试",天下没有不尝试而能成功的事情。"请看药圣尝百草,尝了一味又一味。又如名医试丹药,何嫌六百零六次?莫想小试便成功,哪有这样容易事! 有时试到千百回,始知前功尽抛弃。即使如此已无愧,即此失败便足记。告人此路不通行,可使脚力莫枉费。"②尝试确实有风险,失败的概率很大。但如果大家都不敢尝试,不愿承担风险,人类就没有科学发明和科学创造,社会也会停滞倒退。路是人走出来的,总得有人做探路者,总得有人作出牺牲。虽然在尝试的过程中,难免走弯路,受挫折,甚至失败。然而即使失败,也不无益处:对自己来说,失败是成功之母,通过总结经验,逐渐走向成功;对他人来说,可为他们提供教训,避免重蹈覆辙;对社会来说,则能保持蓬勃的生机和创造的活力,促进科学发展和人才成长。为此,胡适呼吁创造一个鼓励尝试、宽容失败的社会环境。

4.严谨认真的人生态度。1924年6月,胡适在《申报副刊》上发表了一篇《差不多先生传》,讽刺某些中国人做事马马虎虎、得过且过、不认真,认为这是一种不负责任的态度,既害人又害己。胡适一生秉持严谨求实、认真负责的

---

① 《胡适文集》第3卷,人民文学出版社1998年版,第492页。
② 《胡适文集》第1卷,人民文学出版社1998年版,第153页。

人生态度。他有两句名言:一句是"说真话",一句是"不苟且"。"说真话"是言,"不苟且"是行,它要求人们在为人处世时言行一致,表里如一。所谓"说真话",就是依据客观事实说话,说发自内心的话,不说假话、大话、空话。所谓"不苟且",就是做事不敷衍,不马虎,严谨认真,精益求精。做事不苟且,固然费时费力,为自己增加了很多麻烦,但能够把事情做妥帖,使自己的工作经得起时间和历史的检验。胡适的"不苟且"表现在做学问上,就是"有几分证据,说几分话",不说没有证据的话,不做没有证据的结论。1946年,齐白石请求胡适给他编年谱。按齐白石自己的编年,他出生于1861年,然而在《白石自状略》和其他材料中,又似乎是1863年。齐白石究竟是出生于1861年还是1863年? 胡适产生了疑问。要是一般人,肯定以齐白石自己说的为准,难道传主还会记错自己的出生年份? 可胡适偏偏是个不苟且的人。他从诸多历史材料中考证出齐白石生于1863年。后经黎锦熙先生打听,齐白石之所以把自己的年龄改大两岁,是因为算命先生说他"七十五岁有大灾难",因而故意把75岁改为77岁。齐白石的瞒天过海没有骗过严谨认真的胡适。胡适的"不苟且"还表现于日常生活和待人接物中。胡适是个大名人,一生与人通信几千封,字数多达几百万。在这数百万字的通信中,胡适从来不写草字,他将每个字都写得工工整整。他认为书写潦草,虽然自己省了时间,但增加了看信人的负担,这是对别人不尊重、不负责的表现。一个大名鼎鼎的学者,事事替别人着想,做事踏踏实实,不投机取巧,不敷衍塞责,无论为人为学,胡适都堪称世人楷模。

第四节 "我的朋友胡适之"

民国时期,"我的朋友胡适之"在民间流传甚广。上至政府高官、学界名流,下至青年学生、贩夫走卒,都把胡适引为知己,以自己是胡适的朋友为荣。出现这种情况,与胡适的名人效应不无关系,但也说明胡适平易近人,在为人处世方面有过人之处。

1.平等待人。在胡适看来,人虽然有财产、地位、职业、教育程度等方面的不同,但在人格上是平等的,没有高低贵贱之分。"粪夫与教授同为社会服务,同样的是一个堂堂的人。"①既然人格平等,就应该平等待人。胡适虽名满天下,但从不摆名流的架子。凡是有人求见,特别是询问学问方面的事情,不管多忙,他都要抽时间接见。后来因为求见的人太多,便在 30 年代实行"胡适之礼拜"制度:"每星期日上午九点至十二点,为公开见客时间,无论什么客来都见。"有时上午时间不够,便延长到下午,通常一天要见 50 多位客人。在会见客人时,胡适因人而异:穷窘者,他肯解囊相助;狂狷者,他肯当面教训;问学者,他肯指导门径;无聊不自量者,则和他们随便聊天,力图使来访者满意而归。② 1959 年 10 月,胡适收到台北一位名叫袁瓞的卖饼小贩来信,向他请教有关英美政治制度问题。胡适及时回信,对袁瓞在劳作之余,仍关心国家大事,关注英美政治制度,给予热情鼓励,并邀请他到寓所面谈。当袁瓞谈到自己鼻孔中长了一个肉瘤,没钱医治时,胡适主动给台大医院院长高天成打电话,并垫付了全部的治疗费用。

2.宽以容人。胡适有句名言:"做学问要在不疑中有疑,做人要在有疑处不疑。"③胡适关于"做人要在有疑处不疑",并不是要人们不分是非善恶,保持一团和气,甚至姑息养奸,而是说做人要宽宏大量,相信和理解别人。胡适胸襟宽广,对朋友的误解,他不介意;对别人的指责,他不计较;对论敌的谩骂,他不怨恨。他在致杨杏佛的信中说:"我受了十余年的骂,从来不怨恨骂我的人。有时他们骂的不中肯,我反替他们着急。有时他们骂的太过火了,反损骂者自己的人格,我更替他们不安。"④1922 年 8 月,郁达夫在《创造季刊》发表《夕阳楼日记》,指责"少年中国学会"的余家菊的一些译文错误,并借题发挥,影射胡适"同清水粪坑里的蛆虫一样,身体虽然肥胖得很,胸中都一点学问也没有。"对郁达夫的人身攻击,胡适尽量克制自己,只在《骂人》一文中劝告郁达夫,对翻译的错误可以批评,但不要骂人,骂人既有失大雅,还有损自己的人格。郭沫若为郁达夫助阵,加入论战,与胡适打起了笔墨官司。为化解矛盾,

---

① 中国社会科学院近代史研究所中华民国史组编:《胡适往来书信选》中册,中华书局 1979 年版,第 239 页。

② 转引自胡明:《胡适传论》上卷,人民文学出版社 1996 年版,第 576 页。

③ 中国社会科学院近代史研究所中华民国史组编:《胡适往来书信选》中册,中华书局 1979 年版,第 7 页。

④ 中国社会科学院近代史研究所中华民国史组编:《胡适往来书信选》中册,中华书局 1979 年版,第 11 页。

尽快了却这场笔墨官司,胡适主动致信郭沫若、郁达夫,赞扬他们在文学创作上的成绩,同时表达了自己爱惜人才,愿成为他们诤友,帮助他们进步的意愿:"我是最爱惜少年天才的人,对于新兴的少年同志,真如爱花的人望着鲜花怒放,心里只有欢欣,绝无丝毫'忌刻'之念。但因为我爱惜他们,我希望永远能做他们的诤友,而不至于仅作他们的盲徒。"①以德报怨,主动化解矛盾,显示了胡适宽容待人的气度。

3.持平论人。在胡适看来,做人要心存忠厚,不要尖酸刻薄。在评论别人时,不要带个人的感情色彩,而要实事求是,客观公正。胡适与鲁迅,不仅是北京大学同事,而且在新文化运动中曾是一条战壕的战友,都为中国现代文学作出了重大贡献。但后来政治立场发生分歧,胡适依然坚持自己的自由主义立场,鲁迅则逐渐左转,将立场转移到无产阶级方面,成为左翼文学的代表。鲁迅曾多次在杂文、诗歌中含沙射影讽刺胡适,如在《王道诗话》中挖苦胡适"文化班头博士衔,人权抛却说王权。朝廷自古多屠戮,此理今凭实验传。人权王道两翻新,为感君恩奏圣明。虐政何待援律例,杀人如草不闻声。"②胡适也撰文予以回击。但当苏雪林对鲁迅进行人身攻击和恶毒谩骂,诬蔑鲁迅为"诚玷辱士林之衣冠败类,廿五史儒林传所无之奸恶小人"时,胡适予以严厉责备。胡适指出:"凡论一人,总须持平。爱而知其恶,恶而知其美,方是持平。"③喜爱一个人而不掩饰他的缺点,厌恶一个人而不否定他的优点,实事求是地指出其是非功过,就是持平。胡适认为:"鲁迅自有他的长处。如他的早年文学作品,如他的小说史研究,皆是上等工作。"对陈源诬陷鲁迅的《中国小说史略》是抄袭日本学者盐谷温一事,胡适为鲁迅打抱不平,说鲁迅"真是万分的冤枉",要求陈源写文章说明此事,"为鲁迅洗刷明白"④。抛弃个人的恩怨,不带个人的感情色彩,客观公正地评价别人,甚至为他人洗刷辩诬,并不是每个人都有胡适这样的胸襟。

---

① 中国社会科学院近代史研究所中华民国史组编:《胡适往来书信选》上册,中华书局1979 年版,第 200 页。

② 《鲁迅全集》第 5 卷,人民文学出版社 1981 年版,第 50 页。

③ 中国社会科学院近代史研究所中华民国史组编:《胡适往来书信选》中册,中华书局1979 年版,第 339 页。

④ 中国社会科学院近代史研究所中华民国史组编:《胡适往来书信选》中册,中华书局1979 年版,第 339 页。

4.撇开政见,保持私谊。胡适朋友众多,其中包括一些政见不同的朋友,如陈独秀、李大钊。在担任中国公学和北京大学校长期间,他也营救过很多思想左倾的学生。在胡适看来,政治观点、政治立场是一回事,而个人友谊是另一回事,不要因政见分歧影响个人友谊,也不要将个人友谊掺杂到政治中,应做到公私分明,必要时可以撇开政见,保持私谊。胡适和陈独秀的友谊始于新文化运动。陈独秀在主编《新青年》时,由汪孟邹介绍,与在美国留学的胡适建立了通信联系。陈独秀十分欣赏胡适对白话文和文学革命的见解,发表了他的《文学改良刍议》,并推荐胡适到北京大学担任教授。胡适从心里感激陈独秀的知遇之恩,陈独秀也佩服胡适的渊博学识和卓越才干,再加上两人同属安徽老乡,因此形成了深厚的个人情谊。"五四"运动后,陈独秀开始接受马克思主义,并在1921年创建了中国共产党,担任了中共中央总书记。胡适则依然秉持他的自由主义精神,不谈政治,倾心于学术研究。两人虽然在政治上分道扬镳,甚至唇枪舌剑,激烈争论,但并不影响他们的私人关系。特别是陈独秀几次身陷囹圄,胡适都出手相救,使陈独秀重获自由。俗话说:疾风知劲草,患难见真情。在陈独秀身陷困境之时,胡适抛开政见的歧义,冒着政治风险,毅然挺身相救,体现了胡适"容忍异己"的自由主义精神和重视友谊的道德情操。

第十三章 梁漱溟的人生哲学

梁漱溟(1893—1988 年),原名焕鼎,字寿铭,生于北京,祖籍广西桂林。他是中国现代著名学者、思想家、社会活动家,现代新儒家开山祖师。梁漱溟一生致力于探索人生和社会问题,对人生有着独特思考体验,形成了丰富的人生哲学思想。青年时代梁漱溟人生道路经历了从西洋功利主义到佛教出世倾向再到儒家入世思想的三次转变。归宗儒学后,他并未放弃佛学,而是以佛家精神立身,儒家精神济世,可谓亦儒亦佛、儒佛会通。他援引柏格森的生命哲学改造儒家人生哲学,强调生命为体、生活为用,认为人生的意义在于发挥自己生命力不断向上创造。他有自强不息的精神,立志救国救民,积极为国事奔走;又有乐天知命的旷达,物来顺应,廓然大公。他性格刚直,宁折不弯,"三军可夺帅,匹夫不可夺志",体现了中国现代知识分子的气节风骨,有时亦自信自负、固执己见。作为现代新儒家人生哲学的领军人物,梁漱溟在中国现代人生哲学中具有重要地位。

第一节 由佛入儒,儒佛人生

梁漱溟是一个肯动脑筋的人,少年时期就开始思考人生问题。他在《自述》中说道:"我很早就有我的人生思想。约 14 岁光景,我胸中已有一价值标准,时时用以评判一切人和一切事。这就是凡是看他于人有没有好处,及其好处大小。假使于群于己都没有好处,就是一件要不得的事了。掉转来,若于群于己都有顶大好处,便是天下第一等事。"①以对群对己有无好处及好处大小

---

① 《梁漱溟自述》,河南人民出版社 2004 年版,第 14—15 页。

作为价值评判标准,可见梁漱溟在少年时期是信奉功利主义人生观的。

这种功利主义人生观源自父亲影响。父亲梁济虽饱读儒家经典,服膺孔孟,却通达务实,强调经世致用,与墨家颇为相通。他认为中国在近代积贫积弱的重要原因之一是士大夫崇尚空谈,不务实际,与事实隔得太远,因而"标出'务实'二字为讨论任何问题之一贯主张。"①梁济在子女教育上相当开明,他给孩子推荐启蒙读物,送他们上新式学堂,不干涉他们的爱好,鼓励他们自由发展。在父亲影响下,青少年时期的梁漱溟对儒家经典不感兴趣,却颇为关心时局变化,热心社会问题。在顺天中学读书时,他对梁启超主编的《新民丛报》每期必读,开始关注西方政治学说,尤其是英国的议会制度和政党政治,赞同君主立宪。在同学甄元熙的影响下,梁漱溟的立场发生了变化,从立宪派转变为革命派,参加了同盟会在北方的秘密组织"京津同盟会",投身辛亥革命。民国建立后,梁漱溟担任《民国报》记者,经常采访各种社会事件和各色人物,增进了对社会的了解认识。一次,偶然翻阅日人幸德秋水的《社会主义之神髓》一书,被书中关于反对财产私有的论述打动。梁漱溟意识到,社会上之所以存在生存竞争、巧取豪夺,根本原因在于财产私有,"财产私有为社会一切痛苦与罪恶之源"②。要消除社会竞争,唯一途径是消灭财产私有制度。因此他一度热心社会主义,并撰写了《社会主义粹言》的小册子。

大约十六七岁,梁漱溟开始对人生问题感到烦闷。他"从利害之分析追问,而转入何谓苦、何谓乐之研索,归结到人生惟是苦之认识,于是遽尔倾向印度出世思想了"。③ 梁漱溟寻求出世的主要原因有:一是初入社会后,觉得理想与现实相距太远,由此厌倦人生。"与社会接触频繁之故,渐晓得事实不尽如理想。对于'革命'、'政治'、'伟大人物'皆有不过如此之感。有些下流行径、鄙俗心理,以及尖刻、狠毒、凶暴之事,以前在家庭在学校所遇不到的,此时却看见了。颇引起我对于人生,感到厌倦和憎恶。"④二是内心矛盾冲突无法调解。梁漱溟在 20 岁时曾两度自杀,原因就是内心矛盾冲突激烈。梁漱溟是个心高气傲之人,做什么都想出类拔萃,既看不起别人,又容易讨厌自己,于是

---

① 《梁漱溟自述》,河南人民出版社 2004 年版,第 15 页。
② 《梁漱溟全集》第 2 卷,山东人民出版社 2005 年版,第 691 页。
③ 《梁漱溟自述》,河南人民出版社 2004 年版,第 27 页。
④ 《梁漱溟全集》第 2 卷,山东人民出版社 2005 年版,第 687 页。

常常产生悔恨心理,在内心自己跟自己打架,非常苦恼。① 三是对人生苦乐问题的思考。在梁漱溟看来,人生苦乐的根源在于人有欲望。人们之所以计较各种利害得失、趋利避害、去苦就乐,都是为了满足自己的欲望。在一般人看来,苦乐源于外境,人类依赖物质而生活,物质富有或贫乏决定着生活欲望之满足,因而"处富贵则乐,处贫贱则苦","所欲得遂时则乐,所欲不遂时则苦"②。由于人的欲望是无止境的,一个欲望满足了,另一个欲望又接踵而至,因此人永远处在痛苦和无奈之中。另外人生还面临一个最大的苦恼,"要生活不要老死",然而生老病死是自然规律,人们无法超越死亡。从欲望无止境和无法解决生死问题,梁漱溟得出一个结论:"人生基本是苦的。"③由于认为人生是苦,他抛弃了早年的功利主义人生观,萌生了出世思想,在佛学中寻找人生慰藉。

　　转向佛教后,梁漱溟奉行佛教徒的生活方式,戒婚、吃素、不蓄发,研习佛教经典。虽没有佛学功底,但梁漱溟对佛教有很高的悟性,经过几年自学和潜心思索,不仅懂得大乘、小乘、密宗、禅宗,而且对深奥难懂的唯识、因明也颇有心得,成为一个青年佛学家。1916 年,梁漱溟在《东方》杂志发表《究元决疑论》,文章批评中外各家学说,虽"聚讼百世而不绝",然"未曾证觉本原,故种种言说无非戏论"。对佛教则推崇备至,认为"拨云雾而见青天,舍释迦之教其谁能?"④在梁漱溟看来,在古今中外各种学说中,真正探究世界本原并作出合理解释的只有佛教,因此皈依佛门、信奉佛法才是人生唯一正确的道路。《究元决疑论》的发表,在学术界产生了较大影响,也改变了梁漱溟的人生道路。他结交了林宰平、伍庸伯、熊十力等一批朋友,这些人道德学问高深,与他们相互切磋,梁漱溟不仅学问大进,而且道德修养得到了极大提高。更重要的是,梁漱溟凭借此文敲开了北京大学之门。蔡元培先生看到此文后,决定打破常规,聘请没有学历、文凭的梁漱溟到北京大学担任讲席,讲授印度哲学。北大浓厚的学术氛围和青年学生的蓬勃朝气慢慢改变了梁漱溟对"人生惟苦"的认识,重新点燃了生活热情。

---

① 参见《梁漱溟全集》第 2 卷,山东人民出版社 2005 年版,第 42 页。

② 《梁漱溟全集》第 7 卷,山东人民出版社 2005 年版,第 179 页。

③ 《梁漱溟全集》第 7 卷,山东人民出版社 2005 年版,第 180 页。

④ 《梁漱溟全集》第 1 卷,山东人民出版社 2005 年版,第 13 页。

最终促使梁漱溟转向入世态度的是父亲自杀和研究孔子思想。1918 年农历十月初十,父亲在 60 岁生日的前 3 天突然自沉于北京的净业湖。父亲的自杀对梁漱溟产生了极大震撼,哀痛之余,开始反思以前的人生态度。梁漱溟感到父亲之死自己负有很大责任,他在《思亲记》中写道:"溟自元年以来,谬慕释氏,语及人生大道,必归宗天竺,策数世间治理,则矜尚远西,于祖国风教大原,先民德礼之化,顾不知留意,尤大伤公之心。"[1]如果不是自己我行我素,长期沉溺于佛学中,不结婚生子,不理解父亲苦衷,没有给父亲带来天伦之乐,父亲是不会离开这个世界的。自己只有回归人间,建立家庭,生儿育女,才能告慰父亲的在天之灵。在北京大学期间,梁漱溟开始研究孔子思想,并对东西文化进行比较研究。在撰写《东西文化及其哲学》的过程中,他发现孔子思想与佛教教义截然不同。佛教认定人生唯苦,而《论语》全书却无一苦字。从开篇的"学而时习之,不亦乐乎"到"仁者乐山,智者乐水";从"饭疏食饮水,曲肱而枕之,乐在其中"到"发愤忘食,乐以忘忧,不知老之将至",整部《论语》都贯串着一种和乐的人生观,一种谨慎的乐观态度。[2] 他把儒家的人生意趣与佛家的人生意趣进行比较,发现儒家的人生意趣是乐观向上、活泼流畅的,是真正的践行尽性之学;而佛家由于认为人生唯苦,因而"慨叹人生不外是迷妄苦恼",即所谓"起惑、造业、受苦"[3]。于是他改变了对人生苦乐的看法,认为人生苦乐不取决于外境而取决于内心,不在客观条件的好坏而在个人的主观感受。千金之子虽锦衣玉食却终日愁眉苦脸,女仆整天干活却乐在其中,说明人生的幸福并不在于物质生活的富有和欲望的满足。人生苦乐的真谛在于生命是否流畅,"生命流畅自如则乐,反之,顿滞一处则苦。"[4]如果心有挂碍,生命枯涩,即使富可敌国,也苦闷不堪;如果随感而应、过而不留,生命自然流畅,则其乐融融。从此梁漱溟重新回到人间,皈依儒家人生哲学。

从自己的人生经历中,梁漱溟总结出人生三条路向,这就是:"一、肯定欲望,肯定人生,欲望就是人生的一切。二、欲望出在终生的迷妄,否定欲望,否定一切众生生活,从而人生同在否定之中。三、人类不同于其他动物,有卓然

---

[1]　《梁漱溟全集》第 1 卷,山东人民出版社 2005 年版,第 594 页。
[2]　参见《梁漱溟全集》第 7 卷,山东人民出版社 2005 年版,第 186 页。
[3]　《梁漱溟全集》第 7 卷,山东人民出版社 2005 年版,第 182 页。
[4]　《梁漱溟全集》第 7 卷,山东人民出版社 2005 年版,第 184 页。

不落于欲望窠臼之可能,于是乃肯定人生而排斥欲望。"①西洋功利主义属于人生的第一路向;佛教属于人生的第二路向;儒家属于人生的第三路向。人生三条路向的形成,源于人生的三大问题,即人对物的问题;人对人的问题;人对自身的问题。与人生三大问题相对应,遂产生三种不同的人生态度:一是向前奋斗的态度,强调征服外物,崇尚科学理智,以计算的态度对待人生,可名之曰"逐求"的人生态度(如西方);二是调和持中的态度,注重人际沟通,崇尚情感直觉,以艺术的态度对待人生,可名之曰"郑重"的人生态度(如中国);三是返身后求的态度,不是承认问题而是否定问题,通过心理意志的力量来压抑人性、窒息欲望,以宗教的态度对待人生,可名之曰"厌离"的人生态度(如印度)。

梁漱溟虽皈依儒家的人生哲学,但从未放弃佛教的人生哲学,而是亦儒亦佛。梁漱溟之所以亦儒亦佛,原因是他认为儒佛人生哲学有相通之处。第一,两家学说虽不同,但都是面对人,解决人生问题的。第二,两家学说虽不同,但都属"生命上自己向内用功进修提高的一种学问"②。第三,两家在某些人生看法上颇为相似。如孔子说"七十从心所欲而不逾矩",佛家则说"得大自在";孔门有四毋——毋意、毋必、毋固、毋我之训,而佛教则有"破我法二执。"③

儒佛人生哲学不仅有相通之处,而且在一定程度上可以相互补充。因此梁漱溟以佛家情怀观照世界,以儒家精神解决问题;灵魂归宿为佛家,现实行动为儒家;个人修行是佛家,待人处事是儒家。晚年在接受美国学者艾恺访谈时,仍然声明"我思想的根本是儒家跟佛家"④。可以说,亦儒亦佛,儒佛会通,以儒家精神济世,以佛家精神立身,是梁漱溟人生哲学的一大特色。

梁漱溟的人生哲学打下了深刻的佛学烙印。首先,佛学的不舍众生、不住涅槃、出世救世是梁漱溟重要的人生动力。梁漱溟的人生动力来自两方面:一是儒家的"为天地立心,为生民立命,为往圣继绝学,为万世开太平"的济世胸怀;一是佛家的"不舍众生"的救世精神。佛家虽主张出世,但并不弃世,反对

①　《梁漱溟全集》第7卷,山东人民出版社2005年版,第184页。
②　《梁漱溟全集》第7卷,山东人民出版社2005年版,第154页。
③　《梁漱溟全集》第7卷,山东人民出版社2005年版,第154页。
④　《梁漱溟全集》第8卷,山东人民出版社2005年版,第1137页。

专持于个人修行而对尘世苦难冷眼旁观、不闻不问。在梁漱溟看来，真正的佛教是出世而救世的。"佛教者，以出世间法救拔一切众生者也。故主出世间法而不救众生者非佛教，或主救众生而不以出世间法者非佛教。"①他认为，出世与救世并不矛盾，二者实际上是一体两面："不懂救世者即是不懂出世，不懂出世者即是不懂救世。"②以出世之心行救世之志，不舍众生，不住涅槃，慈航普度，救苦救难，才是真正的佛家菩萨行。这种佛家菩萨心肠孕育了梁漱溟的人生理想，就是"终身为民族社会尽力，使自己成为社会所永久信赖的一个人"③。这种朴素的理想又化成了他强大的人生动力：我生有涯愿无尽，心期填海力移山。他要用填海移山的精神去拯救多灾多难的民族，超拔受苦受难的百姓。因而我们就不难理解，即使在他一心向佛、热衷佛家生活的早年，也没有离群索居，决绝世事，超然尘世之外。相反，他时刻以深沉的目光关注社会现实，对百姓的安危、疾苦萦怀于心。1917 年 10 月，梁漱溟从长沙返回北京，沿途目睹军阀混战，民不聊生，生灵涂炭，因而"悲心溃涌，投袂而起，誓为天下生灵拔济此厄"④。回京后他奋笔疾书，撰写《吾曹不出如苍生何》一文，主张成立国民息兵会，呼吁南北停战。作为一介书生，梁漱溟是不可能制止军阀混战的，但他那颗拳拳救世之心仍令人感动。

其次，佛学的"出世间"和"随顺世间"为梁漱溟提供了独特的生存方式。梁漱溟对"出世"的理解与传统佛教不同，他认为"出世"并不是要人们厌离人世，过那种青灯黄卷、晨钟暮鼓的孤寂生活；恰恰相反，"出世"是把人们从人生的不自在、不自由、不自主、不自觉中解放出来，从"不自主的生死流转中解脱出来"⑤，"出世"的实质是对生命的改造，获得自我和真我。如此理解出世，人们才能做到"无疑无怖，不纵浪淫乐，不成狂易，不取自经，戒律百千，清净自守"⑥。"随顺世间"是："世间人不能尽以出世期之，众生成佛，要非今日可办。"⑦也就是说，世间之人不可能全部出家，对他们应打开"方便法门"，只

---

① 《梁漱溟全集》第 4 卷，山东人民出版社 2005 年版，第 493 页。
② 《梁漱溟全集》第 4 卷，山东人民出版社 2005 年版，第 494 页。
③ 《梁漱溟全集》第 2 卷，山东人民出版社 2005 年版，第 46 页。
④ 《梁漱溟全集》第 4 卷，山东人民出版社 2005 年版，第 530 页。
⑤ 《梁漱溟全集》第 7 卷，山东人民出版社 2005 年版，第 53 页。
⑥ 《梁漱溟全集》第 1 卷，山东人民出版社 2005 年版，第 19 页。
⑦ 《梁漱溟全集》第 1 卷，山东人民出版社 2005 年版，第 19 页。

要不执着于道德教条,不蒙蔽自己的清净本性,佛祖同样应接引和超度他们成佛。"随顺世间"适应了佛教世俗化的需要,它强调佛教徒与现实社会相适应,与非佛教徒和谐相处,打成一片,同时不忘救拔众生。"随顺世间"体现了近代佛教主动融入社会、积极改造人生的特点。

梁漱溟将"出世间"和"随顺世间"结合起来,以"出世间"对待个人生活和修行,以"随顺世间"对待社会生活和他人。在日常生活中,他以佛教戒律约束自己,保持清净自守的佛家生活方式。他的心态平和恬淡,"我总是把我的心情放得平平淡淡,越平淡越好。"①他 70 多年如一日,坚持吃素,不吸烟、不饮酒,不喝茶,不入灯红酒绿场所,坚持做到"静以修身,俭以养德"。在面对人生厄运时,他从佛教中汲取精神力量。1953 年后,他长期被打入冷宫,"文革"时被抄家,所有家产丧失殆尽,无处安身。长期的逆境没有摧毁梁漱溟的意志,他不仅奇迹般活了下来,而且身体健康,活到 95 岁。个中原因,就是以佛教的人生态度自勉,从佛教中获得化解人生困厄、战胜痛苦的方法。在生死问题上,他也十分超脱。梁漱溟认为,人的生命是"相似相续,非断非常"的,"死亡不会断灭",因而人们"不需要怕死,不需要希望长生"②。他以"随顺世间"的态度,积极参加社会活动,成为著名的社会活动家。与其说梁漱溟是一个佛学家,毋宁说他是一个"行动的佛家"。20 世纪 30 年代,他投身于乡村建设;抗日战争时期,他为民族救亡奔走;新中国成立初期,他为农民利益疾呼。梁漱溟始终与国家民族同呼吸,与老百姓同命运。

第二节　生命为本,生活为用

转入儒家入世思想后,梁漱溟以儒学人生哲学为基础,援引柏格森的生命哲学,借鉴中医的生命理论,创立了以生命为本体的人生哲学。

梁漱溟认为,儒家人生哲学是一种生命哲学,儒家典籍中充满了对生命的赞美:如《易经》的"天地之大德曰生";《论语》的"天何言哉,四时行焉,百物

---

① 《梁漱溟全集》第 8 卷,山东人民出版社 2005 年版,第 1177 页。
② 《梁漱溟全集》第 8 卷,山东人民出版社 2005 年版,第 1164 页。

生焉,天何言哉";《中庸》的"致中和,天地位焉,万物育焉",都表现了儒家"好生之德"和对生命的喜悦之情。特别是王阳明和泰州学派的自然人性论,符合人的生命本性。王阳明的"饥来吃饭,倦来即眠,闲观物态,静悟天机";李贽的"穿衣吃饭即是人伦物理";王艮的"人心本自乐",认为平凡的日常生活就体现了人的本性。在梁漱溟看来,这才是真正的"圣人之学",因此"人生真乐必循由儒家之学而后得"①。儒学的奥秘在"生命",孔子的人生真谛在快乐,只有从"生命"、"快乐"入手,才能理解孔子人生哲学。"这一个'生'字是最重要的观念,知道这个就可以知道所有孔家的话。孔家没有别的,就是要顺着自然道理,顶活泼顶流畅的去生发。他以为宇宙总是向前生发的,万物欲生,即任其生,不加造作,必能与宇宙契合,使全宇宙充满了生意春气。"②

梁漱溟转向儒家人生哲学之际,恰好柏格森的生命哲学被介绍到中国。李石曾对柏格森思想颇有研究,他将柏格森生命哲学特征概括为三方面:"我们是对于生命之大流负责任的;我们的生命无时无刻不在创造;我们的努力奋斗不容一刻稍懈。"③梁漱溟在认真阅读柏格森的著作后,觉得柏格森对生命的分析"最痛快、透彻、聪明",非常契合自己的兴趣。他用柏格森的生命哲学改造儒家人生哲学,形成了自己以生命为本体的人生哲学。梁漱溟还从中医生命理论中吸取营养。中医的最大特点是以生命为对象,把人的生命视为一个系统,讲究阴阳平衡协调,强调治病从整体出发,发挥人身体内部抗病机能的作用。"医书所启发于我者仍为生命。我对医学所明白的,就是明白了生命,知道生病时要多靠自己,不要过信医生,药物的力量原是有限的。简言之,恢复身体健康,须完全靠生命自己的力量。"④通过融贯儒家人生哲学、柏格森的生命哲学和中医的生命理论,梁漱溟构建起自己的人生哲学体系。

"生命"是梁漱溟人生哲学中的核心概念。他指出:"在我思想中的根本观念是生命、自然,看宇宙是活的,一切以自然为宗。"⑤梁漱溟之所以把生命作为其人生哲学的核心,是因为大至宇宙,小至一草一木,无不是盎然的生机

---

① 《梁漱溟全集》第7卷,山东人民出版社2005年版,第332页。
② 《梁漱溟全集》第1卷,山东人民出版社2005年版,第448页。
③ 李石曾:《李石曾演讲集》第1辑,商务印书馆1924年版,第58页。
④ 《梁漱溟全集》第2卷,山东人民出版社2005年版,第126页。
⑤ 《梁漱溟全集》第2卷,山东人民出版社2005年版,第125页。

和鲜活的生命。"宇宙是一个大生命。从生物的进化史,一直到人类社会的进化史,一脉下来,都是这个大生命无尽无己的创造。一切生物,自然都是这大生命的表现。"①作为宇宙大生命进化的产物——人类社会和个体生命,与天地万物浑然一体,处于生生不息的发展变化中。

生命是什么? 梁漱溟认为:"生命就是活的相续。'活'就是向上创造"②;"生命者,无目的之向上奋进也"③。在梁漱溟看来,生命就是连续不断地向上创造,创造既是生命的本性,又是人生的意义,但生命本身没有目的。

首先,奋进创造是生命的本性。"生命本性是在无止境地向上奋进;是在争取生命力之扩大再扩大;争取灵活再灵活;争取自由再自由。"④通过奋进创造,人类不断拓宽生命的广度,攀登生命的高度,使自己变得更加灵活自由。其次,创造是人生的意义。梁漱溟认为,生命虽然没有目的,但不能说人生没有意义。"人生的意义在哪里? 人生的意义在创造!"⑤再次,人生需要并能够创造。人在生存发展过程中必然遇到各种问题,要解决这些问题离不开创造。"人生原来是创造的。无有问题便无有创造,无创造将何有新的东西发生?问题来了,正是我们的创造机会到了。从小处说,是我们个人锻炼的实验的机会;从大处说,是我们国家民族的新转机一个关键所在。"⑥人类只有不断创造,才能克服前进道路上的困难,促进社会的文明进步。此外,人类富于智慧,会用心思,能够创造。"人生的意义就在他会用心思去创造。要是人类不用心思,便辜负了人生;不创造,便枉生了一世。所以我们要时刻提醒自己,要用心思去创造。"⑦不用心思去创造,不仅辜负了人生,而且丧失了生命的本性,使人成为徒有躯壳的行尸走肉。创造不是高不可攀的事,人类生活的一言一动、一颦一笑,无不蕴涵着创造。不过人的创造能力有大有小,因而创造的价值有高有低。最后,创造的形式有两种:"一是成己,一是成物。成己就是在个体生命上的成就,例如才艺德性等;成物就是对于社会或文化上的贡献,例

---

① 《梁漱溟全集》第2卷,山东人民出版社2005年版,第94页。
② 《梁漱溟全集》第2卷,山东人民出版社2005年版,第93页。
③ 《梁漱溟全集》第4卷,山东人民出版社2005年版,第763页。
④ 《梁漱溟全集》第3卷,山东人民出版社2005年版,第580页。
⑤ 《梁漱溟全集》第6卷,山东人民出版社2005年版,第416页。
⑥ 《梁漱溟全集》第2卷,山东人民出版社2005年版,第113页。
⑦ 《梁漱溟全集》第6卷,山东人民出版社2005年版,第417页。

如一种新发明或功业等。"①但这种区分是相对的,很多创造既成己,丰富人的生命内涵;又成物,促进社会进步。

流动性亦是生命本性。生命是周流不息的,生命通过活动获得舒展,凝固的生命不是生命,所以人类的天性都爱活动。小孩为什么不喜欢安静而喜欢热闹? 原因是安静禁锢了他的天性,而热闹、蹦蹦跳跳则使他的生机活力得到抒发。大人也是如此,"乐的时候必想动,动的时候必然乐。因为活动就使他生机畅发,那就是他的快乐。"②人们根据自己的聪明才智选择某种感兴趣的活动,比如:喜欢科学的搞科学,喜欢艺术的弄艺术,喜欢种地的回家种地,喜欢经营事业的则经营事业。"总而言之,找个地方把自家的力气用在里头,让他发挥尽致。这样便是人生的美满,这样就有了人生的价值,这样就有了人生的乐趣。"③所以人生的快乐不在享受上,而在活动上;人生的价值不在向外寻找,而在向自己内心体认。

人的生命还具有自觉性、主动性、灵活性等特征。对人的自觉性、主动性、灵活性,梁漱溟在《人心与人生》中进行了系统论述。他说:"自觉能动性是人类生命的特征,其所区别于物类者在此。"④自觉性就是通过对自己内心进行自我调适,使心灵处于一种宁静澄澈境界,自觉克服自己的欲望,战胜自我的惰性。心不旁骛就是自觉,而心不在焉、视而不见、听而不闻则是不自觉。梁漱溟指出:自觉性是人类与其他物类相区别的重要特征。正因为人类有自觉性,才有选择和自由。"有自觉才有自由,缺乏自觉,昏昏然,何有自由?"⑤人的生命具有主动性。"主动性非他,即生命本有的生动活泼有力耳。"⑥一个人是否富有生命力,主要标志就是看他对人生是积极进取还是对命运消极接受。事在人为就是主动性,畏缩不前则是被动性。"主动性不是别的,就是人们意识清明中的刚强志气。"⑦人们在克服外界环境的困难险阻中表现出来的坚毅意志、豪迈精神、恒久耐心,就体现了生命的主动性。人的生命具有灵活性。

① 《梁漱溟全集》第 2 卷,山东人民出版社 2005 年版,第 95 页。
② 《梁漱溟全集》第 4 卷,山东人民出版社 2005 年版,第 694 页。
③ 《梁漱溟全集》第 4 卷,山东人民出版社 2005 年版,第 694 页。
④ 《梁漱溟全集》第 3 卷,山东人民出版社 2005 年版,第 661 页。
⑤ 《梁漱溟全集》第 8 卷,山东人民出版社 2005 年版,第 21 页。
⑥ 《梁漱溟全集》第 3 卷,山东人民出版社 2005 年版,第 554 页。
⑦ 《梁漱溟全集》第 3 卷,山东人民出版社 2005 年版,第 556 页。

所谓灵活性就是"不循守常规而巧妙地解决了当前问题"①。灵活性的实质是人的生命不受制于外物却能战胜外物。比如,在不断变化的形势下,人们能及时调整自己的战略策略,掌握主动权;在敌我力量悬殊时,能出其不意,攻其无备,以少胜多,战胜敌人,都是属于灵活性。灵活性不是天生的,它是人们在认识世界、战胜外在环境的过程中逐渐形成的,灵活性有待于人们去争取,而不能守株待兔、坐享其成。灵活性与主动性是相互促进、相互依赖的:"主动性有赖于运用上的灵活乃得实现,灵活性复有赖于主动性,饱满的主动精神恰为手脚灵活之所自出也。"②

　　然而生命必须通过生活表现出来,抽象的生命只有落实到具体生活才能展现其活力,否则生命就是僵死的。关于生活,梁漱溟颇多论述。他说:"生活者,生活也,非谋生活也。"③"生活就是自动的意思,自动就是偶然。偶然就是不期然的、非必然的,说不出为什么而然。"④在梁漱溟看来,生活具有偶然性,生活就是生活,它说不出一个所以然,不要去追问生活的目的。对生活的理解决定了人们对生活的态度。既然生活没有目的,生活就在其本身,那么在生活中就应顺其自然,而不能采取计算的态度。如果在生活中过于计较,考虑自己的利害得失,就失去了生活的乐趣,等于扼杀了生活。

　　什么是合理的生活?如何才能过上合理的生活?梁漱溟给人们开出了三剂良方:一是凭直觉兴趣生活。梁漱溟认为:"人生是靠趣味的。对于什么事情无亲切意思,无深厚兴趣,则这件事一定干不下去。"⑤有兴趣才有动力。从心理学的角度说,从兴趣中萌生的动力,由于发自内心,因而具有持久性,往往能取得最后的成功。按理智生活,必然计较个人得失,既算计别人,又考虑自己,患得患失,瞻前顾后,处处小心翼翼,这样的生活毫无幸福可言。在梁漱溟看来,根据自己兴趣生活,实际上就是按直觉行动。按直觉行动从表面上看,似乎有点冒失;但从人们的生活经验看,听任直觉的冲动,想做什么就做什么,却往往都是对的。梁漱溟认为,这种凭自己的兴趣直觉行动,不瞻前顾后,不

---

① 《梁漱溟全集》第 3 卷,山东人民出版社 2005 年版,第 556 页。
② 《梁漱溟全集》第 3 卷,山东人民出版社 2005 年版,第 564 页。
③ 《梁漱溟全集》第 4 卷,山东人民出版社 2005 年版,第 764 页。
④ 《梁漱溟全集》第 2 卷,山东人民出版社 2005 年版,第 93 页。
⑤ 《梁漱溟全集》第 2 卷,山东人民出版社 2005 年版,第 84 页。

优柔寡断,就是中国古人的任情所动,率性而行。由于它出自于人们的真性情,所以是合理的生活。二是真诚坦白生活。梁漱溟主张,人与人交往应真诚坦白,做到不搪塞、不欺骗、不懒惰。"所谓坦白,就是指自己力量尽到而言:虽然自己有短处,有为难处,也要照样子摆出来。如果力量没尽到而搪塞掩饰,这是虚伪。如果力量没尽到而把懒惰摆出来给人看,这便是无耻。这两者是毁灭生命的凿子。"①如果大家都能尽力而为,真诚相待,那么人与人之间"其情必顺,其心必通",这样的生活何其美好! 三是道德的生活。一般人对道德存在三种误解,即认为道德是拘谨的、枯燥的、格外的事情,甚至把道德与虚伪相提并论。梁漱溟指出,人们对道德之所以产生上述误解,原因是对道德没有认识。在他看来,"道德是什么? 即是生命的和谐,也就是人生的艺术。所谓生命的和谐,即人生生理心理(知、情、意)的和谐;同时亦是我的生命与社会其他人的生命的和谐。所谓人生的艺术,就是会让生命和谐,会做人,做得痛快漂亮。"②道德可以使生命和谐、生命流露精彩、人生趋于艺术化,所以道德的生活不仅是合理的生活,而且是人生的最高境界。

论述生命与生活的内涵特征后,梁漱溟总结了两者的关系,认为生命与生活是两位一体、体用本末的关系。从两位一体来看:生命就是生活,生活也是生命。生命是生活的载体,生活是生命的表现。没有生命的承载,不可能有生活;没有生活的展开,生命就会枯萎凋谢。因而"生命与生活,在我说实际上是纯然一回事"③。从体用本末来看:"生命离开生活不可见。然生命是体,生活是用,用不离体。虽即用见体,而体大于用,超于用,有本末之殊。换言之,生命不囿于可见之生活。"④生命离不开生活,离开生活的生命是空幻的。但生命与生活在地位上是不同的:生命为体,生活为用;生命为本,生活为末。虽然生命通过生活表现出来,但生命不等于生活,也不局限于一般生活,它大于生活,超越生活。生命的这种超越性来自于它与宇宙、自然浑然一体、息息相通。

---

① 《梁漱溟全集》第 2 卷,山东人民出版社 2005 年版,第 53 页。
② 《梁漱溟全集》第 2 卷,山东人民出版社 2005 年版,第 87 页。
③ 《梁漱溟全集》第 2 卷,山东人民出版社 2005 年版,第 92 页。
④ 《梁漱溟全集》第 8 卷,山东人民出版社 2005 年版,第 5 页。

第三节　自强不息,乐天知命

在《中国文化要义》中,梁漱溟认为中国人有两个特点:"一为向上之心强,一为相与之情厚"①。"向上之心强",就是人必须奋发向上,自立自强,才能生存发展,它体现了中国人的进取精神。"相与之情厚",则是人与人之间应"互以对方为重",讲究情感礼让,处理好各种伦理人际关系,它体现了中国人的处世原则。中国人上述两个特点在梁漱溟身上得到体现,他以"向上之心强"律己,以"相与之情厚"待人。

梁漱溟的"向上之心强"源于他的人生理想和社会责任感。他的人生理想是"改造旧中国,建设新中国","立志为民族为世界解决大问题,开辟新文化"②。他从小就"隐然萌露对国家社会的责任感,而鄙视只谋一人一家的'自了汉'生活"③。这种高远的人生理想和强烈的社会责任感,化作梁漱溟自强不息、奋发进取的人生态度。

形成自强不息的人生态度,前提是战胜自己的惰性。"我常说:一切罪恶过错皆由懈惰中来,实是如此。精神不振,真是最不得了的事。最让人精神不振者,就是习气。"④梁漱溟认为,惰性是人生的最大敌人,它损伤人的生命力,瓦解人的斗志,使人处于萎靡不振的精神状态。如何才能战胜自己的惰性?一是自我反省。为什么要自我反省?是因为自己的问题自己看得最清楚,自己的问题主要靠自己解决。通过自我反省,可以发现自己的缺点错误,并找到克服缺点、改正错误的办法,在人生道路上少走弯路。所以梁漱溟说:"人在世上生活,如无人生的反省,则其一生就活得太粗浅、太无味了。无反省则无领略。"⑤二是加强学习。宋代大儒程颢说过:"不学便老而衰。"长期不学习,不接受新鲜事物,会思想僵化,暮气沉沉,加快人的衰老,加重人的惰性。加强

---

①　《梁漱溟全集》第3卷,山东人民出版社2005年版,第133页。
②　《梁漱溟全集》第6卷,山东人民出版社2005年版,第418页。
③　《梁漱溟全集》第7卷,山东人民出版社2005年版,第635页。
④　《梁漱溟全集》第2卷,山东人民出版社2005年版,第56页。
⑤　《梁漱溟全集》第2卷,山东人民出版社2005年版,第58页。

学习,不仅可以增加自己的知识,而且可以使人朝气蓬勃,保持旺盛的生命力,振奋精神,减少惰性。三是珍惜时间,提高效率。人生是短暂的,要想在人生中有所作为,就必须珍惜时间,提高效率。"如果马马虎虎的过日子,那就太可惜了,太可惜了。……在人的一生中,除了幼年和老年的时候不能做什么之外,从十七八到耳不聋眼不瞎的几十年,真是很好努力,不要空过。我们要想干什么就应该干什么,就决定去干什么。"①

困难与逆境最能体现和发挥自强不息精神。从 1953 年到批林批孔,在长达 20 多年的时间,梁漱溟一直被作为反面教员,经常受到批斗,处境十分困难。但梁漱溟并没有意志消沉、一蹶不振。他不忘自己的历史使命,在极为困难的条件下,坚持读书学习,笔耕不辍。1966 年 8 月 24 日,梁漱溟被红卫兵抄家,家中财产物品、书籍手稿被洗劫一空。12 天后,在没有任何参考资料的情况下,他凭着记忆,以每天一千多字的速度,写作《儒佛异同论》。一个 70 多岁的老人,在时刻面临批斗、没有基本写作条件的情况下,凭着自己的坚定信念和扎实功底,在不到两个月的时间内,写出一部 5 万多字的学术论文。这是何等坚贞不屈的意志,如果没有自强不息的人生精神支撑,是绝对不可能做到的。1966 年 9 月 10 日,梁漱溟致信毛泽东,反映自己被抄家的情况,要求有关部门将《人心与人生》的手稿归还自己。完成《人心与人生》一书,既是梁漱溟的人生夙愿,也是支撑他晚年生命的精神支柱。"盖人生一日,必工作一日;工作必是从其向上心认为最有意义的工作。人的生命是与其向上心不可分离的;失去意义的生活,虽生犹死,生不如死。"②"人生一日,必工作一日",以"向上之心"从事"最有意义的工作",字里行间,体现了梁漱溟生命不息、奋斗不止的坚毅意志和执着精神。

在梁漱溟的人生态度中,既自强不息,又乐天知命。在梁漱溟看来,要懂得"乐天知命",首先必须理解"天命"。在中国古代各家各派中,真正理解"天命"的是孟子的"莫之为而为者,天也;莫之致而至者,命也"。从表面上看,"莫之为而为,莫之致而至"似乎是说"一切有定数,非杂乱,非偶然,好像命定论"③。其实不然,孟子的"天命"不是天意,而是自然演变必然如此,即"一切

---

① 《梁漱溟全集》第 6 卷,山东人民出版社 2005 年版,第 72 页。
② 《梁漱溟全集》第 8 卷,山东人民出版社 2005 年版,第 80 页。
③ 《梁漱溟全集》第 7 卷,山东人民出版社 2005 年版,第 496 页。

是事实的自然演变,没有什么超自然的主宰在支配,自然演变有其规律"①。由于自然规律的支配,一切事物(包括人的生命)的变化都遵循自然规律。所谓"乐天知命"不是宿命论,不是人们匍匐在命运面前无所作为,而是"任天而动,天理流行"②。所谓"天理流行",就是宇宙自然是大化流行、生生不息的;所谓"任天而动",就是人们必须遵循宇宙自然的变化,按自然规律行动,将自我生命与宇宙自然相融相通、融为一体,进入"天人合一"境界。因此"乐天知命"的实质是人们在体认自然规律、洞察人生世相后对生命的彻悟,并以乐观的心态对待生活,以喜悦的心情享受人生。

　　人们一旦体察到"乐天知命"的意蕴,就可以不为艰苦生活所忧,不为复杂环境所惑,不为外在压力所惧,即孔子说的"仁者不忧,智者不惑,勇者不惧";就能确立如下信念:"一切福祸、荣辱、得失之来完全接受,不疑讶,不骇异,不怨不尤"③。梁漱溟关于"一切福祸、荣辱、得失完全接受"是不是要人们在命运面前逆来顺受? 不是。梁漱溟是反对人们被福祸、荣辱、得失等私欲束缚,对生活采取功利的态度。在梁漱溟看来,天下最危险的事是人们丧失生趣,而最让人丧失生趣的则是对生活采取功利态度。同时梁漱溟也不是鼓励人们:既然一切福祸、荣辱、得失都无所谓,因此可以肆意妄为。相反,梁漱溟认为乐天知命有一个前提:就是人们在日常生活中应谨言慎行,保持"如临深渊、如履薄冰"的心态。只有人们以临深履薄的心态应对人生,才可以做到"什么也不贪,什么也不怕。随感而应,行乎其所当行;过而不留,止乎其所休息"④。

　　梁漱溟的"相与之情厚"则源自于他对中国文化特点的认识。他认为中国文化的特点是重视人与人的关系,也就是伦理关系。因为"人始终要在与人相关系中生活,人不能脱离人生活,离开人而生活"⑤。那么怎么搞好人与人的关系? 中国人的做法是把家庭关系推广到家庭以外,把家庭成员的亲密情感和义务关系扩展到社会,所谓"四海之内皆兄弟也"。因此中国社会弥漫

---

① 《梁漱溟全集》第7卷,山东人民出版社2005年版,第496页。
② 《梁漱溟全集》第7卷,山东人民出版社2005年版,第496页。
③ 《梁漱溟全集》第7卷,山东人民出版社2005年版,第497页。
④ 《梁漱溟全集》第7卷,山东人民出版社2005年版,第497页。
⑤ 《梁漱溟全集》第8卷,山东人民出版社2005年版,第1144页。

着一种浓郁的家庭氛围,伦理关系的实质是情谊关系。梁漱溟指出:中国人在处理人际关系时,不是像西方人那样"个人本位,自我中心",而是"伦理本位,互以对方为重"。在伦理本位的影响下,中国人"既非以个人为本位而轻集体,亦非以集体为本位而轻个人,而是在相互关系中彼此时时顾及对方"①。这种"互以对方为重"、"时时顾及对方"的为人处世原则是建立在人与人之间"相与之情厚"的基础上,中国人的人际交往打上了浓厚的情感烙印。

　　"互以对方为重"体现在为人处世上,一是尊重别人。中国人在人际交往时最忌讳盛气凌人、居高临下。因为盛气凌人、居高临下轻则得罪人,重则招灾惹祸,原因就是你看不起别人,不尊重别人的人格,从而招致别人的反感甚至报复。中国人最讲究的是自谦礼让。"自谦"就是自我谦卑。中国人在自我介绍时,一般说"鄙人";在听取别人意见时,总是讲"请赐教"。"礼让"就是尊重别人。中国人热情好客,处处表现出对客人的尊重。"有朋自远方来,不亦乐乎";"来的都是客";客人进门时,端茶倒水,嘘寒问暖,热情让座,把家里最好的东西拿出来招待客人等等,使客人有宾至如归之感。二是信任别人。梁漱溟认为,人与人交往时,首先要信任人,因为"人都是求善求真的,并且他都有求得到善和真的可能"②。人们求真向善的本性是人与人相互信任的基础。所以人们在交往时,千万不能抱互不信任、彼此防范的态度:"如从不信任的地方对人,就越来越不信任人;转过来从信任人的方面走,就越来越信任人。不信任人的路,是越走越窄,是死路;只有从信任人的路上去走,才可开出真正的关系和事业的前途来。"③三是讲求信用,彼此合作。在梁漱溟看来,人类的社会关系,将变得越来越复杂,如果离群索居,单打独斗,是无法在社会上生存的。只有彼此合作,同舟共济,才能克服困难,化解风险。但合作的前提是合作各方讲求信用,否则合作无法进行。梁漱溟指出合作有两个基础条件:"一、在人格上不轻于怀疑人家;二、在见识上不过于相信自己。"④合作的根本在于合作各方情谊相通,即"彼此必须互以对方为重,不容专替自己方面着

---

① 《梁漱溟全集》第3卷,山东人民出版社2005年版,第760页。
② 《梁漱溟全集》第1卷,山东人民出版社2005年版,第541页。
③ 《梁漱溟全集》第2卷,山东人民出版社2005年版,第65页。
④ 《梁漱溟全集》第6卷,山东人民出版社2005年版,第712页。

想"①。互以对方为重,实现利益双赢,才能保持合作之树常青。

第四节　三军可夺帅,匹夫不可夺志

梁漱溟曾如此评价自己的长短优劣:"我的长处,归结言之,可有两点:一点为好学深思,思想深刻;一点则为不肯苟同于人。至于短处,不能用一句话说出来,大概说来就是自己不会调理自己,运用自己。"②这些长处和短处在一定程度上概括了梁漱溟的性格特征。"好学深思,思想深刻",体现了梁漱溟的独立思考、有主见、不人云亦云;"不肯苟同于人",体现了梁漱溟的特立独行、不阿谀奉承、不随波逐流;"不会调理自己,运用自己",体现了梁漱溟有时固执己见,不会根据情势变化及时调整策略。

在中国现代史上,梁漱溟是一位坚持独立思考,并本着自己思想而行动的思想家。梁漱溟曾说:"我希望我的朋友,遇到有人问起,梁某究竟是怎样一个人? 便为我回答说,'他是一个有思想的人'。或说'他是一个有思想又且本着他的思想而行动的人',这样便恰如其分,最好不过。如其说'他是一个思想家,同时又是一个社会改造者',那便是十分恭维了。"③梁漱溟是一个勤于思考的人,他对人生、社会、文化、宗教、道德等问题进行深入思索,形成了很多独特看法。他认为,西方文化的特征是科学精神,东方文化的特征是艺术精神;西方文化以基督教为中心,重视集团生活,中国文化以周孔教化为中心,重视家庭生活;中国社会的特征是"伦理本位,职业分途";中国历史只有职业不同,没有阶级对立,只有治世与乱世循环,没有革命。上述观点既有真知灼见,也有主观武断的成分。不管正确与否,反映了梁漱溟对中国文化、中国历史的独立思考。梁漱溟的可贵之处在于他知行合一,将自己的思想诉诸行动,是个实践型的思想家。在研究中国社会时,梁漱溟认识到中国是个农业社会,农民的愚昧和乡村的落后制约了中国发展。因此萌生一种新的"觉悟":要改造中

---

① 《梁漱溟全集》第 2 卷,山东人民出版社 2005 年版,第 73 页。
② 《梁漱溟全集》第 2 卷,山东人民出版社 2005 年版,第 80 页。
③ 《梁漱溟全集》第 3 卷,山东人民出版社 2005 年版,第 6 页。

国,必须改造乡村,加强乡村建设和乡村自治。在乡村建设过程中,应该将发展农村经济与建立地方自治相结合,通过建立经济合作组织,发展农业生产,改善农民生活,调动农民参与地方自治的积极性。"总之,乡村工作搞好了,宪政的基础就有了,全国就会有一个坚强稳固的基础,就可以建立一个进步的新中国。"①为了把"觉悟"变成现实,这个出身于城市,祖祖辈辈不是农民的梁漱溟,毅然投身于乡村建设运动,到山东邹平主持乡村建设研究院,进行了长达7年的乡村建设实验。在抗日战争中,梁漱溟积极投身于民族救亡中。1939年,他以国民参政员的身份,深入山东、江苏敌后游击区进行巡视,历时8个月,行程数千里,虽艰苦备尝,多次遇险,仍毫不畏惧,沿途发表演说,鼓舞前线军民的抗日斗志。

实事求是、敢说真话、光明磊落、无所畏惧,坚持独立人格,坚守气节情操是梁漱溟最显著的性格特征。早在青少年时期,梁漱溟就有自己的主见,主张自己的事情自己作主,不说模棱两可的话,不做违背自己意志的事。"我这个人本来很笨很呆,对于事情总爱靠实,总好认真。我自从会用心思的年龄起,就爱寻求一条准道理,最怕听'无可无不可'这句话,所以对于事事都自己有一点主见。我要做我自己的生活,我自己的性情不许我没有为我生活做主的思想。"②在十六七岁时,由于对人生感到苦闷,他不顾父母的反对,"思想折入佛家一路,一直走下去,万牛莫挽"③。直到29岁,他开始读儒家著作,觉得孔子"乐"的人生态度才是正道,才放弃佛家生活而转入孔家生活。在北京大学任教时,正是新文化运动方兴未艾之际,对孔子和中国传统文化的批判一浪高过一浪。梁漱溟却"不识时务",站出来替孔子辩护,撰写《东西文化及其哲学》。他主张重新发掘儒家精华,发挥传统文化优势,促进中国文化复兴,结果遭到新派人士围攻,被视为保守派代表。

梁漱溟是著名的爱国民主人士,具有强烈的正义感。1943年,为抗议国民党当局的"民有痛痒务掩之,士有气节必摧之"的独裁专制,他拒绝参加由国民党一手操办的所谓"宪政实施促进会"。1946年在担任民盟秘书长期间,他赴昆明调查李公朴、闻一多被杀案。在记者招待会上,梁漱溟慷慨陈词,义

---

① 《梁漱溟自述》,河南人民出版社2004年版,第50页。
② 《梁漱溟全集》第1卷,山东人民出版社2005年版,第542页。
③ 《梁漱溟全集》第1卷,山东人民出版社2005年版,第543页。

正词严地痛斥国民党特务暴行："我们正告政府当局，这种机关不取消，民主同盟不参加政府。我个人极想退出现实政治，致力文化工作。但是，像今天这样，我却无法退出了。我不能躲避这颗枪弹。我要连喊一百声取消特务，我倒要看看国民党特务能不能把要求民主的人都杀光。我在这里等待着他。"①在白色恐怖面前，梁漱溟将个人的生命安危置之度外，不畏强暴，大义凛然，表现出崇高的气节人格。

梁漱溟性格坦荡，光明磊落，从不隐瞒自己的观点。他公开承认自己与中共在思想意识上有分歧，但这种分歧并不妨碍与中共的真诚合作。他说："多年来，我是一直与中共领导求大同、存小异的。我的思想恐怕要比林彪复杂，不那么简单，但我是公开的、光明的。"②在"文化大革命"中，梁漱溟还为刘少奇、彭德怀辩护，认为刘少奇、彭德怀的错误只是与毛泽东的看法"所见不同或所见不对"，只是"对党的路线政策有怀疑"，但他们都是"为国家、民族前途设想而提出的公开主张"③。也就是说，只能说刘少奇、彭德怀与毛泽东在社会主义建设某些问题上有思想分歧，不能说他们是反党反社会主义。在当时黑云压城、万马齐喑的历史条件下，许多党内人士皆缄口不言，梁漱溟作为一个民主人士，在自己身处逆境的情况下，却毅然挺身而出，仗义执言，表现出极大的道德勇气。

梁漱溟的独立人格和气节情操在批林批孔运动中得到了淋漓尽致的表现。在批林批孔运动中，梁漱溟反对以非历史的观点评价孔子，反对把批判孔子与批判林彪相提并论。在《我们今天应当如何评价孔子》中，梁漱溟亮出了自己的观点："我现在认识到的孔子，有功和过两个方面。在没有新的认识之前，我没有别的办法，只能表里如一。我的文章，我的观点，确实是对时下流行的批孔意见不同意的。那么孔子在中国传统文化史上占着什么样的位置呢？我的看法是，中国有五千年的文化，孔子是接受了古代文化，又影响着他之后的中国文化的。这种影响，中国历史上的任何一个古人都不能与孔子相比。"④他认为应把学术研究和政治斗争分开，不能因某种政治需要而全面否

①　《梁漱溟全集》第6卷，山东人民出版社2005年版，第647页。
②　汪东林：《梁漱溟先生在批林批孔运动中》，《团结报》1986年5月3日。
③　汪东林：《梁漱溟先生在批林批孔运动中》，《团结报》1986年5月3日。
④　《梁漱溟自述》，河南人民出版社2004年版，第167页。

定孔子,全面否定孔子就是否定中国历史和中国文化。此论一出,立刻引起轩然大波,批判梁漱溟的大字报铺天盖地,各种批判会接二连三。梁漱溟早有思想准备,洗耳恭听,不置一词。当会议召集人征问他对批判会的感想时,梁漱溟回答说:"三军可夺帅也,匹夫不可夺志。"并解释道:"'匹夫'就是独自一个,无权无势,他的最后一着只是坚信他自己的'志'。什么都可以夺掉他,但这个'志'没法夺掉,就是把他这个人消灭掉,也无法夺掉。"① 这种"士可杀不可辱"的气节风骨,体现了一个正直知识分子的人格良心,梁漱溟是中国真正的儒家。

梁漱溟的公道正派也是令人崇敬的。他不从个人的好恶和感情恩怨出发,而是出自公心,从理性和民族大义出发,以实事求是的态度来评价历史和评价历史人物。他与毛泽东有多年交往,既有延安窑洞秉烛夜谈的舒畅,又有怀仁堂的激烈交锋;曾经是毛泽东的座上宾,也因受到毛泽东的批判被长期闲置。但毛泽东去世后,梁漱溟对毛泽东进行实事求是的评价,发自内心地肯定毛泽东的历史功绩。1980 年,美国学者艾恺访问梁漱溟,询问"你觉得最伟大的中国人是谁?"梁漱溟脱口而出:毛泽东。他说:"毛泽东实在了不起,恐怕历史上、世界上都少有,是世界性的伟大人物。"他认为毛泽东最伟大的成就是"创造了共产党,没有毛泽东就不能有共产党,没有共产党就没有新中国,这个是百分之百的事实"。② 不能因为毛泽东晚年犯了错误,就否认这个事实。

不可否认,梁漱溟的性格中也有过于自信,甚至狂妄自负的一面,按他自己的说法,就是有"好胜逞强,个人英雄主义"③的毛病。梁漱溟到北京大学任教的第一天,就跑到校长室找蔡元培,问他对孔子持什么态度。蔡先生感到很突然,犹豫了一下,沉吟地答道:我们也不反对孔子,儒家的学说作为一门学问,是必须认真研讨的;至于儒家的学说对历朝历代以及当今政治、思想、文化的影响,可以有争论。梁漱溟则说:我不仅仅是不反对而已,我这次进北京大学,除替释迦、孔子发挥之外,不再做旁的事。梁漱溟觉得自己到北京大学身负崇高的学术使命:"我的意思,不到大学则已,如果要到大学作学术一方面

---

① 《梁漱溟自述》,河南人民出版社 2004 年版,第 172 页。
② 《梁漱溟全集》第 8 卷,山东人民出版社 2005 年版,第 1161 页。
③ 《梁漱溟自述》,河南人民出版社 2004 年版,第 170 页。

的事情，就不能随便做个教员便了，一定要对于释迦孔子两家的学说至少负一个讲明的责任。"①梁漱溟在讲这话时，还是一个 24 岁的青年，虽然对佛学有一定研究，但儒学从未涉猎。要想对儒佛两家的学说"负一个讲明的责任"，谈何容易！

梁漱溟具有强烈的担当精神和使命意识。1941 年年底，日寇侵占香港，梁漱溟历尽艰险，回到内地。在给儿子的家信中，详细记述了脱险的经过，描写了自己身处险境时的心理。梁漱溟认为自己在身处险境时所以能做到若无其事、坦然安定，是因为"我晓得我的安危，不是一个人的问题，而是关系太大的一件事。我相信我的安危自有天命"②。什么"天命"？就是自己身上肩负着重大的使命："一是基于人类生命的认识，而对孔孟之学和中国文化有所领会，并自信能为之说明；一是基于中国社会的认识，而对于解决当前大局问题，以至复兴民族的途径，确有所见，信其为事实之所不易"③。梁漱溟认为自己肩负着光大儒学、复兴中国文化的文化使命和解决当前中国社会问题、振兴中华民族的历史使命，在没有完成这两大使命之前是不会死、也不能死的。"孔孟之学，现在晦塞不明。或许有人能明白其旨趣，却无人能深见其系基于人类生命的认识而来，并为之先建立他的心理学而后乃阐明其伦理思想。此事唯我能做。又必于人类生命有认识，乃有眼光可以判明中国文化在人类文化史上的位置，而指证其得失。此除我外，当世亦无人能做。《人心与人生》等三本书要完成，我乃可以死得，现在则不能死。又今后的中国大局以至建国工作，亦正需要我，我不能死。我若死，天地将为之变色，历史将为之改辙，那是不可想象的，万不会有的事！"④万一因缘凑合，命运如此，我的生命完结，"那末便是天命活该大局解决民族复兴再延迟下去，中国文化孔孟之学再晦塞下去"⑤。梁漱溟的担当精神和使命意识令人敬佩，但认为一旦自己死去，天地将为之变色，历史将为之改辙，民族复兴将再延迟下去，恐怕就有些狂妄自负了。

---

① 《梁漱溟全集》第 1 卷，山东人民出版社 2005 年版，第 344 页。
② 《梁漱溟全集》第 6 卷，山东人民出版社 2005 年版，第 342 页。
③ 《梁漱溟全集》第 6 卷，山东人民出版社 2005 年版，第 343 页。
④ 《梁漱溟全集》第 6 卷，山东人民出版社 2005 年版，第 343 页。
⑤ 《梁漱溟全集》第 6 卷，山东人民出版社 2005 年版，第 344 页。

第十四章　毛泽东的人生哲学

毛泽东(1893—1976 年),字润之,湖南湘潭人。当代中国最伟大的马克思主义者,杰出的革命家、政治家、思想家、军事家。毛泽东是中国共产党、中国人民解放军、中华人民共和国的主要缔造者,他带领中国人民前赴后继、英勇奋斗,推翻了三座大山,取得了国家独立和民族解放,使一个半殖民地、半封建的东方大国走上了社会主义道路。在人生哲学方面,毛泽东构建了以"为人民服务"为核心的人生哲学体系,是马克思主义人生哲学的主要代表。毛泽东人生哲学的发展经过三个阶段:长沙求学是毛泽东人生观的奠基时期,初步确立了"救国救民,改造社会"的人生理想,形成了不畏强暴的英雄气概和敢作敢为的抗争精神;20 世纪 20 年代是毛泽东人生观的转型时期,实现了从激进的民主主义者向马克思主义者、由崇拜圣贤豪杰的英雄史观向共产主义人生观的转变;延安时期是毛泽东人生观的成熟时期,创立了中国化的马克思主义人生哲学——毛泽东人生哲学。毛泽东人生哲学是马克思主义人生哲学与中国革命实践和中国传统人生哲学结合的产物。

第一节　救国救民,改造社会

毛泽东的青少年时代,既是中国内忧外患、民族危机不断加深的时代,又是各种思想文化相互激荡、碰撞的时代,社会处于剧烈的转型过程中。中国在甲午战争中的失败,《马关条约》的签订,使中国进一步沦为半殖民地、半封建社会,民族危机更加深重。为了挽救民族危机,一批从封建营垒中蜕变出来,接受了西方资产阶级思想启蒙的知识分子,如康有为、梁启超、谭嗣同等,走上了维新变法的道路。由于封建官僚顽固派的反对,"百日维新"如昙花一现,戊戌变法以失败告终。1900 年爆发的"义和团"运动,不仅没有把"洋鬼子"驱逐出中国,反而招致"八国联军"的联合绞杀,清政府被迫签订了《辛丑条约》。1911 年,孙中山领导的辛亥革命取得胜利,但革命果实却被袁世凯所窃取,中国又陷入北洋军阀混战的深渊。与此同时,西方各种思想文化在中国广泛传播:既有马克思主义和各种社会主义学说,又有自由主义、人道主义、实证主义、无政府主义,还有天赋人权论、进化论、罗素的分析哲学、杜威的实验哲学、柏格森的生命哲学,可谓五花八门,令人眼花缭乱。正是在民族危机不断加深、各种文化思潮相互激荡的时代背景下,青年毛泽东走出了封闭的韶山冲,初步萌生了"救国救民,改造社会"的人生理想。

毛泽东出生于湖南湘潭的一个偏僻山村,父母亲是农民,所以幼小的毛泽东对外面的世界知之甚少。大概在十四五岁的时候,他阅读了《盛世危言》和一些资产阶级改良主义的书籍,才渐渐了解一些中国近代发生的事情。1910 年 4 月,长沙发生了"饥民暴动",韶山本地也发生了哥老会会员反抗地主和官府的事件,这两件事情给毛泽东"留下了不可磨灭的印象",并产生了"一定的政治觉悟"。[①] 特别在读了一本列强瓜分中国的小册子以后,毛泽东的心情再也无法平静,对祖国的前途感到忧虑,"开始认识到:国家兴亡,匹夫有责。"[②]

1910 年秋,毛泽东离开韶山,来到湘乡东山高等小学堂读书。离家时,他抄写了日本人西乡隆盛的一首诗留给父亲:"男儿立志出乡关,学不成名誓不还。埋骨何须桑梓地,人生无处不青山"[③],表达了自己求学救国、志在四方的决心。东山学校开设了国文、算术、修身、历史、地理等课程,这些知识是他在私塾读书时闻所未闻的,极大地开阔了毛泽东的眼界。在学习中外历史、地理时,毛泽东一方面为祖国悠久的历史、灿烂的文化、辽阔的疆土而自豪,另一方面又为鸦片战争后祖国的灾难深重、任人宰割而痛心疾首。他给自己起了一个"子任"的别号,决心"以天下为己任",担当起"天下兴亡"的责任。

东山学校的狭小天地无法满足胸怀天下的毛泽东的需要,他向往一个更

---

①　马连儒、柏裕江:《毛泽东自述》,人民出版社 1996 年版,第 22 页。

②　马连儒、柏裕江:《毛泽东自述》,人民出版社 1996 年版,第 22 页。

③　中共中央文献研究室编:《毛泽东传》(1893—1949),中央文献出版社 2004 年版,第 9 页。

加广阔的世界。1911 年春,毛泽东来到了省会长沙,考入湘乡驻省中学。长沙是资产阶级革命党人反清斗争的重要基地,各种反清救国宣传非常活跃。他阅读于右任主编的《民立报》,拥护孙中山领导的同盟会。为了表示与满清政府彻底决裂,毛泽东毅然剪掉了头上的辫子,投笔从戎,参加了湖南新军。然而由于资产阶级的软弱妥协,辛亥革命的胜利果实被袁世凯所篡夺。毛泽东感到:虽然清朝被推翻了,辫子也剪了,但国家的状况并没有发生多大的变化,人民依然处于水深火热之中,因而一度迷惘失望,他决定脱离军队,继续求学。

1912 年春,毛泽东以第一名的成绩考取湖南省立第一中学。不久他发现该校课程肤浅、内容陈旧、校规烦琐,因而半年就退学了。退学之后,毛泽东在湖南省立图书馆开始了半年"极有价值"的自修生活。他广泛涉猎 18—19 世纪的西方社会科学名著,如亚当·斯密的《原富》,孟德斯鸠的《法意》,卢梭的《民约论》,赫胥黎的《天演论》,阅读俄、美、英、法的历史、地理书籍和古希腊、罗马的文艺作品。① 在湖南省立图书馆,毛泽东第一次看见世界地图。他从世界之大联想到世界上千千万万受苦受难的劳动人民,"为什么会有这种现象呢? 这是制度不好,政治不好,是因为世界上存在着人剥削人、人压迫人的制度。"毛泽东认为:"这种不合理的现象,是不应该永远存在下去的,是应该彻底推翻、彻底改造的!"然而"世界的变化,不会自己发生,必须通过革命,通过人的努力。我因此想到,我们青年的责任真是重大,我们应该做的事情真多,要走的道路真长。从这时候起,我就决定要为全中国痛苦的人、全世界痛苦的人贡献自己全部的力量。"② 从 19 岁起,青年毛泽东就决心为全中国、全世界人民的翻身解放而奋斗终生,这是何等崇高的人生理想!

受"教育救国"影响,1913 年春,毛泽东考入湖南省立第四师范学校。一年后,该校和湖南省立第一师范学校合并,毛泽东在一师度过了 5 年半的时间。在一师,毛泽东在学习文化知识的同时,继续探索救国救民的真理,并在探索真理的过程中进一步坚定了自己的人生信念。毛泽东认为,人生在世如果为生存而生存,单纯追求衣食住行等物质生活,就与动物没有什么区别,这

---

① 参见中共中央文献研究室编:《毛泽东年谱》上卷,人民出版社、中央文献出版社 1993 年版,第 13 页。

② 周世钊:《毛主席青年时期的几个故事》,《新苗》1958 年第 9 期。

样的人生毫无价值。"西人物质文明极盛,遂为衣食住三者所拘,徒供肉欲之发达已耳。若人生仅此衣食住三者而已足,是人生太无价值。"①毛泽东主张,人在满足解决基本的生存需要之后,应该追求高尚的理想和丰富的精神生活,实现自己的人生价值。而拯救国家民族危亡、解除天下万民痛苦,就是人生理想、人生价值的最大实现。为了救民于水火,我不入地狱谁入地狱? 他在《讲堂录》中写道:"毒蛇螫手,壮士断腕,非不爱腕,非去腕不足以全一身也。彼仁人者,以天下万世为身,而以一身一家为腕。惟其爱天下万世之诚也,是以不敢爱其身家。身家虽死,天下万世固生,仁人之心安矣。"②在一师读书期间,毛泽东不仅遇到了像杨昌济、徐特立、黎锦熙、方维夏这样学识渊博、品德高尚的老师,而且遇到了蔡和森、萧子升、何叔衡、张昆弟等一批志同道合、追求真理的同学。他们这些同学约定"三不谈":即不谈金钱,不谈男女之事,不谈家务琐事。在毛泽东他们看来,国家民族危机是如此严重,青年肩上的责任是如此重大,求学求知的需要又是如此迫切,哪里有闲情谈论私人琐事及男女之间的问题呢? "我的朋友们和我只乐于谈论大事——人的性质,人类社会的性质,中国的性质,世界,宇宙!"③1918年4月,这批志同道合的学友发起成立新民学会,以"革新学术,砥砺品行,改良人心风俗"和"改造中国和世界"为宗旨。后来,新民学会的大部分成员都成为中国共产党的早期党员和领导骨干,为中国革命作出了重要贡献,有的献出了自己年轻而宝贵的生命。

在一师期间,青年毛泽东还多次在诗文中直抒胸臆,抒发自己的理想抱负。他对人生有着强烈的自信,"自信人生二百年,会当水击三千里";他认为大丈夫应该有"将宇宙看稊米"的宏阔眼界,在"沧海横流"中独立潮头,像"鲲鹏击浪"那样搏击风云。④ 这种胸怀天下、救国救民、改造社会的理想和坚定的人生信念为毛泽东从爱国主义转变为马克思主义,奠定了坚实的思想基础。

青年毛泽东的人生理想经历了一个从崇拜圣贤英雄到教育救国、从探索真理到投身社会实践和革命活动的转变过程。小时候的毛泽东,"爱看中国

①　《毛泽东早期文稿》,湖南出版社1990年版,第638页。

②　《毛泽东早期文稿》,湖南出版社1990年版,第590页。

③　马连儒、柏裕江:《毛泽东自述》,人民出版社1996年版,第35页。

④　参见徐四海编著:《毛泽东诗词鉴赏》,云南人民出版社2005年版,第6页。

古代的传奇小说,特别是其中关于造反的故事"①。在私塾读书时,他常常偷看《水浒传》、《三国演义》、《说岳全传》、《隋唐演义》等古代传奇小说,并崇拜精忠报国的岳飞,劫富济贫的梁山好汉,把他们奉为民族英雄。在湘乡东山学校读书时,由于阅读了梁启超主编的《新民丛报》,毛泽东对梁氏那种"笔锋常带感情"的文章爱不释手,并刻意摹仿,以至文风深得康梁笔意,成为康有为和梁启超的崇拜者,并从康、梁维新派那里初步接受了政治启蒙思想。后来,读了《世界英杰传》和西方的一些学术名著,他又景仰拿破仑、华盛顿、林肯、彼得大帝、卢梭、孟德斯鸠等西方英杰,认为"中国也要有这样的人物"。在新文化运动中,他对胡适和陈独秀十分崇拜。胡适、陈独秀在《新青年》上发表的尖锐批判封建专制的文章和提倡的"民主"、"科学"口号,赢得了一大批读者和追随者。在这批追随者中,就有毛泽东。1936 年,他在与斯诺谈话时回忆说:"我在师范学校上学的时候,就开始读这个杂志了。我当时非常佩服胡适和陈独秀的文章。有一段时期他们代替了梁启超和康有为,成为我的楷模。"②青年毛泽东之所以推崇圣贤豪杰,是因为"圣贤豪杰之所以称,乃其精神及身体之能力发达最高之谓"③;他们身上有一种"至伟至大之力",这种力量一旦爆发,能够"奋发踔厉,摧陷廓清,一往无前"④,任何外界力量也无法阻挡。这种圣贤豪杰正好适应了青年毛泽东救国救民、改造社会的需要。

辛亥革命的失败,击破了青年毛泽东成为英雄豪杰以拯救中国的梦想,他走上了"教育救国"的道路。在毛泽东看来,要改造社会,首先要改造"国民性",改变"国民之愚"、"国民性惰"和民智不开的状况。他在《商鞅徙木立信论》一文中指出:"吾读史至商鞅徙木立信一事,而叹吾国国民之愚也,而叹执政者之煞费苦心也,而叹数千年来民智之不开,国几蹈于沦亡之惨也。"⑤在与张昆弟的谈话中,毛泽东又一次谈到这个问题,认为"现在国民性惰,虚伪相崇,奴隶性成,思想狭隘"⑥。要改变这种状况,必须从教育入手。于是,毛泽

---

① 马连儒、柏裕江:《毛泽东自述》,人民出版社 1996 年版,第 17 页。
② 马连儒、柏裕江:《毛泽东自述》,人民出版社 1996 年版,第 37 页。
③ 《毛泽东早期文稿》,湖南出版社 1990 年版,第 237 页。
④ 《毛泽东早期文稿》,湖南出版社 1990 年版,第 219 页。
⑤ 《毛泽东早期文稿》,湖南出版社 1990 年版,第 1—2 页。
⑥ 《毛泽东早期文稿》,湖南出版社 1990 年版,第 639 页。

东报考师范学校,决心终生从事教育事业,担当起开发民智的责任。为了实现教育救国的理想,毛泽东还在一师读书时,就积极参与创办工人夜校。师范毕业后,毛泽东做过一段时间的小学教员。然而在实践中,毛泽东深感仅仅进行学校教育是远远不够的,改良学校教育如果不与改良家庭和社会结合起来,效果甚微。

教育救国之路不通,使毛泽东意识到教育与议会、政治、科学、实业一样,都是一些枝节问题,没有触及救亡启蒙的"本源"。救亡启蒙的"本源"是什么? 毛泽东认为,就是解决中国人"思想太旧,道德太坏"的问题,因为"思想主人之心,道德范人之行,二者不洁,遍地皆污"①。而要解决思想和道德问题,必须从改造哲学和伦理学入手,根本上变换全国之思想,这才是从"大本大源"上着力。他说:"当今之世,宜有大气量人,从哲学、伦理学入手,改造哲学,改造伦理学,根本上变换全国之思想。如此大乱一张,万夫走集,雷电一震,阴曀皆开,则沛乎不可御矣。"②毛泽东决心用"大本大源"来号召天下、改造天下:"今吾以大本大源为号召,天下之心其有不动者乎? 天下之心皆动,天下之事有不能为者乎? 天下之事可为,国家有不富强幸福者乎?"③毛泽东十分自信:一旦哲学伦理学得到改造,人人得了宇宙的"大本大源",提高了思想觉悟和道德品质,国家就能够富强,人民就能够幸福,人类社会就进入了太平盛世和"大同"世界。

然而,哲学的改造以及对宇宙"本源"的探索,并不能改变中国的命运,中国依然处于南北军阀混战之中,湖南也处在军阀的残酷统治之下,老百姓更是饥寒交迫,挣扎在死亡线上,这些残酷的现实使青年毛泽东陷入深深的思索。他认识到:要实现救亡图存、改造社会的人生理想,不能局限于探索真理、揭露社会黑暗和开发民智的层面,更重要的是投身于社会实践和革命活动,通过社会实践和革命活动来摧毁旧宇宙、建立新宇宙,将人生理想变为现实。从此,青年毛泽东开始了更加艰苦的人生探索,就是把人生理想与务实精神、追求真理与社会实践结合起来。在"五四"运动前后,他初步接触和了解了俄国革命和马克思主义。从此以后,青年毛泽东在马克思主义理论和俄国革命的影响

---

① 《毛泽东早期文稿》,湖南出版社 1990 年版,第 86 页。
② 《毛泽东早期文稿》,湖南出版社 1990 年版,第 86 页。
③ 《毛泽东早期文稿》,湖南出版社 1990 年版,第 87 页。

下,人生观发生了一个质的跃迁:他创办《湘江评论》,努力宣传马克思主义;领导湖南人民进行了反对军阀张敬尧的斗争;他深入工人农民中间,组织工人农民运动;他积极参加组建中国共产党的活动,成为中国共产党的创始人之一,从而在一个较短的时间内完成了由激进的民主主义者到马克思主义者、由崇拜圣贤豪杰的英雄史观到共产主义人生观的转变。

第二节 "与天奋斗,其乐无穷"

青年毛泽东不仅有宏大的人生理想,而且有桀骜不驯的倔强个性,不畏强暴的英雄气概,排除万难的抗争精神。这种人生精神使毛泽东走上一条独特的人生道路,最终成为中华民族的一代伟人。

毛泽东出身农家,既有一般农家子弟勤劳节俭、吃苦耐劳的性格特征,又有反抗专制压迫、挣脱束缚、追求自由的性格特征。少年时代的毛泽东在私塾读书时,因不满老师的照本宣科和不愿死记硬背那些枯燥乏味的儒家经典,于是偷偷地在座位底下阅读《西游记》、《三国演义》等古代小说。对老师动辄打骂和体罚学生,毛泽东更是采取各种方式进行反抗。有一次老师发现他不听讲,准备用戒尺打他的手心,毛泽东非常气愤,冲出教室,逃学出走。由于害怕父亲的打骂,不敢回家,便一个人在山沟里转了三天。想不到回家以后,父亲和老师不仅没有惩罚他,相反"我父亲稍微比过去体谅些了,老师的态度也比较温和些了",毛泽东感到这是一次"胜利的罢课"。[①] 稍大一点,他开始反抗父亲的自私、刻薄和专横,要么与母亲、弟弟结成"统一战线"来共同对付父亲,要么引用"父慈子孝"的经书来批驳父亲。在 13 岁时,有一次父亲竟当着众多客人的面,骂他"懒而无用"。这激怒了毛泽东,他不仅回敬了父亲,而且离家出走。父亲在后面追上来要打他,毛泽东跑到一个池塘边,威胁父亲说如果他再走近一步,就跳塘自杀。最后父子二人达成了妥协:父亲答应不再打他,毛泽东则跪下一条腿磕头认错。后来毛泽东回忆这件事,说道:"当我用公开反抗的办法来保卫自己权利的时候,我父亲就软了下来;可是如果我持温

---

① 马连儒、柏裕江:《毛泽东自述》,人民出版社 1996 年版,第 15 页。

顺的态度,他只会更多地打骂我。"①这两次反抗的胜利,极大地鼓舞了少年毛泽东,并逐渐形成了争强好胜和不服输的性格。后来,他又违抗父亲的意愿,拒绝和一个比他大4岁姓罗的姑娘结婚。他要求继续读书,不愿去县城的一家米店当学徒。不要小看了这两次反抗,它是毛泽东人生的第一个转折点。如果他接受了父亲的安排,结婚生子当学徒,那么中国将多了一个普通农民,而少了一个叱咤风云的伟人。

从少年时代反抗老师的体罚和父亲的专制,发展到青年时期便是公开反抗各种不合理的陈规陋习和黑暗腐朽的社会制度,义无反顾地向旧世界宣战。辛亥革命时期,刚接触了一点维新思想的毛泽东,就参加了反抗满清王朝的斗争。他剪掉辫子,投笔从戎,成为一名革命战士。在湖南省立第一中学读书时,虽然深得老师和校长的器重,但因不满校规的烦琐和束缚,毅然退学,走上了自学之路。在湖南第一师范,他的抗争性格进一步发展。他积极参加抵制日货的爱国运动,反对袁世凯称帝复辟,带领一师学生进行反对军阀汤芗铭的斗争。特别值得一提的是:1917年11月,毛泽东组织"学生志愿军"护校,凭着智慧和勇气,收缴了北洋军溃军的枪支,使一师和长沙市民躲过了一场灾难。走向社会后,他又联合湖南各界人士,发起了声势浩大的驱逐军阀张敬尧的运动。青少年时代的这些斗争经历,既锻炼增长了毛泽东的才干,又积累了丰富的斗争经验,更重要的是它孕育了毛泽东大无畏的奋斗精神。他在日记中豪迈地写道:与天奋斗,其乐无穷;与地奋斗,其乐无穷;与人奋斗,其乐无穷!把与大自然作斗争、与社会腐朽势力作斗争视为人生的最大快乐。不仅如此,毛泽东还在斗争中形成了天不怕、地不怕、敢作敢为的性格特征。他在《湘江评论》的创刊宣言中向劳苦大众发出"什么也不要怕"的号召:"天不要怕,鬼不要怕,死人不要怕,官僚不要怕,军阀不要怕,资本家不要怕。"②在毛泽东看来,人们既不要相信命运,也不要信仰鬼神,因为世界上不存在命运和鬼神,所以根本不用怕它们。至于官僚、军阀、资本家,他们表面上看起来力量强大、气势汹汹,实际上色厉内荏、欺软怕硬。你如果怕他们,他们就更加肆无忌惮地欺负你、压迫你;你如果不怕他,横下一条心同他们斗,他们反而怕你。

---

① 马连儒、柏裕江:《毛泽东自述》,人民出版社1996年版,第17页。

② 《毛泽东早期文稿》,湖南出版社1990年版,第292页。

毛泽东生来是个喜动、好奇、追求变化的人,他讨厌那种平平淡淡、四平八稳的生活,也不喜欢那种宁静安逸的人生境界。在《〈伦理学原理〉批注》中,毛泽东指出:"安逸宁静之境,不能长处,非人生之所堪,而变化倏忽,乃人性之所喜也。"①毛泽东之所以不愿长处"安逸宁静之境",是因为长期处于"安逸宁静之境"会消磨人的斗志和进取精神,使人形成懒惰的性格,而懒惰是人生的坟墓和万恶的渊薮。他说:"人情多耽安逸而惮劳苦,懒惰为万恶之渊薮。人而懒惰,农则废其田畴,工则废其规矩,商贾则废其所鬻,士则废其所学。业既废矣,无以为生,而杀身忘家乃随之。国而懒惰,始则不进,继则退行,继则衰弱,终则灭亡。可畏哉。"②毛泽东对泡尔生的"无抵抗则无动力,无障碍则无幸福"非常赞赏,认为是"至真之理,至澈之言"。③ 在毛泽东看来,任何事物如果没有对立面,没有冲突、抵抗、困难、痛苦,那么将索然无味,对人生也没有丝毫的刺激。"然长久之平安,毫无抵抗纯粹之平安,非人生之所堪。"④为了激发人的创造性和征服欲,所以老天爷往往于"平安之境生出新的波澜来"⑤。毛泽东以诗意的语言描述了抵抗、挫折、冲突对人生的意义:"河出潼关,因有太华抵抗,而水力益增其奔猛;风回三峡,因有巫山为隔,而风力益增其怒号。"⑥正是因为人生有各种抵抗、挫折、冲突,人生才有源源不断的奋斗动力,才有千姿百态、波澜起伏的万千气象。所以青年毛泽东形成了一种挑战性的人格,他借用梁启超的"今日之我与昨日之我挑战,来日之我与今日之我挑战"⑦来激励自己,在不断挑战自我的过程中发展自我、完善自我。

毛泽东敢作敢为的性格和大无畏的斗争精神,与他推崇"心力"和意志的作用是分不开的。青年毛泽东非常崇尚"心力"的作用,曾经写了一篇《心之力》的文章,深得杨昌济老师的赞赏,给他打了 100 分。他重视人的精神生活,鄙视人的肉体生活,"予谓人类只有精神之生活,而无肉体之生活。试观

---

① 《毛泽东早期文稿》,湖南出版社 1990 年版,第 186 页。
② 《毛泽东早期文稿》,湖南出版社 1990 年版,第 585 页。
③ 《毛泽东早期文稿》,湖南出版社 1990 年版,第 182 页。
④ 《毛泽东早期文稿》,湖南出版社 1990 年版,第 185 页。
⑤ 《毛泽东早期文稿》,湖南出版社 1990 年版,第 185 页。
⑥ 《毛泽东早期文稿》,湖南出版社 1990 年版,第 181 页。
⑦ 《毛泽东早期文稿》,湖南出版社 1990 年版,第 87 页。

精神时时有变化,肉体则万年无变化可以知也。"①没有看到物质生活是精神生活的基础,完全否定物质生活和生理需要,说明青年毛泽东的唯意志主义色彩还比较浓厚,尚未完全树立唯物史观。但毛泽东看到一个人如果单纯追求物质生活,满足生理需要,则把人降低为动物了,这样的人生毫无意义。由于重视精神生活,因此他强调精神和意志的作用。毛泽东指出:"意志也者,固人生事业之先驱也。"②他认为意志是人生的动力、事业的先驱,一个人如果没有坚强的意志、不屈不挠的毅力,将一事无成。在毛泽东看来,人的意志一旦被激发出来,可以超越各种外在条件的限制,迸发出惊天地、泣鬼神的力量,并表现为勇猛无畏、敢作敢为、坚韧耐力等性格精神。他以中国古代的一些英雄和诗句为例,"夫力拔山气盖世,猛烈而已;不斩楼兰誓不还,不畏而已;化家为国,敢为而已;八年于外,三过其门而不入,耐久而已。"③青年毛泽东对意志的推崇意在激励人们反抗黑暗的社会现实,投入到救国救民、改造社会的行动中,但夸大了意志的能动作用,具有唯意志论的倾向。

青年毛泽东对"心力"和意志的推崇,来自于他的"贵我"思想。所谓"贵我"就是"求己"而"不责人"。之所以要"求己",是因为"横尽空虚,山河大地,一无可恃,而可恃惟我"④。自我在宇宙中居于中心地位,它无所依凭,只能自己靠自己。毛泽东在青年时代,受到陆王心学的影响,认为"我即宇宙,宇宙即我";没有"我",就没有一切。既然如此,"宇宙间可尊者惟我也,可畏者惟我也,可服从者惟我也。"⑤除了"我"之外,世界上没有其他可以尊重、畏惧、服从的东西,包括鬼神和上帝,因此"服从神何不服从己"⑥。毛泽东的"贵我"思想包含了两层意义:一是高扬人的本体地位,肯定人的价值尊严;二是强调发挥人的主观能动性,打破各种外在力量的束缚,使人类获得彻底解放。

---

① 《毛泽东早期文稿》,湖南出版社 1990 年版,第 168 页。
② 《毛泽东早期文稿》,湖南出版社 1990 年版,第 72 页。
③ 《毛泽东早期文稿》,湖南出版社 1990 年版,第 74 页。
④ 《毛泽东早期文稿》,湖南出版社 1990 年版,第 621 页。
⑤ 《毛泽东早期文稿》,湖南出版社 1990 年版,第 231 页。
⑥ 《毛泽东早期文稿》,湖南出版社 1990 年版,第 230 页。

第三节 "全心全意为人民服务"

20世纪20年代,毛泽东接受了马克思主义人生哲学,并以马克思主义人生哲学为指导,初步树立了共产主义人生观。在成为中国共产党领袖之后,毛泽东开启了马克思主义人生哲学中国化的进程,他把马克思主义人生哲学与中国革命实践和中国传统人生哲学相结合,形成了中国化的马克思主义人生哲学——毛泽东人生哲学。毛泽东人生哲学形成于30年代末40年代初,标志是《纪念白求恩》、《为人民服务》和《愚公移山》的发表。毛泽东人生哲学的核心是为人民服务,他把"全心全意为人民服务"作为共产党人的人生目的;把"毫不利己,专门利人"作为共产党人的人生准则;把"做一个有益于人民的人"作为共产党人的人生境界;把挖山不止的"愚公精神"作为共产党人的人生动力。

人生观的首要问题是解决人生目的问题。也就是人为什么活着? 为谁活着? 有的人认为:人的本质是自私的,"人不为己,天诛地灭","人为财死,鸟为食亡",他们把满足个人私利作为人生目的,这是个人主义的人生观;有的人认为:人生苦短,韶华易逝,"对酒当歌,人生几何?"人生不乐,等于白过,他们把追求个人生活享受作为人生目的,这是享乐主义的人生观;有的人认为:理想是虚无缥缈的,现实是实实在在的,"有奶就是娘","识时务者为俊杰",他们把追求"实用"作为人生目的,这是实用主义的人生观;还有人认为:人生是主观为自己,客观为别人。在毛泽东看来,上述形形色色的人生观都没有正确解决人生目的问题,都属于非无产阶级的人生观。作为无产阶级人生观,首先必须解决的就是人生目的问题,即"为什么活着"、"为谁活着"。因为"为什么人的问题,是一个根本的问题,原则的问题"①,这个问题不解决,什么人生理想、人生价值、人生态度都无从谈起。

那么,作为无产阶级先锋队战士的共产党人,应该树立什么样的人生目的? 毛泽东认为:共产党人和以往一切剥削阶级、利己主义、享乐主义、实用主

---

① 《毛泽东选集》第三卷,人民出版社1991年版,第857页。

义人生观不同,他不是把追求私利欲望的满足、物质生活的享受和个人的方便实用作为人生的目的。相反,共产党人应该树立共产主义人生观,把"全心全意为人民服务"、为中国最广大人民群众谋幸福作为自己的人生目的。

毛泽东"为人民服务"的思想萌芽于20世纪30年代。1937年9月在《反对自由主义》一文中,毛泽东要求每一个共产党员,"应该是襟怀坦白,忠实,积极,以革命利益为第一生命,以个人利益服从革命利益;无论何时何地,坚持正确的原则,同一切不正确的思想和行为作不疲倦的斗争,用以巩固党的集体生活,巩固党和群众的联系;关心党和群众比关心个人为重,关心他人比关心自己为重。这样才算是一个共产党员。"①强调"个人利益服从革命利益,关心党和群众比关心个人为重,关心他人比关心自己为重",已经包含了为人民服务的思想了。真正从理论上阐述"为人民服务"思想,是1944年9月在张思德烈士追悼会上发表的《为人民服务》演讲。在演讲中,毛泽东开宗明义指出:"我们的共产党和共产党所领导的八路军、新四军,是革命的队伍",我们这个队伍的性质"完全是为着解放人民的,是彻底地为人民的利益工作的"。②同年10月4日,毛泽东在延安会见新闻、出版工作者时,又在"为人民服务"前面加了"全心全意"4个字。毛泽东认为:不管做什么工作,都要"全心全意为人民服务"。他以启发式的语句诘问:我们每个同志是全心全意为人民服务?还是半心半意为人民服务?或者三心二意为人民服务?答案当然是"全心全意为人民服务"。1945年4月,毛泽东在党的七大开幕词中再一次向全党发出号召:"我们应该谦虚,谨慎,戒骄,戒躁,全心全意地为中国人民服务"③,并把"全心全意为人民服务"正式载入"七大"党章。至此,毛泽东"为人民服务"思想趋于成熟和定型。

"全心全意为人民服务"的实质是将个人利益服从人民利益,基本要求是坚持人民利益高于一切的原则。在处理个人与国家、集体的关系时,必须首先维护国家和集体利益,然后再考虑个人利益;在处理个人与群众的关系时,必须首先维护群众的利益,最后再考虑自己的利益。当两者发生矛盾冲突的时候,应该牺牲自己的个人利益;在国家和人民利益受到重大损害时,应挺身而

---

①　《毛泽东选集》第二卷,人民出版社1991年版,第361页。

②　《毛泽东选集》第三卷,人民出版社1991年版,第1004页。

③　《毛泽东选集》第三卷,人民出版社1991年版,第1027页。

出,捍卫国家和人民利益,哪怕牺牲自己的个人生命也在所不辞。而影响"全心全意为人民服务"的思想根源是"个人利益"和"私心杂念"。一个人如果将个人利益放在第一位,"一事当前,先替自己打算",就会见利忘义,不择手段地以权谋私、损公肥私,就会把"全心全意为人民服务"抛到九霄云外。

共产党人之所以把"为人民服务"作为自己的人生目的,是因为:第一,是由党的性质宗旨决定的。中国共产党是中国工人阶级的先锋队,它的性质宗旨是为中国最广大的人民谋利益。除了最广大人民的利益,它没有自己的个人利益,也没有自己的小团体利益。全心全意为人民服务,一切从人民利益出发,是无产阶级政党区别于其他阶级政党的显著标志,也是我们党一切工作的出发点和落脚点。广大的共产党人,无论是领导干部还是普通党员,都是人民的勤务员。因此,每个共产党员必须责无旁贷地把"为人民服务"作为自己的行为准则和人生追求。"共产党人的一切言论行动,必须以合乎最广大人民群众的最大利益,为最广大人民群众所拥护为最高标准。"①第二,是由历史唯物主义的群众观点决定的。历史唯物主义认为:人民群众是历史的创造者,是推动社会历史前进的主要力量。根据这一观点,毛泽东多次用中国化的语言阐述人民群众的作用和党与群众的关系。他说:"真正的铜墙铁壁是什么?是群众,是千百万真心实意地拥护革命的群众"②;"人民,只有人民,才是创造世界历史的动力"③。只有切实维护群众利益,全心全意为人民服务,才能贯彻历史唯物主义的群众路线,获得群众的支持拥护。第三,源自于毛泽东深厚的人民情结。毛泽东出生于农家,从小就生活在农民群众中,他了解人民的疾苦,尤其是广大农民的疾苦。在母亲的影响下,他从小就乐于助人,帮助那些贫苦的邻居和同学。天气干旱时,毛泽东放下自己家的农活,先给那些缺少劳力的穷苦人家车水抗旱。他热爱人民,关心群众,一生以鲁迅先生的"俯首甘为孺子牛"为座右铭,为革命事业和人民幸福鞠躬尽瘁,死而后已。

毛泽东要求全体党员做到"全心全意为人民服务",自己则率先垂范,把一生无私地献给了中国人民。为了中华民族的独立自由和中国人民的翻身解放,毛泽东将自己的身家性命置之度外,为革命事业东奔西走,席不暇暖,历尽

---

① 《毛泽东选集》第三卷,人民出版社 1991 年版,第 1096 页。
② 《毛泽东选集》第一卷,人民出版社 1991 年版,第 139 页。
③ 《毛泽东选集》第三卷,人民出版社 1991 年版,第 1031 页。

人生磨难,不仅自己多次与死神擦肩而过,而且为革命牺牲了 6 位亲人的生命。新中国成立后虽然身居高位,却依然生活简朴,艰苦奋斗,对自己的要求几乎到了苛刻的地步。他睡的是木板床,吃的是普通饭菜,内衣和毛衣总是补了又补。三年困难时期,为了和全国人民同甘共苦、共渡难关,他郑重宣布:"不吃肉,不吃蛋,吃粮不超定量"。为了兑现自己的诺言,他曾经 7 个月没有吃肉;为了节约粮食,他把杂粮和野菜搬上了餐桌。由于营养不良,毛泽东在三年困难时期竟得了浮肿病。在世界各国,有哪一个国家的领导人像毛泽东这样,身先士卒,率先垂范,刻苦自励?

　　毛泽东对自己的要求非常严格,然而对群众的安危、疾苦却牵肠挂肚、彻夜难眠,有时甚至泪流满面。1950 年夏天,淮河洪水泛滥,一份反映灾情的报告送到毛泽东办公桌上。"由于水势凶猛,来不及逃走,或攀登树上,失足坠水(有在树上被毒蛇咬死者),或船小浪大,翻船而死者,统计四百八十九人。"看过这份电报,毛泽东十分难过,泪水溢出了眼眶。他在"被毒蛇咬死者"和"四百八十九人"两处用笔画了粗重的横线,并指示周恩来,"除目前防救外,须考虑根治办法,现在开始准备,秋起即组织大规模导淮工程,期以一年完成导淮,免去明年水患。"①1958 年 6 月 30 日,《人民日报》报道江西省余江县消灭了血吸虫病,毛泽东获悉这一消息,非常兴奋,他"浮想联翩,夜不能寐。遥望南天,欣然命笔",写下了不朽诗篇《七律·送瘟神》。毛泽东一生情系人民,以人民的幸福为喜,以人民的疾苦为忧,把"为人民服务"、为人民谋福利作为自己的行动准则和奋斗目标。

　　"为人民服务"不仅是共产党人的人生目的,而且是衡量共产党员人生价值的标准。人生价值的核心是如何处理个人价值与社会价值的关系。毛泽东认为:共产党人的人生价值不是追求个人的名利,而在于为人民做了多少工作、作出了多大贡献。特别是在生死关头的表现和对生死意义的理解最能体现人生的价值取向。他在《为人民服务》的演讲中,高度赞扬张思德生得有意义,死得有价值,比泰山还重。他说:"人总是要死的,但死的意义有不同。中国古时候有个文学家叫做司马迁的说过:'人固有一死,或重于泰山,或轻于鸿毛。'为人民利益而死,就比泰山还重;替法西斯卖力,替剥削人民和压迫人

---

① 刘仲文、于凯夫主编:《毛泽东的情感世界》,人民出版社 2003 年版,第 180 页。

民的人去死,就比鸿毛还轻。张思德同志是为人民利益而死的,他的死是比泰山还要重的。"①在毛泽东看来,人生的意义和价值不在于你的职务、职业和个人能力,而在于你的价值取向,为谁工作、为谁奋斗、为谁牺牲。张思德只是一个普通战士,而且是在烧炭时牺牲的,但由于他是"为人民利益而死",所以"死得其所","比泰山还要重"。因此人民利益是衡量人生意义与人生价值的唯一标准。

"为人民服务"不能停留在口号上,必须落实到行动上。毛泽东认为:要做到"全心全意为人民服务",前提是要树立"为人民服务"的思想感情。只有树立"为人民服务"的思想感情,才能贴近群众、深入群众、与群众打成一片。在毛泽东看来,要将自己的思想感情真正转移到人民群众方面来并非易事,它要经过一个长期的甚至是痛苦的磨炼过程。他以自己的亲身经历为例说明这个问题。"我是个学生出身的人,在学校养成了一种学生习惯,在一大群肩不能挑手不能提的学生面前做一点劳动的事,比如自己挑行李吧,也觉得不像样子。那时,我觉得世界上干净的人只有知识分子,工人农民总是比较脏的。知识分子的衣服,别人的我可以穿,以为是干净的;工人农民的衣服,我就不愿意穿,以为是脏的。革命了,同工人农民和革命军的战士在一起了,我逐渐熟悉他们,他们也逐渐熟悉了我。这时,只是在这时,我才根本地改变了资产阶级学校所教给的那种资产阶级和小资产阶级的感情。这时,拿未曾改造的知识分子和工人农民比较,就觉得知识分子不干净了,最干净的还是工人农民,尽管他们手是黑的,脚上有牛屎,还是比资产阶级和小资产阶级知识分子都干净。这就叫做感情起了变化。"②毛泽东认为,只有将思想感情转移到人民群众这边,才能真正想群众之所想,急群众之所急,才能将"为人民服务"化为自己的实际行动。否则就可能是"衣服帽子"是人民群众的,但思想仍然是资产阶级的,不可能踏踏实实"为人民服务"。其次要做到少说空话,多做实事。毛泽东告诫全党:"为人民服务"要少说多做,也就是少说空话,多做实事,具体落实到行动上。少说空话就是力戒形式主义,不搞花架子;多做实事就是帮助群众做一些实实在在的事情,特别是解决群众在生活上面临的实际困难。

---

① 《毛泽东选集》第三卷,人民出版社1991年版,第1004页。
② 《毛泽东选集》第三卷,人民出版社1991年版,第851页。

他在《关心群众生活，注意工作方法》一文中指出："我们应该深刻地注意群众生活的问题，从土地、劳动问题，到柴米油盐问题。妇女群众要学习犁耙，找什么去教她们呢？小孩子要求读书，小学办起了没有呢？对面的木桥太小会跌倒行人，要不要修理一下呢？许多人生疮害病，想个什么办法呢？一切这些群众生活上的问题，都应该把它提到自己的议事日程上。应该讨论，应该决定，应该实行，应该检查。"①只有从一点一滴的小事做起，一件一件检查落实，才能将"为人民服务"落到实处。

第四节　"毫不利己，专门利人"

在解决了"人为什么活着"和"为谁活着"的问题之后，毛泽东又进一步提出了"怎样做人"和"做什么人"的问题。毛泽东认为："怎样做人"和"做什么人"主要涉及做人标准和人生境界，实质是如何处理个人与他人、个人利益与革命利益的关系。它是将"为人民服务"的人生观、价值观化为具体的做人准则和处世标准。毛泽东指出：只有正确处理个人与他人、个人利益与革命利益的关系，才能践行"为人民服务"的人生观、价值观，趋于"毫不利己，专门利人"的人生境界，成为一个有益于人民的人。

在《纪念白求恩》、《致徐特立》、《吴玉章同志六十寿辰祝词》等文章中，毛泽东多次谈到"怎样做人"和"做什么人"的问题。在《纪念白求恩》中，毛泽东号召全党向白求恩同志学习，做一个"毫不利己，专门利人"的人。在毛泽东看来，"毫不利己，专门利人"既是一种高尚的道德品质，又是一种崇高的人生境界，但它并不是高不可攀的，共产党人经过努力是完全可以做到的。白求恩同志就是这种"毫不利己，专门利人"的人。他是著名的外科医生，在加拿大有着丰厚的收入、温暖的家庭和美丽贤惠的妻子，他完全可以生活在个人的安乐窝中。但白求恩认为自己是一个共产党员，应该履行国际主义义务，帮助那些受到法西斯侵略和奴役的国家和人民。他不顾妻子的劝阻，毅然投身到伟大的反法西斯斗争中。妻子无奈之下，只好同他离婚。白求恩先到西班

①　《毛泽东选集》第一卷，人民出版社1991年版，第138页。

牙,不久又来到中国,帮助中国人民抗击日本侵略者,履行一个共产党员的国际义务。"这是什么精神? 这是国际主义的精神,这是共产主义的精神。"①毛泽东高度赞扬这种"毫不利己,专门利人"的共产主义精神,号召每个共产党员都要学习这种精神。

毛泽东对白求恩"毫不利己,专门利人"的精神进行了深入分析,认为它表现在三个方面:第一,毫不利己的动机,把革命利益放在首位。在世界和平遭到严重威胁,法西斯铁蹄肆意践踏和侵略其他弱小国家的时候,白求恩抛弃了狭隘的民族主义观念,放弃了优越的家庭生活和工作条件,慷慨赴难,与遭受法西斯侵略的国家和人民并肩战斗。来到中国以后,他谢绝了中共领导人的挽留,没有留在环境相对安定的延安,而是直接奔赴晋察冀抗日前线。在个人利益与革命利益的选择上,白求恩把革命利益放在首位,把中国人民的解放事业当作他自己的事业,最终以身殉职。白求恩真正践行了共产党人的人生理想:为全世界无产者的翻身解放而斗争。第二,对工作极端地负责任,对同志、对人民极端地热情。为了赢得抢救伤员的时间,白求恩不顾自己的生命危险,多次把手术台设在前沿阵地上;当看到有些医务人员工作粗心大意,没有严格按照操作规范消毒灭菌时,他毫不客气地提出批评,认为这是对伤员生命的极不负责;他对伤员非常热情,经常把自己节余的伙食费给伤员购买营养品;他对自己要求十分严格,坚持和八路军战士一样的伙食标准。以白求恩为榜样,毛泽东严厉批评了一些共产党员,"不少的人对工作不负责任,拈轻怕重,把重担子推给人家,自己挑轻的。一事当前,先替自己打算,然后再替别人打算。出了一点力,就觉得了不起,喜欢自吹,生怕人家不知道。对同志对人民不是极端热忱,而是冷冷清清,漠不关心,麻木不仁。这种人其实不是共产党员,至少不能算一个纯粹的共产党员。"②第三,热爱本职工作,对技术精益求精。要将"为人民服务"落到实处,仅仅有"毫不利己,专门利人"的思想愿望是不够的,还要有"为人民服务"的技术本领。否则就会心有余而力不足,甚至会好心办坏事。怎样才能掌握"为人民服务"的技术本领? 这就需要热爱本职工作,刻苦钻研技术,对技术精益求精。毛泽东非常推崇白求恩的医

---

① 《毛泽东选集》第二卷,人民出版社1991年版,第659页。
② 《毛泽东选集》第二卷,人民出版社1991年版,第660页。

术,"白求恩同志是个医生,他以医疗为职业,对技术精益求精;在整个八路军医务系统中,他的医术是很高明的。"①同时,毛泽东批评了某些同志在工作上"见异思迁"和"鄙薄技术工作",以为搞技术工作没有出路。毛泽东认为,这些同志应该以白求恩作镜子,对照检查自己,总结经验教训,提高思想觉悟和专业技术水平。

1937年1月30日,徐特立同志60寿辰,毛泽东致信祝贺。在信中,毛泽东高度推崇徐特立同志的人格风范,号召全党同志要像徐特立那样,做到"革命第一,工作第一,他人第一"。毛泽东总结了徐老的人生观和为人处世原则:一是具有坚定的共产主义理想信念,对革命事业忠心耿耿。1927年大革命失败后,白色恐怖笼罩着中国。很多共产党员离开了党组织,甚至跑到敌人那边去,而徐特立同志却毅然加入了中国共产党,"而且取的态度是十分积极的",体现了对党的忠诚和对共产主义的坚定信念。这种坚定的共产主义理想信念,化作老而弥坚的革命斗志。"从那时至今长期的艰苦斗争中,你比许多青壮年党员还要积极,还要不怕困难,还要虚心学习新的东西。"②二是把革命工作放在首位,勇于承担重任。徐老在工作中"总是拣难事做,从来也不躲避责任",不像有些同志"只愿意拣轻松事做,遇到担当责任的关头就躲避了"③。徐特立同志见困难就上,越是危险的关头越是挺身而出,为党分忧解愁,体现了一个共产党员的高风亮节。三是模范遵守党的纪律,密切联系群众。徐老不顾自己年高体弱,总是深入群众,"任何时候都是同群众在一块的",处处模范遵守党和革命的纪律,不像有些党员,"以脱离群众为快乐","认为纪律只是束缚别人的,自己并不包括在内"④。四是谦虚谨慎,人格光明磊落。徐特立同志知识渊博,学贯中西,既是前清的秀才,又赴法国留学,然而他却谦虚谨慎,"懂得很多而时刻以为不足",仍然孜孜不倦地学习新的东西,不像有些人,"本来只有'半桶水',却偏要'淌得很'。"徐特立同志对党和同志都光明磊落,"心里想的就是口里说的与手里做的",不像有些人在心里总

---

① 《毛泽东选集》第二卷,人民出版社1991年版,第660页。
② 《毛泽东书信选集》,人民出版社1983年版,第98页。
③ 《毛泽东书信选集》,人民出版社1983年版,第99页。
④ 《毛泽东书信选集》,人民出版社1983年版,第98—99页。

"不免藏着一些腌腌臜臜的东西"①。在号召全党学习徐老"革命第一,工作第一,他人第一"的同时,毛泽东批评有些共产党员却是"出风头第一,休息第一,自己第一"②,认为他们在徐老面前应该汗颜。

1940年1月24日是老一辈革命家吴玉章同志60寿辰,毛泽东在《新中华报》撰写祝词。在祝词中,毛泽东提出了"一辈子做好事,不做坏事"的做人标准。他说:"一个人做点好事并不难,难的是一辈子做好事,不做坏事,一贯地有益于广大群众,一贯地有益于青年,一贯地有益于革命,艰苦奋斗几十年如一日,这才是最难最难的啊!"③毛泽东高度赞扬吴玉章同志"一辈子总做好事,不做坏事,做有益于人类的事,不做害人的事"④。确实,一个人做点好事并不难,但坚持一辈子做好事则非常难。难就难在毅力,贵则贵在坚持,最根本的还是道德信念的支撑。仅仅依靠外在道德规范的制约或者主体的自我控制,可以做几件好事,或在人生的某个阶段做好事,不做坏事。只有将"全心全意为人民服务"的道德信念内化为自己的生活习惯和行为方式,并上升为一种道德自觉,才可能坚持"一辈子做好事,不做坏事"。

由于各人的世界观、人生观、价值观不同,因此在"怎样做人"和"做什么人"方面就呈现出不同的层次差异性,也就是人们常说的人生境界。在《纪念白求恩》中,毛泽东归纳出五种不同的人生境界:即高尚的人、纯粹的人、有道德的人、脱离低级趣味的人、有益于人民的人。⑤

根据人格的高尚卑劣和如何处理个人与他人、个人利益与革命利益的关系,上述五种人生境界似乎可以归纳为三个层次:纯粹的人和脱离低级趣味的人;有道德的人;高尚的人和有益于人民的人。

所谓纯粹的人,就是脱离了兽性、上升为人性的人。按照孟子说的,就是有"恻隐之心、羞恶之心、辞让之心、是非之心"。也就是有同情心、羞耻心、谦让品德和是非观念。上述四种观念既是人之为人应该具备的起码准则,也是人的基本人性。具备这些基本人性的人,就是纯粹的人。而脱离低级趣味的

---

① 《毛泽东书信选集》,人民出版社1983年版,第98页。
② 《毛泽东书信选集》,人民出版社1983年版,第99页。
③ 《毛泽东文集》第二卷,人民出版社1993年版,第261—262页。
④ 《毛泽东文集》第二卷,人民出版社1993年版,第261页。
⑤ 参见《毛泽东选集》第二卷,人民出版社1991年版,第660页。

人,就是思想、工作、生活作风不庸俗、格调相对高雅的人。虽然做不到大公无私,但也不斤斤计较个人利益,不做损人利己的事情;虽然没有那种行云流水般的高尚襟怀,但在为人处世方面也不粗鄙庸俗。如为人老实本分,不出风头,不投机取巧,不哗众取宠。总之,纯粹的人和脱离低级趣味的人,人生境界谈不上很高尚,道德品质也不是很崇高,属于人生的低级层次,但经过培养教育,可以向较高层次的人生境界发展。

所谓有道德的人,就是有良心、自尊心、正义感、能够自觉遵守社会道德规范的人。这种人为人正直,性格坦率,在公与私面前,能做到公私分明,绝不损公肥私;在义与利面前,能做到见利思义,不取非义之财;在生与死面前,绝不贪生怕死,苟且偷生。有道德的人是从人生的低级境界发展到高级境界的转折点,是人生的中级层次,发展下去可以转化为高尚的人和有益于人民的人。

所谓高尚的人,就是"毫不利己、专门利人"的人。这种人大公无私,把集体利益、群众利益放在第一位,关心别人比关心自己为重,从不考虑自己的个人利益;他心地无私,光明磊落,从来不搞阴谋诡计和小团体活动;他视国格和民族气节为生命,为了捍卫自己的国格和民族气节,可以舍生取义;他把党的利益、革命利益看得高于一切,一旦党和革命事业需要,可以赴汤蹈火,献出自己的个人生命。高尚的人不仅摆脱了个人私利的狭隘性,而且超越了个体生命的有限性,他把自己有限的生命融入到无限的为人民服务中,投身到实现人生理想的过程中,这是一种崇高的人生境界。毛泽东认为:高尚的人实际上就是有益于人民的人,他们属于同一个层次,都趋于人生的高层境界。毛泽东认为,对不同的人应提出不同的人生境界要求:对普通老百姓来讲,如果能做到有人性、不庸俗、有道德就可以,也就是做一个纯粹的、脱离低级趣味和有道德的人就可以,不要提出过高要求;但对于先进分子和共产党人来讲,则必须趋于高层人生境界,要求他们全心全意为人民服务,做一个高尚的、有益于人民的人。

第五节　"愚公移山"

要实现人生目的和人生价值,趋于高层人生境界,还有一个人生精神、人生态度、人生动力的问题。在毛泽东看来,共产党人要实现自己远大的奋斗目标,做到全心全意为人民服务,必须具备锲而不舍的毅力和不屈不挠的斗志,也就是树立"愚公移山"精神。

愚公移山是一个中国古代寓言,出自《列子·汤问》篇。说的是古代有一位叫北山愚公的老人。他家的南面有两座大山挡住出路,一座叫太行山,一座叫王屋山。愚公下决心率领他的儿子们用锄头挖去这两座大山。有个叫智叟的老头看了发笑,说你们这样做太愚蠢了,你们父子数人要挖掉这两座大山是不可能的。愚公回答说:我死之后,有我的儿子;儿子死后,又有孙子;子子孙孙,是没有穷尽的。这两座山虽然很高,但不会再增高了,挖一点就会少一点,为什么挖不平呢? 愚公毫不动摇,每天挖山不止。这件事感动了上帝,上帝派了两个神仙下凡,把两座山背走了。

毛泽东为什么在党的七大闭幕式上讲这样一个寓言故事? 它反映了毛泽东怎样的人生哲学思想? 又能给我们什么人生启示? 毛泽东认为:在革命和人生的道路上,有着数不清的艰难险阻,要取得革命的胜利,克服前进道路上的困难,首先要有愚公战胜困难的决心和勇气,其次要有愚公挖山不止的毅力和意志,再次还要有愚公死而后已、前赴后继的自我牺牲精神。也就是他说的"下定决心,不怕牺牲,排除万难,去争取胜利"①。为此,毛泽东号召全体共产党员:

首先,学习愚公克服困难的决心和战胜困难的勇气。人生的道路是不平坦的,有风霜雨雪,荆棘泥泞;革命道路更是坎坷曲折,充满了血雨腥风,刀光剑影。对这些困难和挫折,我们应该采取什么态度:是害怕它还是藐视它? 是逃避它还是战胜它? 这是对革命者人生精神的重大考验。看见困难就害怕,遇到挫折就泄气,或者对困难挫折视而不见,都不是革命者的人生态度。"我们的同志在困难的时候,要看到成绩,要看到光明,要提高我们的勇气。"②作为一个革命者,第一,必须在精神上、心理上、气势上压倒困难,而不能被困难和挫折所压垮。"中国人死都不怕,还怕困难么?"中华民族有和敌人血战到底的英雄气概,有自立于世界民族之林的能力,当然也有克服困难的决心和勇

---

① 《毛泽东选集》第三卷,人民出版社 1991 年版,第 1101 页。
② 《毛泽东选集》第三卷,人民出版社 1991 年版,第 1005 页。

气。第二,困难和挫折是欺软怕硬的,只要我们树立克服困难的决心、战胜挫折的勇气,困难就没有什么可怕。诚然,我们在战略上藐视困难的同时,要在战术上重视困难,积极创造条件,谋划战胜困难的方略,找到解决问题的办法。

其次,学习愚公"挖山不止"的毅力和不屈不挠的精神。要夺取革命胜利,仅仅有克服困难的决心和战胜挫折的勇气是不够的,因为在革命和人生道路上,困难是客观存在的,而且往往是旧的困难解决了,新的困难又产生了。要解决这些不断产生的困难和问题,就需要发扬愚公移山精神。愚公移山精神主要表现在两点:一是锲而不舍的毅力;二是实干精神。太行山、王屋山虽然高大,但挖一点就会少一点,只要每天坚持挖下去,总有一天是可以挖平的,这体现了锲而不舍的毅力;要把太行山、王屋山挖平,必须一锄一锄地挖,并且一筐一筐地运走,必须实实在在地干,不能投机取巧,这体现了实干精神。同样,中国共产党人要克服前进道路上的困难,要搬走帝国主义、封建主义两座大山,也只有发扬愚公精神,"我们一定要坚持下去,一定要不断地工作"①。"一定要坚持下去",体现了中国共产党人的锲而不舍毅力;"一定要不断做工作",则体现了中国共产党人的实干精神。在全面建设小康社会、实现社会主义现代化和中华民族伟大复兴的征程中,我们每个人都要继承"挖山不止"的愚公精神,锲而不舍,埋头苦干,少说多做,实干兴邦。

再次,学习愚公死而后已、前赴后继的自我牺牲精神。在愚公移山中蕴涵着一种强烈的牺牲自我、服务大众的奉献精神。愚公集全家之力,要搬掉横亘在"冀州之南,河阳之北"的太行山、王屋山,使当地的老百姓不再受大山的阻隔。为了完成这件造福于当地老百姓的好事,愚公一家决心一代接着一代干,应该说这是一种高尚的自我牺牲精神。毛泽东号召全体共产党人学习愚公这种死而后已、前赴后继的自我牺牲精神,通过自己的模范带头作用,感动和影响全国人民。"首先要使先锋队觉悟,但这还不够,还必须使全国广大人民群众觉悟,甘心情愿和我们一起奋斗,去争取胜利"②;"我们也会感动上帝的。这个上帝不是别人,就是全中国的人民大众"③。毛泽东指出:只要全党全国人民都能形成这么一种自我牺牲精神,那么我们就能"打败日本侵略者,解放

① 《毛泽东选集》第三卷,人民出版社 1991 年版,第 1102 页。
② 《毛泽东选集》第三卷,人民出版社 1991 年版,第 1101 页。
③ 《毛泽东选集》第三卷,人民出版社 1991 年版,第 1102 页。

全国人民,建立一个新民主主义的中国"①。在国际形势风云变幻、国内矛盾错综复杂、改革进入攻坚克难的关键时期,尤其需要全党全国人民发扬愚公百折不挠的坚韧意志和自我牺牲精神,克服一切艰难险阻,迎接各种风险挑战,实现中华民族的伟大复兴。

---

① 《毛泽东选集》第三卷,人民出版社 1991 年版,第 1101 页。

主要参考书目

1. 葛兆光:《中国思想史》全 3 册,复旦大学出版社 2001 年版。

2. 冯友兰:《中国哲学史》上、下册,华东师范大学出版社 2000 年版。

3. 北京大学哲学系中国哲学教研室编:《中国哲学史》,北京大学出版社 2003 年版。

4. 李泽厚:《中国近代思想史论》,天津社会科学出版社 2003 年版。

5. 李泽厚:《中国现代思想史论》,天津社会科学出版社 2003 年版。

6. 许全兴、陈战难、宋一秀:《中国现代哲学史》,北京大学出版社 1992 年版。

7. 丁祖豪、郭庆堂等:《20 世纪中国哲学的历程》,中国社会科学出版社 2006 年版。

8. 钱穆:《人生十论》,广西师范大学出版社 2004 年版。

9. 冯友兰:《人生哲学》,广西师范大学出版社 2005 年版。

10. 邬昆如:《人生哲学》,中国人民大学出版社 2005 年版。

11. 刘长林:《中国人生哲学的重建——陈独秀、胡适、梁漱溟人生哲学研究》,华东师范大学出版社 2001 年版。

12. 武东生:《现代新儒家人生哲学研究》,辽宁大学出版社 1994 年版。

13. 李侃、李时岳等编著:《中国近代史》,中华书局 1994 年版。

14. 胡绳:《从鸦片战争到五四运动》上、下册,人民出版社 1981 年版。

15. 李新 总编:《中华民国史》12 卷,中华书局 2011 年版。

16. 王桧林:《中国现代史》,北京师范大学出版社 2004 年版。

17. 中共中央党史研究室:《中国共产党历史》第 1 卷,中共党史出版社 2011 年版。

18. 王佩诤校:《龚自珍全集》,上海古籍出版社 1999 年版。

19. 陈铭:《龚自珍评传》,南京大学出版社 1998 年版。

20. 樊克政:《龚自珍年谱考略》,商务印书馆 2004 年版。

21.《曾国藩全集》,岳麓书社 2004 年版。

22. 唐浩明:《曾国藩》,人民文学出版社 2002 年版。

23. 梁勤:《曾国藩年谱》,远方出版社 2002 年版。

24. 硕林主编:《曾国藩为人处世之道》,吉林大学出版社 2010 年版。

25.《康有为全集》,上海古籍出版社 1990 年版。

26. 舒芜选注:《康有为选集》,人民文学出版社 2004 年版。

27. 谢遐龄编选:《康有为文选》,上海远东出版社 1997 年版。

28. 汤志钧编:《康有为政论集》,中华书局 1981 年版。

29. 康有为:《康有为自编年谱》,中华书局 1992 年版。

30. 萧公权:《康有为思想研究》,汪荣祖译,新星出版社 2005 年版。

31. 夏晓虹编:《追忆康有为》,中国广播电视出版社 1997 年版。

32.《孙中山全集》,中华书局 1984 年版。

33.《孙中山选集》,人民出版社 1981 年版。

34. 尚明轩:《孙中山传》,文化艺术出版社 2008 年版。

35. 陈锡祺编:《孙中山年谱长编》,中华书局 1991 年版。

36. 姜义华:《大道之行——孙中山思想发微》,广东人民出版社 1996 年版。

37. 邓熙:《中山人生思想探源》,亚东杂志社 1932 年版。

38. 张品兴主编:《梁启超全集》,北京出版社 1999 年版。

39. 丁文江、赵丰田:《梁启超年谱长编》,上海世纪出版集团、上海人民出版社 2009 年版。

40. 孟祥才:《梁启超评传》,中华书局 2012 年版。

41. 夏晓虹编:《追忆梁启超》,中国广播电视出版社 1997 年版。

42. 吴荔明:《梁启超和他的儿女们》,北京大学出版社 2009 年版。

43. 姚淦铭、王燕 编:《王国维文集》,中国文史出版社 1997 年版。

44. [德]叔本华:《叔本华论说文集》,范进译,商务印书馆 2004 年版。

45. 萧艾:《王国维诗词笺校》,湖南人民出版社 1984 年版。

46. 袁光英、刘寅生:《王国维年谱长编》,天津人民出版社 1996 年版。

47. 陈平原、王枫:《追忆王国维》,中国广播电视出版社 1997 年版。

48. 刘克苏:《失行孤雁——王国维别传》,人民文学出版社 2002 年版。

49. 叶嘉莹:《王国维及其文学批评》,北京大学出版社 2008 年版。

50.《科学与人生观》,岳麓书社 2012 年版。

51. 高平叔编:《蔡元培全集》,中华书局 1984—1989 年版。

52. 高平叔编:《蔡元培年谱长编》,人民教育出版社 1999 年版。

53.《蔡元培先生言行录》,广西师范大学出版社 2005 年版。

54. 陈平原、郑勇编:《追忆蔡元培》,中国广播电视出版社 1997 年版。

55. 任建树选编:《陈独秀著作选》,上海人民出版社 1993 年版。

56. 唐宝林:《陈独秀全传》,社会科学文献出版社 2013 年版。

57. 朱文华:《陈独秀评传》,青岛出版社 2005 年版。

58. 沈寂、朱晓凯选编:《陈独秀人生哲语》,安徽人民出版社 1995 年版。

59.《李大钊文集》,人民出版社 1984 年版。

60.《鲁迅全集》,人民文学出版社 1981 年版。

61. 刘再复:《鲁迅传》,人民日报出版社 2010 年版。

62. 陈漱渝:《鲁迅评传》,中国社会出版社 2006 年版。

63. 许广平:《鲁迅回忆录》,长江文艺出版社 2010 年版。

64. 刘运峰编:《鲁迅先生纪念集》上、下,天津人民出版社 2007 年版。

65. 张杰、杨燕丽选编:《鲁迅其人其书》,社会科学文献出版社 2002 年版。

66. 欧阳哲生编:《胡适文集》,北京大学出版社 1998 年版。

67.《胡适文集》,人民文学出版社 1998 年版。

68. 姜义华主编:《胡适学术文集·哲学与文化》,中华书局 2001 年版。

69. 中国社会科学院近代史研究所中华民国史组编:《胡适往来书信选》上、中、下册,中华书局 1979 年版。

70. 欧阳哲生编:《胡适·告诫人生》,九州图书出版社 1998 年版。

71. 曹伯言整理:《胡适日记全编》,安徽教育出版社 2001 年版。

72. 唐德刚译注:《胡适口述自传》,广西师范大学出版社 2005 年版。

73.《梁漱溟全集》,山东人民出版社 2005 年版。

74.《梁漱溟自述》,河南人民出版社 2004 年版。

75. 郑大华:《梁漱溟传》,人民出版社 2001 年版。

76. 李渊庭、阎秉华:《梁漱溟先生年谱》,广西师范大学出版社 2003 年版。

77.《毛泽东早期文稿》,湖南出版社 1990 年版。

78.《毛泽东选集》一至四卷,人民出版社 1991 年版。

79.《毛泽东文集》一至八卷,人民出版社 1993—1999 年版。

80. 中共中央文献研究室编:《毛泽东传》(1893—1949),中央文献出版社 2004 年版。

81. 中共中央文献研究室编:《毛泽东传》(1949—1976),中央文献出版社 2003 年版。

82. 中共中央文献研究室编:《毛泽东年谱》(1893—1949),人民出版社 1993 年版。

83.《毛泽东书信选集》,人民出版社 1993 年版。

索　引

责任编辑:方国根

图书在版编目(CIP)数据

中国近现代人生哲学研究/程林辉 著. —北京:人民出版社,2018.6
ISBN 978－7－01－018784－6

Ⅰ.①中… Ⅱ.①程… Ⅲ.①人生哲学-研究-中国 Ⅳ.①B821

中国版本图书馆 CIP 数据核字(2018)第 000713 号

中国近现代人生哲学研究
ZHONGGUO JINXIANDAI RENSHENG ZHEXUE YANJIU

程林辉 著

人民出版社 出版发行
(100706 北京市东城区隆福寺街 99 号)

北京中科印刷有限公司印刷 新华书店经销

2018 年 6 月第 1 版 2018 年 6 月北京第 1 次印刷
开本:710 毫米×1000 毫米 1/16 印张:17.5
字数:280 千字

ISBN 978－7－01－018784－6 定价:48.00 元

邮购地址 100706 北京市东城区隆福寺街 99 号
人民东方图书销售中心 电话 (010)65250042 65289539